U0629763

"十三五"江苏省高等学校重点教材（编号：2019-2-275）

# 海洋生物技术

主　编　齐志涛　王资生

参　编　聂　庆　张启焕　张　丽

　　　　张家林　欧江涛　蒋　涛

科 学 出 版 社

北 京

# 内 容 简 介

海洋生物技术是科学技术的一个创新研究领域，是现代生物技术与海洋生物学交叉的产物，是开发和保护海洋生物资源的重要技术手段。本书是为响应党中央关于建设海洋强国的号召，进一步加强国内从事海洋生物技术及生物资源开发研究人员间的交流与合作，加强海洋生物技术在涉海专业本科生及研究生教育中的普及力度，推动我国海洋生物技术研究水平的全面提高而组织编写的。本书介绍了海洋生物的主要门类，以及海洋生物技术的研究方法及应用，涵盖了海洋生物技术的主要研究内容，同时又结合海洋专业学生的专业基础水平，重点介绍海洋生物技术的基本知识。

本书可帮助学生从宏观角度了解整个海洋生物技术科学领域的基本知识、研究内容和研究前沿，掌握海洋生物技术的基本技术和方法，了解该学科的最新科研进展，为学生将来能够在生物工程、海洋生物技术或相关领域工作打下坚实的基础。

**图书在版编目（CIP）数据**

海洋生物技术 / 齐志涛，王资生主编. —北京：科学出版社，2022.9
"十三五"江苏省高等学校重点教材（编号：2019-2-275）
ISBN 978-7-03-072843-2

Ⅰ. ①海… Ⅱ. ①齐… ②王… Ⅲ. ①海洋生物-生物工程-高等学校-教材 Ⅳ. ①Q178.53

中国版本图书馆 CIP 数据核字（2022）第 145101 号

责任编辑：刘　丹　马程迪 / 责任校对：郝甜甜
责任印制：赵　博 / 封面设计：迷底书装

科　学　出　版　社 出版
北京东黄城根北街 16 号
邮政编码：100717
http://www.sciencep.com
固安县铭成印刷有限公司印刷
科学出版社发行　各地新华书店经销
*
2022 年 9 月第　一　版　开本：787×1092　1/16
2025 年 1 月第四次印刷　印张：11
字数：278 000

定价：49.80 元

（如有印装质量问题，我社负责调换）

# 前　言

海洋生物技术是科学技术的一个创新研究领域，是现代生物技术与海洋生物学交叉的产物，是开发和保护海洋生物资源的重要技术手段。自从海洋生物技术的术语诞生之日起，就有许多定义和解释。根据联合国粮食及农业组织（FAO，2000）的定义，生物技术为利用生物系统、活生物体或其衍生物制造或修改特定用途的产品或工艺的任何技术应用。英国海洋生物技术首席科学家 J. Grant Burgess 建议将海洋生物技术定义为利用来自海洋环境而非陆地环境的生物资源开展的生物技术。经济合作与发展组织（经合组织）将生物技术定义为将科学技术应用于生物及其组成部分、产物和模型，以改变生物或非生物材料，从而产生知识、商品和服务。我们目前普遍认可的观点是海洋生物技术是现代生物技术与海洋生物学交叉的产物，是海洋生命科学的一个重要组成部分，它是一门运用现代生物学、化学和工程学的原理，利用海洋生物体的生命系统和生命过程，研究海洋生物遗传特性，定向改良海洋生物遗传特性，开发和生产有用的海洋生物产品，保护海洋环境的综合性科学技术。

海洋生物技术兴起于 20 世纪 80 年代，是海洋生物学新兴的研究领域。近年来，仪器技术的进步及蛋白质组学和生物信息学的结合正在提高我们利用生物学进行商业改进的能力。一些生物技术工具已经被开发出来，可以用于生产医疗、工业等的具有成本效益的产品。在对海洋资源的研究中采用了各种生物技术方法，如转基因方法、基因组学、发酵、基因治疗、生物加工技术、生物反应器方法等。人们更经常地从分子或基因组生物学应用的角度来考虑海洋生物技术，以生产所需的产品。海洋生物技术包括生物的生产和应用，预计将对我们的经济产生诸多影响，有望在水产养殖、微生物学、宏基因组学、营养制剂、制药、药妆品、生物材料、生物矿化、生物污染和生物能源等领域取得突破。

本书是为了响应党中央关于建设海洋强国的号召，进一步加强国内从事海洋生物技术及生物资源开发研究人员间的交流与合作，加强海洋生物技术在涉海专业本科生及研究生教育中的普及力度，推动我国海洋生物技术研究水平的全面提高而组织编写的。全书一共七章，介绍了海洋生物的主要门类，以及海洋生物技术的研究方法及应用。第一章为现代生物技术与海洋生物技术概论，概述了生物技术的定义、分类和特点，以及主要的现代生物技术工程，包括基因工程、细胞工程、蛋白质工程与酶工程、抗体工程、组织工程、生物制药工程、发酵工程和生化工程。在此基础上，引出什么是海洋生物技术，海洋生物技术的发展和主要研究内容以及发展趋势。第二章为海洋微生物生物技术，主要介绍海洋微生物的特点、分离与鉴定以及海洋未培养微生物资源的开发及应用。之后重点介绍了几种重要的海洋微生物资源的应用，包括单细胞蛋白、单细胞油脂、生物酶和毒素等生物活性物质，最后介绍了关于海洋微生物基因工程和基因组学的相关研究和应用。第三章为海洋动物生物技术，在概述海洋动物资源的基础上，重点介绍了海洋动物细胞工程、海洋动物基因工程以及海洋动物多倍体育种及性别控制等内容。第四章为海洋植物生物技术，主要介绍海洋植物资源现状、海藻生物技术及大型海藻的育种技术。第五章为海洋生物资源保护技术，首先概述了海洋生物资源保护的重要性及面临的问题，之后分别从微生物资源、动物资源、植物资源的角度，分门别类地介绍海洋生物资源保护的措施及现状。第六章为海洋环境保护生物技术，首先介绍了海洋环境污染现状以及海洋环境质量生物监测技术，之后重点介绍了赤潮的监测方法及治理技术和海水养殖水环境系统的优化处理。第七章为海水生物病害检测与防治技术，首先讲述了海水动物病害防治概况，之后介绍了海洋生物病害检测与防治的关键技术，包括病原快速检测技术、疫苗免疫技术和免疫增强剂技术等。

在编写本书时，尽管编者力求使其具有科学性、先进性和实用性，但由于海洋生物技术涉及的内容广泛，技术日新月异，加之编者水平有限，书中难免有不足之处，敬请广大读者批评指正。

编　者

2022 年 8 月

# 目　　录

# 第一章
## 现代生物技术与海洋生物技术概论

## 第一节　现代生物技术概论

当今六大高技术领域主要包括信息技术、生物技术、新材料技术、新能源技术、空间技术和海洋技术。生物与新医药是国家重点支持的高新技术领域，现代生物技术是生物与新医药产业发展的核心技术，主要包括基因工程、细胞工程、蛋白质工程、酶工程、发酵工程等，它们之间的关系如图 1-1 所示。

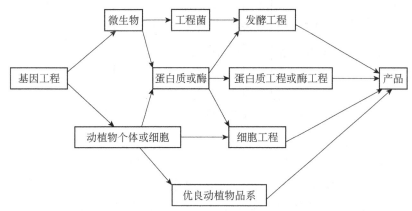

图 1-1　基因工程、细胞工程、蛋白质工程、酶工程和发酵工程之间的相互关系

由图 1-1 可知，各工程之间并非彼此孤立，而是相互渗透与融合。特别是各种组学（如基因组学、转录组学、蛋白质组学、代谢组学和宏基因组学等）、生物芯片和生物信息学等重大科学技术的蓬勃发展，大大地扩展了生物技术的研究范围。

生物技术是世界各国普遍关注和重视的热点，2017 年全球生物技术产业报告显示，2016 年美国生物技术产业产值占全球的 46.5%，亚洲地区和太平洋沿岸地区（简称"亚太地区"）占 24.9%，欧洲占 18.0%，中东地区和其余地区分别占 1.8% 和 8.8%。全世界有 7000 多种药品和疗法处于开发阶段，预计 2022 年全球制药研发总支出将达到 1820 亿美元。

总之，世界生物技术发展已进入大规模产业化的起始阶段，蓬勃兴起和迅猛发展的生物医药、生物农业、生物能源、生物制造、生物环保等领域，正在促使生物产业成为世界经济中继信息产业之后又一个新的主导产业。

## 一、生物技术的定义

"生物技术"（biotechnology）是由英文"biological technology"组合而成，有时也称为生物工程（bioengineering）。其主要是以现代生命科学为基础，结合其他自然科学与工程学原理和技术，把生物体系与工程学技术有机结合在一起，依靠生物体（包括微生物、动植物个体或组织细胞和生物酶系等）作为生物反应器，按照预先的设计，定向地在不同水平上改造生物遗传性状或加工生物原料，产生对人类有用的新产品（或达到某种目的）的综合性技术体系。生物技术涉及化学、细胞生物学、分子生物学等基础理论和应用微生物、发酵工艺等应用工艺（图1-2）。

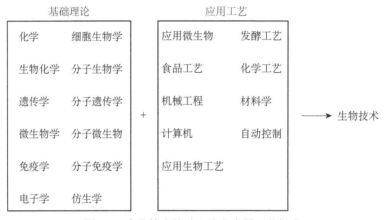

图 1-2　生物技术基础理论和应用工艺组成

随着现代生物技术的不断发展，各类产品进入千家万户，生物技术、生物工程、基因工程、细胞工程等术语渐被大众所熟悉。一般而言，其包含相互联系的 3 个基本要素：采用生命科学的基础理论与技术，应用生物材料或生物体系，通过一定工程系统获得产品或为社会提供服务。美国、欧洲、日本等国家和地区在全球生物医药产业中处于主导地位（表1-1）。在全球药品市场中，美国、欧洲、日本三大区域药品市场份额超过了 80%。其中，美国生物医药技术全球领先，其开发的药品数量和市场销售额均占到全球 35% 以上。

表 1-1　全球前 20 名的生物医药企业（董莉等，2020）

| 排名 | 企业 | 所属地区 | 销售额（亿美元） | 排名 | 企业 | 所属地区 | 销售额（亿美元） |
|---|---|---|---|---|---|---|---|
| 1 | 辉瑞 | 美国 | 453.02 | 11 | 百时美施贵宝 | 美国 | 215.81 |
| 2 | 罗氏 | 瑞士 | 445.52 | 12 | 阿斯利康 | 英国 | 206.71 |
| 3 | 诺华 | 瑞士 | 434.81 | 13 | 礼来 | 美国 | 195.80 |
| 4 | 强生 | 美国 | 388.15 | 14 | 拜耳 | 德国 | 182.21 |
| 5 | 默克 | 德国 | 373.53 | 15 | 诺和诺德 | 丹麦 | 177.26 |
| 6 | 赛诺菲 | 法国 | 351.21 | 16 | 武田 | 日本 | 174.27 |
| 7 | 艾伯维 | 美国 | 320.67 | 17 | 新基 | 美国 | 152.38 |
| 8 | 葛兰素史克 | 英国 | 306.45 | 18 | 夏尔 | 爱尔兰 | 149.93 |
| 9 | 安进 | 美国 | 225.33 | 19 | 勃林格殷格翰 | 德国 | 148.34 |
| 10 | 吉利德 | 美国 | 216.77 | 20 | 艾尔建 | 爱尔兰 | 147.00 |

数据来源：根据 2011～2019 年欧盟工业研发报告数据计算得出

## 二、分类和特点

关于生物技术的分类，通常有两种观点：①按照生物学科发展的大致历程，根据生物技术发展过程的技术特征，生物技术分为传统生物技术、近代生物技术和现代生物技术；②从生物产业发展的角度看，也可把生物技术分为传统生物技术和现代生物技术。

### （一）传统生物技术

**1. 传统生物技术的概念**　　指应用酿造发酵、培育新种等传统的方法生产有用物质；狭义的传统生物技术主要是指以发酵产品为主干的工业微生物技术体系；而广义概念则包括任何一种以活的有机体及其组成部分制作或改进产品，改良动植物和微生物的技术。

1000多年前，人类已经开始用发酵的方法制备酒、醋、酱等，此阶段属于生物技术的经验阶段。19世纪，人们有意识地大规模利用酵母发酵，并形成产业。20世纪初，生物技术这一概念被正式提出。1928年，青霉素的发现使生物技术从单纯的食品、饲料制备扩展到生产抗生素产品，该产业至今长盛不衰。20世纪五六十年代，生物技术扩展到氨基酸发酵和酶制剂工业等领域。

**2. 传统生物技术的特点**

（1）主要通过微生物初级发酵获得产品，局限在微生物发酵和化学工程领域。

（2）没有改变微生物的遗传物质，也没有产生新的遗传性状。

（3）生产过程简单，上游主要是微生物的发酵培养及产品转化，通过诱变选育良种，下游主要是对产品进行纯化。

（4）生产周期长，费用高，产量低，效率差。

### （二）现代生物技术

**1. 现代生物技术的概念**　　指以生物化学或分子生物学方法改变细胞或分子的遗传性质，这是在根本上控制了生物的代谢或生理，以达到生产有用物质的目的。

自1953年起，分子遗传学开始兴起并迅速发展，推动了DNA转移和重组技术、转基因技术、克隆技术等新型分子操作技术的发展，并在此基础上逐步形成了基因工程、细胞工程、酶工程和发酵工程等。20世纪末，随着计算生物学、化学生物学与合成生物学的兴起，又催生出系统生物技术（systems biotechnology），包括生物信息技术、纳米生物技术与合成生物技术等。

**2. 现代生物技术阶段的特点**

（1）高水平：学科具有先进性，是知识、技术密集型产业，处于分子水平、新技术前沿。

（2）高综合：跨学科专业，位于多学科发展的交叉点上，涉及的行业多、范围广。

（3）高投入：与其他技术比较，在资金、人员、设备、试剂及研发上投资大。

（4）高竞争：各国、各行业、各单位之间，在技术、时效性、知识及人才上竞争激烈。

（5）高风险：上述原因造成一定风险，加上技术风险带来高风险。

（6）高效益：应用性强，有目的产品，易于商业化。例如，干扰素的投入虽然高达数百万美元，但产值数年达30亿美元，用于治病将产生巨大经济和社会效益。生物技术在解决人类面临众多难题上是没有任何产业可比的。

（7）高智力：具有创新性和突破性，可按人类需要定向改变和创造生物的遗传特性，要求在人才、计划、设计、工艺和产品上与众不同。从认识、利用、再造阶段上升到改造和创造阶段。

（8）高控性：采用工程学手段，易自动化、程控化及连续化生产。

（9）低污染：生物技术以生物资源为对象，生物资源具有再生性，是再生资源。具有不受限制、污染小、周期短的优点。

## 三、主要的现代生物技术工程

### （一）基因工程

基因工程原称为遗传工程（genetic engineering），是在微观领域（分子水平），根据分子生物学和遗传学原理，设计并实施把一个生物体中有用的目的 DNA（遗传信息）转入另一个生物体中，使后者获得新的需要的遗传性状或表达所需要的产物，最终实现该技术的商业价值。文献上常见到 DNA 重组、分子克隆、基因克隆、遗传工程等名词与基因工程混用，事实上它们的主要内容相似，不同之处在于所突出的内容有异。

基因工程又有狭义与广义之分。其中，狭义基因工程，主要是指将一种或多种生物体的基因片段与载体在体外进行剪切重组，然后转入另一生物体中，使其能按照人们的意愿遗传并表达出所需要的性状，因此其主要包括四大要素——供体、载体、工具酶和受体；而广义基因工程，则主要为 DNA 重组技术的产业化设计与应用，包括上游技术和下游技术两大部分。基因工程是当前生物技术中影响最大、发展最为迅速、最具有突破性的领域，其基本原理如图 1-3 所示。

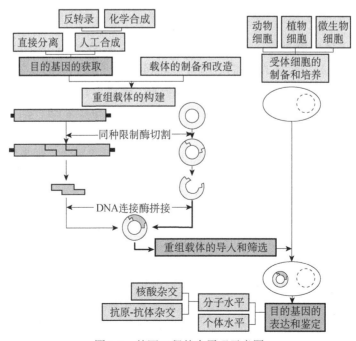

图 1-3 基因工程基本原理示意图

（二）细胞工程

细胞工程是指应用细胞生物学和分子生物学方法，借助工程学的试验方法或技术，在细胞水平上研究改造生物遗传特性和生物学特性，以获得特定的细胞、细胞产品或新生物体的有关理论和技术方法的学科。

广义的细胞工程包括所有的生物组织、器官及细胞的离体操作和培养技术，狭义的细胞工程则是指细胞融合和细胞培养技术。

根据研究对象不同，细胞工程可分为：①微生物细胞工程，如原生质体融合、试管菌。②植物细胞工程，包括组织培养、胚胎培养、快速繁殖、单倍体育种、人工种子、植物转基因技术和植物染色体工程等。③动物细胞工程，包括干细胞技术、动物胚胎工程、动物转基因技术、细胞融合与单克隆抗体、动物核移植技术和动物染色体工程等。

细胞工程一些常见的技术手段：①细胞融合技术；②工程细胞移植；③细胞拆分；④染色体导入及细胞器导入技术；⑤胚胎细胞植入。当前，单克隆抗体（简称单抗）开发利用成绩突出，在诊断与治疗中已得到广泛应用（图1-4）。

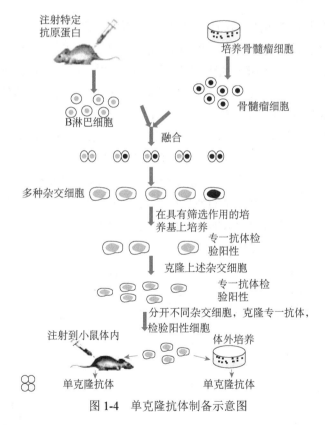

图1-4　单克隆抗体制备示意图

干细胞是一类具有自我复制能力的多潜能细胞，在一定条件下，可以分化成多种功能细胞。干细胞根据所处的发育阶段分为胚胎干细胞和成体干细胞；干细胞根据其发育潜能，又可分为三类，即全能干细胞、多能干细胞和单能干细胞。干细胞的主要特征：①是未分化的早期细胞；②具有分化成各种特定细胞的能力；③可无限地分裂增殖；④其子细胞有两种命运，保持为干细胞或分化为特定细胞。当今，干细胞技术是现代生物技术中最为活跃的前沿技术之一，随着进一步发展与应用，其将在细胞治疗中展示强大的生命力。

动物胚胎工程是以生殖细胞和胚胎细胞为对象进行的细胞工程操作，其根据人们需求，对哺乳动物早期胚胎进行一定的体外操作，主要技术包括体外受精、胚胎移植、胚胎分割、胚胎培养、胚胎冷冻保存和性别控制等，其是现代动物生物技术重要技术领域。

动物转基因技术即把新的遗传信息（DNA 序列）用特定技术导入胚胎早期受精卵，经发育后，外源遗传信息分布到所有体细胞中去，使动物带有新遗传信息，所得动物称为转基因动物。主要过程为：①提取人所需要蛋白质基因、cDNA；②基因重组（cDNA＋控制基因＋载体）；③分离、培养人工受精的卵细胞（如牛）；④把重组体转入受精的卵细胞；⑤植入子宫，使之发育为个体（每一个体细胞均含有新的基因）；⑥活化植入新基因，使之表达（如在乳腺中表达）；⑦提取目的基因表达产物，进行验证（定性、定量）；⑧进行安全性及临床试验。要点为：①必须有外源新基因转移；②在早期生殖细胞整合；③发育成新个体中有外源基因正常表达；④可遗传后代。

（三）蛋白质工程与酶工程

蛋白质工程是在利用 X 衍射和晶体分析技术了解蛋白质三维空间结构和功能关系基础上，借用计算机和分子设计辅助技术，在 DNA 分子水平上操作更换或改变其序列，达到改变蛋白质分子氨基酸序列，从而改变蛋白质分子形状及功能，使之具有新遗传学特性的目的。

"后基因组时代"将是"蛋白质组学时代"，即从对基因信息的研究转向对蛋白质信息的研究，包括研究蛋白质结构、功能与应用及蛋白质相互关系和作用。蛋白质工程就是在对蛋白质的化学、晶体学、动力学等结构与功能认识的基础上，对蛋白质进行人工改造与合成，最终获得商业化的产品。蛋白质工程的基本原理，如图1-5所示。

酶工程是指在给定的生产工艺和生物反应器中，利用酶、细胞器或细胞所具有的特异催化功能，或对酶进行修饰改造提高酶的转化率，把对应的原料高效地转化成所需要的物质。其是酶学和工程学相互渗透结合形成的一门新的技术科学，是酶学、微生物学的基本原理与化学工程有机结合而产生的边缘科学。

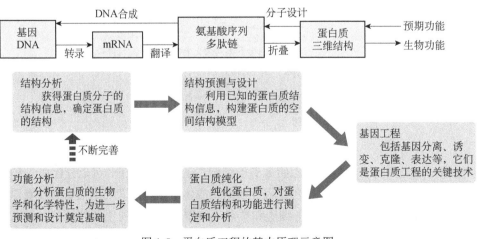

图 1-5　蛋白质工程的基本原理示意图

（四）抗体工程

抗体工程是指通过对抗体分子结构和功能关系的研究，有计划地对抗体基因序列进行改造，改善抗体某些功能的技术，如基因工程抗体技术。

20 世纪 80 年代初，人们将抗体基因结构和功能的研究成果与重组 DNA 技术相结合，产生了基因工程抗体技术。基因工程抗体即将抗体的基因按不同需要进行加工、改造和重新装配，然后导入适当的受体细胞中进行表达的抗体分子。

抗体工程的内容包括：①完整抗体及抗体的人源化；②完整抗体与抗体片段的药代动力学比较；③改造抗体片段的多种特异性；④双功能抗体；⑤抗体库的构建、展示和筛选；⑥噬菌体展示技术；⑦ mRNA-蛋白质复合物库；⑧细胞表面库；⑨转基因鼠抗体的生产、稳定性和表达水平。

（五）组织工程

组织工程是指运用工程学和生命科学原理和方法，在了解正常和病理学组织结构、功能关系及生长机理的基础上，研制生物学组织器官替代品，通过移植，达到重建、恢复、维持和改进组织功能的目的。

组织工程的流程为：①依据正常组织结构、功能设计方案；②选择种子细胞培养；③选择细胞外基质、生物支架材料；④体外构建三维结构替代品；⑤植入机体，替代病理组织。

（六）生物制药工程

利用现代生物技术，通过生物反应器（微生物、动物细胞、植物及动物个体）大规模地制备高纯度的药物，如基因工程药物、同分异构体的拆分（利用抗体酶特异结合、特异地进行酶消化来完成）等。生物制药工程涉及领域如图 1-6 所示。

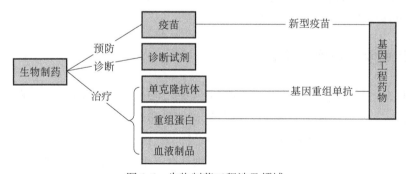

图 1-6　生物制药工程涉及领域

（七）发酵工程

发酵工程是一门将微生物学、生物化学和化学工程学的基本原理有机结合，利用微生物的特点（生长快、培养简单和代谢过程特殊等），通过现代化工程技术，快速、连续生产人类所需物质的技术，其是生物技术的重要组成部分和产业化的重要环节。

发酵工程的核心是提高生物制品产率，具体过程包括菌种选育、生产、代谢产物的利用，所用技术包括大规模悬浮培养，细胞固定化，产物分离提取。

主要应用于药物生产（活性多肽、抗生素）、单细胞蛋白生产、环境保护、微生物冶金技术。

（八）生化工程

生化工程是为活细胞和酶提供适宜反应环境，使其能大规模自动化生产、分离、精制出所需产品的技术。其内容包括生物反应器的设计、传感器的制造、电泳、离心、层析、免疫层析等，是下游工程的关键一环。

现代生物技术中的各工程技术相互联系、相辅相成。上游中，基因工程是基础、核心，通过它才能真正按人的意向设计、改造和生产特定生物工程产品。细胞工程是纽带，将各工程有机统一起来。下游工程中的关键是发酵工程的生产和利用生化工程对产物进行提纯，它们是生物技术产生效益的必要条件。其他工程相互配合，共同组成生物技术体系。

生物技术发展迅速，任务内容不断丰富更新。随着新技术、新方法的日新月异，以及人类基因组研究的突破性进展，生物技术工程及其产业化的涵盖领域越发宽广。生物技术被认为是"对全社会最为重要并可能改变未来工业和经济格局的技术"。

# 第二节　海洋生物技术概论

## 一、海洋生物技术的定义

海洋生物技术是现代生物技术与海洋生物学交叉的产物，是海洋生命科学的一个重要组成部分，它是一门运用现代生物学、化学和工程学的原理，利用海洋生物体的生命系统和生命过程，研究海洋生物遗传特性，定向改良海洋生物遗传特性，开发和生产有用的海洋生物产品，保护海洋环境的综合性科学技术。

## 二、海洋生物技术的发展

海洋是地球上最大的生态系统和生物资源宝库，地球上80%的生物生活在海洋中。海洋可以分为海岸带、光合作用带、中层带、深层带、深渊带和深海带。海洋环境中存在超过40 000种不同种类的生物，有微生物、海草、藻类和动物等。由于暴露于非常不同的海洋环境（如温度、叶绿素含量、盐度和水质）中，海洋生物具有产生独特化合物的能力。海洋世界被认为是各种生物活性化合物的巨大储存库。已知最古老的化石是海洋叠层石，它们已经演化了35亿年，而最古老的陆地化石大约有4.5亿年的历史。尽管海洋面积约占地球表面的2/3，但并未被充分利用。

海洋生物技术是一个相对年轻的技术领域，是海洋生命科学的一个重要组成部分，其是开发和保护海洋生物资源的重要技术手段，是现代生物技术与海洋生物学相交叉的产物。21世纪科技发展的重点之一是海洋生物技术的发展。欧洲、美国、日本等发达地区和国家十分重视发展海洋生物技术，纷纷制定各自的海洋生物技术发展战略。

海洋生物技术兴起于 20 世纪 80 年代，是海洋生物学的一门新兴的研究领域。1988 年，日本最早设立了海洋生物技术研究所，并投资 10 亿日元，建立了两个药物实验室，上市甲壳素产品"救多善"，作为一种免疫激活剂，销售额达 1000 亿日元以上，足见其市场潜力之大。随着神经生物学、海洋生态学、海洋工程学、深海探测技术、海洋化工、生物技术、分子生物学、基因工程的发展，海洋生物技术的研究领域日益拓宽。科学和技术的不断升级也带动了海洋生物技术的发展。目前研究较多的海洋生物资源主要是微生物、藻类和海绵。而且，已有新型海洋药物、化合物、生物酶等多种海洋生物技术产品问世。海洋生物技术在各种生物材料、生物传感器、海产品安全性、水产养殖、生物修复和生物污染检测的发展中起着重要的作用。

## 三、海洋生物技术主要研究内容

海洋生物技术的研究范围包括海洋生物的基因工程、细胞工程、蛋白质（包括酶）工程、发酵（代谢）工程和生物反应器方法等。海洋生物技术在分子或基因组生物学方面被更多地用于考虑如何生产理想的产品。它涵盖了活生物体的生产和应用，预计将对我们的经济产生重大的影响。海洋生物技术有望在诸如水产养殖、微生物学、宏基因组学、营养保健品、药物、药妆、生物材料、生物矿化等领域取得突破。此外，海洋生物技术研究内容还包括海洋污染的生物治理、海洋生物传感器开发与利用、生物酶制剂的生物炼制、现代食品加工与利用等，表 1-2 列出了部分重要海洋资源及相关研究领域，表 1-3 列出了部分已经上市的海洋生物技术产品。海洋生物技术中新颖工艺和技术的发现，将为创新技术的发展创造机遇。

表 1-2 部分重要海洋资源及相关研究领域

| 研究领域 | 海洋资源 | 目的 |
| --- | --- | --- |
| 餐饮 | 藻类，无脊椎动物，鱼 | 开发创新方法，以增加水产养殖产量和零废物再循环系统 |
| 能源 | 藻类 | 生物燃料生产；生物炼制 |
| 健康 | 藻类，海绵，微生物 | 寻找新型生物活性物质 |
| 环境 | 海洋微生物 | 海洋环境监测器的生物传感技术和无毒防污技术 |
| 工业产品 | 藻类 | 生产用于食品、化妆品、健康的海洋生物聚合物 |

表 1-3 部分已经上市的海洋生物技术产品

| 产品展示 | 资源 | 应用 |
| --- | --- | --- |
| 阿糖腺苷（Ara-A） | 海绵 | 抗病毒物质 |
| 阿糖胞苷（Ara-C） | 海绵 | 抗肿瘤药 |
| 大田软海绵酸（Okadaic acid） | 鞭毛藻 | 分子探针 |
| 类萜化合物（Manoalide） | 海绵 | 分子探针 |
| 耐热 DNA 聚合酶（Vent DNA polymerase） | 深海热液口细菌 | PCR 酶 |
| 水母发光蛋白（aequorin） | 发光水母 | 生物发光钙指示剂 |
| 绿色荧光蛋白（GFP） | 发光水母 | 报告基因 |
| 藻红蛋白（phycoerythrin） | 红藻 | 酶联免疫吸附试验（ELISA）和流式细胞仪中使用的结合抗体 |

| 产品展示 | 资源 | 应用 |
| --- | --- | --- |
| 头孢菌素（Cephalosporins） | 头孢菌属，海洋真菌 | 抗生素 |
| 阿普立定（Aplidin） | 海鞘 | 抗肿瘤药 |
| 曲贝替定（Trabectedin） | 海鞘 | 抗肿瘤药 |
| 海肾荧光素酶（renilla luciferase） | 海肾 | 报告基因 |

当今海洋生物技术的重点研究内容主要涉及以下几个方面。

**1. 海水养殖**　　海水养殖是海洋生物技术的最好例子之一。鱼是人类食品中补充蛋白质的最重要的海洋资源之一，过度捕捞和全球环境的变化正在导致这一重要食物资源的缓慢减少。通过应用海洋生物技术工具，我们能够通过重组技术改善海洋动物、植物遗传特性，为海水养殖业提供具有生长快、品质高和抗病害特性的优良品种，或开发转基因生物，这将有助于解决全球粮食需求。

将弧菌、产气单胞菌、爱德华氏菌等鱼类病原菌制备成全细胞灭活疫苗，并且用从菌体中提取的脂多糖、胞外蛋白等有效抗原，制备出了单克隆抗体等生物工程疫苗并商业化生产，将有助于预防困扰海洋养殖业的病害问题。例如，将从传染性造血组织坏死病毒中分离到的糖蛋白基因 G 的 Sau3AI 片段转入大肠杆菌中，得到一种具有较强免疫原性的糖蛋白抗原，该基因工程疫苗能有效防治传染性败血症的感染。

抗冻蛋白（如美洲拟鲽抗冻蛋白）在降低冻结温度方面具有重要潜在应用。将从美洲拟鲽中获得的编码肝脏抗冻蛋白的基因克隆到大西洋鲑的染色体中，并整合到生殖系，在 $F_3$ 代转基因鱼体中也发现了类似水平的抗冻蛋白前体，意味着出现了抗冻活性。

**2. 海洋天然药物**　　海洋生物资源是各种潜在生物分子的储存库，具有生产人类药物的巨大潜力。天然产物既是新化学多样性的基本来源，也是当今药品集合中不可或缺的组成部分。从海洋动物、藻类、真菌和细菌中已分离出许多具有抗菌、抗凝、抗疟疾、抗原生动物、抗结核和抗病毒活性的海洋化合物。2015 年中国海洋生物医药产业增加值为 302 亿元，到 2019 年海洋生物医药业全年实现增加值 443 亿元，说明其是增长较快的海洋战略性新兴产业。目前，在来自世界各地的大量海洋资源中，在 2004 年以前上市的海洋药物仅有 4 个，而 10 年后达到了 8 个，海洋天然产物已经成为新药开发的重要源泉之一，现还有大量的化合物处于临床前研究中。例如，Prialt 是一种止痛药，最初是从太平洋锥状蜗牛中分离出来的，曲贝替定（Trabectidin）是一种来自红树海鞘（*Ecteinascidia turbinata*）的抗肿瘤分子，以及从环太平洋的奇异拟纽虫（*Paranemertes peregrina*）中提取出 3-（2,4-dimethoxybenzylidene）-anabaseine（DMXBA）。据报道，现已发现 59 种海洋化合物影响心血管、免疫系统和神经系统，并具有抗炎作用，有 65 种海洋代谢物可与多种受体和其他分子靶标结合。

研究发现，来自海绵的天然产物可作为治疗艾滋病（AIDS）和单纯疱疹病毒（HSV）感染的潜在药物。迄今为止报道的最重要的海洋来源抗病毒前导物是从荔枝海绵（*Tethya crypta*）中分离的阿糖腺苷（Ara-A）。

海洋微生物具有巨大的生化多样性，并有可能成为新药的丰富来源。海洋微生物化合物是药物开发的重要来源。海洋细菌是许多生物活性化合物、抗生素和药物的重要来源之一。据报道，动物真菌也是生物活性化合物的潜在来源。其中，由海洋生物产生的聚酮化合物合酶是一类涉及多种聚酮化合物（如红霉素、雷帕霉素、四环素、洛伐他汀和白藜芦醇）生物合成的重要酶类。放线菌是次级代谢产物生产者中最有效的成员之一，它们具有广泛的生物学活性，包括抗菌、抗肿瘤、杀虫和酶抑制作用。在过去的几十年中，已经从土壤中分离并筛选出多种放线菌。其中，*Streptomyces*、*Saccharopolyspora*、*Amycolatopsis*、*Micromonospora* 和 *Actinoplanes* 是重要的商业化生物分子的主要生产者。放线菌实际上是无数新化合物的来源，具有许多治疗应用，并且由于它们的多样性和成熟的产生新型生物活性化合物的能力而占据着突出的地位。在目前已报道的生物活性化合物中，70%由放线菌产生，20%来自真菌，7%来自芽孢杆菌，1%～2%由其他细菌产生。

**3. 海洋营养品**　海洋营养品可来自海洋植物、微生物和海绵等。目前向各国推广的海洋营养品包括鱼油、甲壳质、壳聚糖、鲨鱼软骨素等。例如，岩藻多糖是一种复杂的硫酸化多糖，可以衍生自褐藻，因其具有多种生物学功能，如抗菌、抗病毒、抗肿瘤、抗氧化和增强机体免疫等而受到科学家的重视。Omega-PUFA（多不饱和脂肪酸）是营养品行业的重要成分，尤其是二十碳五烯酸（EPA）和二十二碳六烯酸（DHA）在人类健康的许多方面都发挥着重要作用。几丁质和壳聚糖的应用潜力是多维的，可应用于食品和营养、生物技术、材料科学、药物和制药、农业和环境保护及基因治疗中。

**4. 海洋生物材料**　近年来，应用于各种生物、生物医学和环境中的海洋生物材料已经引起人们极大的关注。截至 2015 年，全球海洋生物技术产品超过 41 亿美元，其中海洋生物材料占 40%以上。用于医疗保健的海洋生物活性物质将是最重要和增长最快的研究方向。甲壳类动物的天然甲壳质和壳聚糖具有无毒、生物相容性好等优点，在化妆品、食品和药品中具有潜在用途。海藻是海洋多糖的丰富来源，海洋多糖的产品包括藻酸盐、琼脂、琼脂糖和角叉菜胶等。

**5. 海洋生物能源**　海洋藻类产生的生物能源是海洋生物技术领域的一项开创性成就。源自海洋藻类的生物燃料是可持续能源的潜在来源，可满足未来的全球需求。这种潜力的应用主要依赖于操纵藻类的生理生化反应过程，可提高太阳能转化为可用生物质的效率。其中，微藻的厌氧消化是使微藻生物柴油和沼气可持续的必要步骤，而生物能源的潜在生物质来源是光合微藻和蓝细菌。现已有多种海洋生物可用于生产沼气、生物柴油、生物乙醇和生物氢。

**6. 海洋生物修复**　生物修复也是海洋环境生物技术的重要领域。海洋微生物具有降解各种有机污染物的能力。绿叶假单胞菌（*Pseudomonas chlororaphis*）会产生绿脓素（pyoverdin），从而催化海水中有机锡化合物的降解。生物聚合物和生物表面活性剂也可用于环境废物的管理和处理。此外，还可以培养具有特殊用途的"超级细菌"，用来清除海洋环境的污染物，或者生产具有特定生物治理作用的物质。20 世纪 70 年代，美国率先开展了利用细菌消除海洋石油污染的研究。目前，已发现约有 40 属的细菌，在不同条件下能够降解石油。细菌中某些烃降解质粒的发现，以及分子技术的不断发展，使构建消除石油污染的"超级细菌"成为可能。

## 四、海洋生物技术的发展趋势

海洋生物技术在各种海洋资源的开发和研究中起着至关重要的作用。海洋生物技术涉及植物生物活性物质、遗传学、海洋养殖、发酵工程和酶等多个主题，海洋生物技术市场具有巨大的潜力。美国、巴西、加拿大、中国、日本、韩国和澳大利亚等国家已将海洋生物技术作为研究重点。值得注意的是，国际重大行动——海洋生物普查计划（Census of Marine Life，CoML）有 2700 名研究人员参与，其中约 31% 来自欧洲，44% 来自美国和加拿大，以及 25% 来自世界其他地区，包括澳大利亚、新西兰、日本、中国、南非、印度、印度尼西亚和巴西等。

2009～2015 年，海洋生物活性物质市场以 4.0% 以上的速度增长。甚至已有国家发起了国家研发计划，以利用生物技术在海洋领域获得利益。水产养殖、药物开发和渔业的进步将促进海洋生物技术的应用。

预计未来海洋生物技术研究将重点集中在以下几个方面。

**1. 环境友好型海水养殖发展工程**　　研发良种选育、病害防治、营养饲料、装备工程化和智能化等新技术、新方法，大力发展环境友好和高效健康的现代化海水综合养殖模式。

**2. 海洋药物关键技术开发工程**　　重点研究有关候选海洋药物的特点、药代动力学性质、安全性，构建国际认可的临床前研究技术策略体系与评价数据，建立和完善海洋药物研发技术平台。

**3. 海洋生物制品关键技术开发工程**　　海洋生物制品关键技术开发工程主要包括两大方面：海洋生物酶制剂研发与产业化、海洋绿色农用生物制剂研发与产业化。一方面，研究酶制剂产业化制备过程的工艺关键技术，构建集成技术平台；另一方面，开发各类型疫苗，建立给药系统，研究海洋农药和生物肥料规模化生产技术。

总之，随着海洋生命组学、化学生物学与合成生物学、水产免疫学与海洋生物疾病学、内分泌与繁殖生物学、环境与生态工程学和系统进化生物学等海洋前沿生物技术的长足发展，海洋药物和生物制品等海洋生物产业应运而生。同时海洋生物技术在现代水产养殖、海洋食品安全、海洋生物资源养护和环境修复、生物材料、生物炼制及生物膜和防腐蚀等领域的广泛应用，也推动了海洋传统生物产业和其他新兴生物产业的交叉综合发展。

### 思考题

1. 什么是生物技术，它包含哪些内容？现代生物技术有哪些特点？
2. 海洋生物技术作为生物技术的分支，其主要研究内容是什么？
3. 举例说明海洋生物技术在实际生产中的应用。

### 本章主要参考文献

安利国，杨佳文. 2016. 细胞工程. 3 版. 北京：科学出版社.
董莉，郇志坚，刘遵乐. 2020. 全球生物医药产业发展现状、趋势及经验借鉴——兼论金融支持中国生物医药发展. 金融发展评论，11：12-23.
贾士儒，宋存江. 2016. 发酵工程实验教程. 北京：高等教育出版社.
姜珉. 2019. 图解生物技术. 北京：科学出版社.

李志勇. 2016. 细胞工程实验教程. 北京：高等教育出版社.

李志勇. 2019. 细胞工程学. 2 版. 北京：高等教育出版社.

林影. 2017. 酶工程原理与技术. 3 版. 北京：高等教育出版社.

刘美峰. 2014. 生物技术导论. 2 版. 北京：中国轻工业出版社.

龙敏南，楼士林，杨盛昌，等. 2014. 基因工程. 3 版. 北京：科学出版社.

石琼，孙颖. 2015. 海洋生物基因组学概论. 广州：中山大学出版社.

宋林生，石琼. 2016. 海洋生物功能基因开发与利用. 北京：科学出版社.

宋思扬，左正宏. 2020. 生物技术概论. 5 版. 北京：科学出版社.

唐蕾. 2013. 分子生物技术导论. 2 版. 北京：中国轻工业出版社.

唐启生. 2017. 环境友好型水产养殖发展战略：新思路、新任务、新途径. 北京：科学出版社.

王梁华，焦炳华. 2016. 生物技术在海洋生物资源开发中的应用. 北京：科学出版社.

夏焕章. 2016. 生物技术制药. 3 版. 北京：高等教育出版社.

徐晋麟，陈淳，徐沁. 2014. 基因工程原理. 2 版. 北京：科学出版社.

杨慧林，吕虎. 2019. 现代生物技术导论. 3 版. 北京：科学出版社.

余龙江. 2017. 细胞工程原理与技术. 北京：高等教育出版社.

余龙江. 2021. 发酵工程原理与技术. 2 版. 北京：高等教育出版社.

张偲，金显仕，杨红生. 2016. 海洋生物资源评价与保护. 北京：科学出版社.

张惠展，欧阳立明，叶江. 2015. 基因工程. 3 版. 北京：高等教育出版社.

张玉忠，杜昱光，宋晓妍. 2017. 海洋生物制品开发与利用. 北京：科学出版社.

周选围. 2019. 生物技术概论. 2 版. 北京：高等教育出版社.

Bloch JF，Tardieu-Guigues E. 2014. Marine biotechnologies and synthetic biology，new issues for a fair and equitable profit-sharing commercial use. Marine Genomics，17：79-83.

Burgess JG. 2011. New and emerging analytical techniques for marine biotechnology. Current Opinion in Biotechnology，23（1）：29-33.

Freitas AC，Rodrigues D，Rocha-Santos TA，et al. 2012. Marine biotechnology advances towards applications in new functional foods. Biotechnology Advances，30（6）：1506-1515.

Thompson CC，Kruger RH，Thompson FL. 2017. Unlocking marine biotechnology in the developing world. Trends in Biotechnology，35（12）：1119-1121.

Zhang J，Jiang L，Chen X，et al. 2021. Recent advances in biotechnology for marine enzymes and molecules. Current Opinion in Biotechnology，69：308-315.

# 第二章
## 海洋微生物生物技术

## 第一节　海洋微生物的特点

### 一、海洋微生物概述

海洋微生物是一大类分布在海洋中的个体微小、形态结构简单的低等生物的统称，包括病毒、细菌、真菌、古菌、单细胞藻类及原生动物等。

海洋环境覆盖了地球表面的70%以上，并包含了地球上97.5%的水。海洋生境包含多种多样的独特生命形式，其中大多数以微生物为代表。盐度是决定海洋微生物群落组成的主要环境因素。此外，与土壤相比，海洋沉积物构成了地球上系统发育最多样化的环境，而土壤具有较高的物种水平多样性，但系统发育多样性低于平均水平。海洋微生物被逐渐认为是具有生物技术价值的产品有希望的来源。在过去的几年中，已经在海洋环境中发现许多具有独特结构特征和独特分子作用方式的生物分子。但是，与陆地生态系统和生物相比，许多微生物栖息地仍未开发。

经过数十亿年的进化，海洋微生物已经发展出独特的代谢和生理功能，可以在各种栖息地中繁衍生息。近年来，生活在极端条件下的海洋微生物一直是人们关注的焦点。例如，热液喷口包含基于化学合成而具有不同代谢方式的微生物。这些群落的高度多样性和丰富性可与热带浅海中的群落相比，因此被认为是生物活性天然产物的潜在丰富来源。居住在深海栖息地的嗜压微生物也很重要，因为它们可以为高压生物反应器提供酶，以及其他应用。

具有潜在生物技术能力的其他类型海洋微生物包括生活在附生、表生和共生生活方式下的那些微生物。从生物技术的角度来看，表面相关微生物的竞争和防御策略（如毒素、信号分子和其他次级代谢产物的产生）构成了无与伦比的储藏库。与海洋无脊椎动物共生的细菌常常与宿主共进化而产生复杂的代谢产物（如海绵和珊瑚的共生）。在许多情况下，微生物充当了代谢产物生产者的身份。

来自潮间带的微生物必须能够耐受环境条件的快速反复波动，包括温度、光和盐度，以及波浪作用、紫外线辐射和干旱时期。潮间带微生物群落优先以生物膜的形式在自然和人工表面上生长。在这些保护性微环境中，它们经受着强烈的生物学和化学相互作用，从而导致产生了各种有趣的次级代谢产物。例如，为了响应强烈的太阳辐射，居住在潮间带的蓝细菌和其他微生物会产生紫外线吸收/屏蔽化合物，这为开发新型的人类紫外线阻滞剂提供了潜力。

## 二、海洋微生物的分类

**1. 海洋细菌（marine bacteria）** 生活在海洋中的、不含叶绿素和藻蓝素的原核单细胞生物。它们是海洋微生物中分布最广、数量最大的一类生物，个体直径常在 1μm 及以下，呈球状、杆状、螺旋状和分枝丝状。无真核、细胞壁坚韧。能游动的种以鞭毛运动。严格地说，海洋细菌是指那些只能在海洋中生长与繁殖的细菌。

**2. 海洋古菌（marine archaea）** 20 世纪 70 年代末，Woese 等学者基于核糖体小亚基核酸（16S rRNA）序列的系统发育关系，提出了原核生物由"真细菌"（Eubacteria）和"古细菌"（Archaebacteria）两个类群构成的观点。"古细菌"虽在主要生物学结构、形态等方面与"真细菌"有共同点，在基因转录翻译等遗传信息方面却与真核生物有相似性。鉴于"古细菌"与"真细菌"、真核生物之间的显著差异，1990 年，Woese 将"古细菌"的命名调整为古菌（archaea）。

**3. 海洋放线菌（marine actinomycetes）** 海洋放线菌广泛分布于海洋各种环境中，如浅滩、近岸、海洋动植物体内、深海沉积物、海雪、海底冷泉区等。海洋放线菌菌体为单细胞，大多由分枝发达的菌丝组成，最简单的为杆状或其原始菌丝。菌丝直径与杆状细菌相差不多，大约为 1μm。细胞壁化学组成中也含原核生物所特有的胞壁酸和二氨基庚二酸，不含几丁质或纤维素。革兰氏染色阳性反应，极少阴性。海洋放线菌主要包括小单孢菌属、链霉菌属、诺卡氏菌、红球菌等。

**4. 海洋微藻（marine microalgae）** 海洋微藻通常指海洋中含有叶绿素 a 并能进行光合作用的微生物的总称，其个体微小，一般要在显微镜下才能辨别其形态，主要包括蓝藻门、硅藻门、甲藻门、绿藻门、金藻门和黄藻门等。海洋微藻是海洋生态系统中最主要的初级生产者，不仅可以作为水产养殖中的饲料，还是制药、化妆品和其他商业产品（如 β-胡萝卜素、虾青素、高不饱和脂肪酸）等高附加值产品的重要来源。在过去的 20 年中，利用微藻作为可持续生物燃料生产的合适原料也受到了全世界的关注。另外，越来越多的关于微藻全基因组序列数据的报告极大地方便了人们更好地了解其进化谱系和代谢途径的物种特异性。

**5. 海洋真菌（marine fungi）** 海洋真菌是一类具有真核结构，能形成孢子，营共生、腐生或寄生生活的海洋生物。海洋真菌分布广泛，从潮间带高潮线或河口到深海，从浅海沙滩到深海沉积物中，均有其成员。一些来源于海洋并能在海洋生境中生长与繁殖者，称为专性海洋真菌；另一些来源于陆地或淡水，但能在海洋生境中生长与繁殖者，称为兼性海洋真菌。海洋真菌不仅存在于水和沉积物中，还作为植物和动物中的寄生虫，以及海洋地衣，即植物和藻类中的共生体。

自 1944 年以来，人们已经对海洋真菌，尤其是居住在木材中的真菌进行了广泛的研究。它们被称为木质真菌，占迄今所述的 450 种专性海洋真菌的 50%以上。仅在腐烂的红树林木材、气生根和幼苗上就发现了约 150 种，被归类为木耳真菌。大多数物种属于子囊菌类。红树林中的真菌在凋落物分解和养分循环中起着重要作用。真菌对红树林中以碎屑为食的生物的食物链做出了重要贡献。曲霉和青霉是参与红树林凋落物分解的主要真菌。真菌内生菌是微真菌，它们定植在维管植物的内部组织中，而不会产生任何明显的疾病症状，被认为是生物多样性的重要组成部分。内生真菌的分布因宿主而异，并在遗传、生理和生态水平上修饰宿主植物，这些修饰导致植物对环境的反应方式发生了深刻的变化。

环境和生物因素，如底物或基质的可用性、盐度、静水压、温度和氧气的可用性控制着海洋真菌的分布。海洋真菌在极端环境中的适应性表明，它们是筛选天然产物的有前途的来源。科学家对红树林真菌在极端环境中的适应性感到惊讶，并认为真菌，特别是内生真菌是筛选新产品的有希望的来源。内生真菌多样性的采样和表征是一个新兴的挑战，有望导致发现新物种、新化合物，以及更好地帮助人们理解其在生态系统中作用。

**6. 海洋原生动物（marine protozoan）**　　原生动物是动物界最原始、最低等的动物。其个体最小的约 1μm，最大的为数厘米；一般都十分微小，需借助显微镜才能看见。单细胞个体的原生质中通常具有细胞核、食物泡，有的种类具有纤毛或鞭毛。海洋原生动物分布广泛，从赤道热带海域到两极寒冷海域都有分布。大多数属于大洋性浮游生物，集中在食物丰富的海洋表层至水深 100m 处；也有很多底栖种类。多数营自由生活，少数为寄生生活，在不利环境下一般会形成孢囊。海洋原生动物的主要类群为有孔虫（Foraminifera）、放射虫（Radiolaria）、腰鞭毛虫（Dinoflagellata）、丁丁虫（Tintinnida）和硅质鞭毛虫（Silicoflagellata）。

**7. 海洋病毒（marine virus）**　　海洋病毒是一类海洋环境中超显微的、仅含有一种类型核酸（DNA 或 RNA）、专业活细胞内寄生的非细胞形态微生物。海洋病毒多种多样，具形态多样性及遗传多样性。海水中海洋病毒的密度分布呈现近岸高、远岸低；在海洋真光层中较多，随海水深度增加逐渐减少，在接近海底的水层中又有回升的趋势，其密度有时可达 $10^6 \sim 10^9$ 个病毒颗粒（VPS）/mL，超过细菌密度的 5～10 倍。海洋病毒具有与陆地病毒相同的增殖方式，它们无法自我复制，而是利用被感染的细胞进行繁殖。海洋病毒中只有极少部分会感染人类，也有的会感染鱼类和其他海洋动物，但迄今为止（以后可能会发生变化），它们最常见的目标是细菌和其他单细胞微生物。海洋病毒的惊人之处不仅在于它们的数量，还在于它们的遗传多样性。200L 海水中一般可以找到 5000 种遗传背景完全不同的病毒，而在 1000g 海洋沉积物中，病毒的种类可能达到 100 万种。海洋病毒不仅是海洋生物死亡的主要原因，还参与了全球生物地球化学循环的变化。此外，它们是地球上最大的遗传多样性储存库。估计海洋中的病毒数量为 $10^{30}$，海洋中每秒发生约 $10^{23}$ 次病毒感染。因此，对海洋环境中的病毒种群进行监控，并了解病毒的复制和宿主特异性是海洋病毒研究中重要的新兴领域。

## 三、海洋微生物的特点

由于海洋环境的复杂多变，在漫长的进化过程中，海洋微生物进化出了不同的特性以适应生存环境。

**1. 嗜盐性**　　嗜盐菌能够在盐浓度为 1.5%～2.0% 的环境中生长，极端嗜盐菌生活在高盐度环境中，盐度可达 25%。真正的海洋微生物生长离不开海水。海水中富含各种无机盐类和微量元素。不仅钠为海洋微生物生长与代谢所必需，钾、镁、钙、磷、硫或其他微量元素也是某些海洋微生物生长所必需的。嗜盐性是海洋微生物最普遍的特性。

**2. 嗜冷性**　　能在 0℃生长或其最适生长温度低于 20℃的微生物称为嗜冷微生物。大约 90% 海洋环境的温度都在 5℃以下，绝大多数海洋微生物的生长要求较低的温度，一般温度超过 37℃海洋微生物就会停止生长或死亡。嗜冷菌主要分布于极地、深海或高纬度的海域中，具有细胞膜构造、酶活力等适应低温的特点。严格依赖低温才能生存的嗜冷菌对热反应极为敏感，即使中温就足以阻碍其生长与代谢。

**3. 嗜热性**　　某些海底的古菌，能生活在 110℃以上高温中，最适生长温度为 98℃，降至 84℃即停止生长。这些嗜热菌中的酶活性与普通生物差异极大，为生物学研究提供了宝贵的工具。

深海热液俗称"黑烟囱"，是大陆板块与海洋板块之间的火山口，有 200 多米高，形状与烟囱几乎一模一样，其附近的温度高达 400℃。海底热液活动区的发现是 20 世纪海洋科学研究中的重大事件之一，已成为国际前沿科学研究的热点。热液生态系统的初级生产者为嗜热菌和古菌，其初级能量来源于地球深部上升喷出流体提供的化学能，它们氧化热液中的硫化物（如 $H_2S$、$FeS$）和甲烷获得能量，还原 $CO_2$ 制造有机物，而不依赖光合作用。

**4. 嗜压性**　　海洋中静水压力因水深而异，水深每增加 10m，静水压力递增 1 个标准大气压（atm，1atm=101.3kPa）。海洋最深处的静水压力可超过 1000 大气压。深海水域是一个广阔的生态系统，56%以上的海洋环境处在 100～1100 大气压中，嗜压性是深海微生物独有的特性。研究嗜压微生物的生理特性必须借助高压培养器来维持特定的压力。对于那种严格依赖高压存活的深海嗜压菌，由于研究手段的限制，迄今尚难以获得纯培养菌株。根据自动接种培养装置在深海实地实验室获得的微生物生理活动资料判断，在深海底部微生物分解各种有机物质的过程是相当缓慢的。

**5. 耐缺氧**　　氧气的溶解度随水层的加深而逐渐降低，至 200～1000m 的水层，氧气浓度达低谷，甚至为无氧区。厌氧型和极端厌氧型微生物可在低氧或无氧水层中生存。

**6. 多形性**　　在显微镜下观察细菌形态时，有时在同一株细菌纯培养中可以同时观察到多种形态，如球形、椭圆形、大小长短不一的杆状或各种不规则形态。这种多形现象在海洋革兰氏阴性杆菌中表现尤为普遍。这种特性是微生物长期适应复杂海洋环境的结果。

**7. 寡营养性**　　深海中营养物质较为稀少，海洋环境中溶解性有机碳（DOC）水平常年维持在 50～100μmol/L 或 0.6～1.2mg/L。某些浮游型的海洋细菌适应于低浓度营养的海水。在有机物缺乏的环境中，部分海洋古菌发展为自养或兼性自养型生物，如产甲烷菌和硫化叶菌。在营养较丰富的培养基上，有的海洋细菌于第一次形成菌落后即迅速死亡，有的则根本不能形成菌落，这类海洋细菌在形成菌落过程中因其自身代谢产物积聚过甚而中毒致死。这种现象说明常规的平板法并不是一种最理想的分离海洋微生物的方法。

**8. 发光性**　　海洋细菌中有少数几个属表现发光特性。发光细菌往往可从海水或鱼产品上分离到。细菌所发的光为一种生物荧光，发生机制为荧光性分子（荧光素）的电子从基态（通常为自旋单重态）跃迁至具有相同自旋多重度的激发态，处于各激发态的电子通过振动弛豫、内转移等无辐射跃迁过程回到第一电子激发单重态的最低振动能级，然后再由这个最低振动能级跃迁回到基态时，发出荧光。因为细菌发光现象对理化因子反应敏感，所以可利用发光细菌作为检验水域污染状况的指示菌。

**9. 多样性**　　迄今为止，人类发现的微生物有 150 多万种，除了 72 000 种存在于陆地外，其余都存在于海洋之中。《美国国家科学院院刊》（*PNAS*）上报道海洋中微生物的种类可能多达 1000 万种。平均每升海水中微生物的种类超过 2 万个。在大海里游泳，如果不小心咽下了一口海水，那么就等于咽下了上千种微生物。

**10. 趋化性与附着生长**　　海水中的营养物质虽然稀薄，但海洋环境中各种固体表面或不同性质的界面上吸附积聚着较丰富的营养物。绝大多数海洋细菌都具有运动能力。其中某些细菌还具有沿着某种化合物浓度梯度移动的能力，这一特点称为趋化性。某些专门附着于海洋植物体表而生长的细菌称为植物附生细菌。海洋微生物附着在海洋中生物和非生物固体的表面，形成薄膜，为其他生物的附着造成条件，从而形成特定的附着生物区系。

# 第二节　海洋微生物的分离与鉴定

## 一、海洋微生物样品的采集

采样是指在一定质量或数量的产品中，取一个或多个代表性样品，用于微生物检验的过程。采样、取样和制样是海洋微生物检测的重要组成部分。要想保证实验结果的准确，必须正确掌握采样技术、样品传递、样品保存方法和样品的制备技术，保证样品在从采样到制样整个过程中的一致性。如果在采取、运送、保存或制备样品过程中操作不当，或者样品不具代表性，就会使实验室的微生物检验结果毫无意义。因此，需要对采样人员和制样人员提出很高的专业要求，既要保证样品的代表性和一致性，又要保证整个微生物检验过程在无菌操作的条件下完成。

由于海洋环境的特殊性，对海洋微生物的采集更要有的放矢、目标明确，根据筛选目标，确定取样种类和地点，而且要根据取样条件准备好工具及其他必需物品。

对海洋真菌的采集多采用直接检查和木材诱饵技术两种方法。前者是指在解剖显微镜下直接检查真菌是否存在于海水、底泥等样品中。用针将此类子实体转移至显微镜载玻片上，在水滴中撕裂以露出孢子，然后小心地将其挤压在盖玻片下。为使子实体发育，可将垫料样品在室温下无菌的潮湿箱/培养皿/塑料袋中孵育，在显微镜下检查孵育的样品是否有真菌子实体。后者是指将木材浸入红树林水中一定时间，然后收集以检查真菌的菌落。在选定的位置，从待检查的水、泥、沙或土壤中取出样品。可以使用塑料瓶、土壤罐或其他容器收集样品。

## 二、海洋微生物的分离

不同种类的海洋微生物绝大多数是混杂在一起的，因此必须进行分离纯化，以便得到只含有该种微生物的纯培养株。这种获得纯培养株的方法称为微生物的分离和纯化。

（一）细菌、放线菌、真菌

**1. 稀释涂布平板法**　　该法是将已熔化并冷却至约 50℃（减少冷凝水）的琼脂培养基，先倒入无菌培养皿中，制成无菌平板。待充分冷却凝固后，将一定量（约 0.1mL）的某一稀释度的样品悬液滴加在平板表面，再用三角形无菌玻璃涂棒涂布，使菌液均匀分散在整个平板表面，倒置温箱培养后挑取单个菌落。

**2. 稀释混合平板法**　与稀释涂布平板法基本相同，无菌操作也一样，不同的是先分别吸取不同稀释度的含菌悬液对号放入平皿，然后再倒入熔化后冷却到 45℃ 左右的培养基，边倒入边摇匀，使样品中的微生物与培养基混合均匀，待冷凝成平板后，分别倒置于 28℃ 和 37℃ 温室中培养后，再挑取单个菌落，直接获得纯培养物。

**3. 平板划线分离法**　先制备无菌琼脂培养基平板，待充分冷却凝固后，在无菌条件下，用接种环蘸取少量待分离的含菌样品，在无菌琼脂培养基平板表面进行有规则的划线。划线的方式有连续划线、平行划线、扇形划线等。通过在平板上进行划线稀释，微生物细胞数量将随着划线次数的增加而减少，并逐步分散开来。经培养后，可在平板表面形成分散的单个菌落。但单个菌落并不一定是由单个细胞形成的，需再重复划线 1~2 次，并结合显微镜检测个体形态特征，才可获得真正的纯培养物。

（二）藻类

对于个体较大的丝状蓝藻，往往只需在解剖镜或显微镜下就可用镊子或解剖针等进行分离。而对个体小的单细胞种类，常用的分离方法有以下 4 种。

**1. 微吸管分离法**　选直径较细（约 5mm）的玻璃管，在火焰上加热，待快熔时，快速拉成口径极细的微吸管。将稀释适度的藻液水样，置浅凹载玻片上，镜检。用微吸管挑选要分离的藻体，认真仔细地吸出，放入另一浅凹载玻片上，镜检这一滴水中是否达到纯分离的目的。如不成功，应反复几次，直至达到分离目的。然后移入经灭菌的培养液中培养，一般在每个培养皿中接 20~30 个个体。从分离出少量细胞扩大培养到 200mL 的培养量，如硅藻一般需 20d 以上。为了较长时期保存藻种，可将分离到的藻种用青霉素（1000~5000 单位）或链霉素（100mg/L）处理，获得较纯藻种。

**2. 水滴分离法**　用微吸管吸取稀释适度的藻液，滴到消毒过的载玻片上，水滴尽可能滴小些，要求在低倍镜视野中能看到水滴全部或大部分。一个载玻片上滴 2~4 滴，间隔一定距离，做直线排列。如果一滴水中只有几个所需同种藻类个体，无其他生物混杂，即用吸管吸取培养液，把这滴水冲入装有培养液并经灭菌的试管或小锥形瓶中去。如未成功，需反复做，直到达到目的。

**3. 稀释分离法**　把水样稀释到每一滴含有一个左右（也可能一个都没有，也可能有两个）的生物细胞，在稀释过程中配合显微镜检查，调节稀释度。准备装有 1/4 容量培养液的试管 20 支，每一试管加入稀释适宜水样一滴，摇匀，进行培养。待藻类生长繁殖达到一定浓度时，再检查是否达到分离目的，若未达到，再重复做。

**4. 平板分离法**　这个方法的培养基制备和分离方法，与菌类的平板分离法基本相同，只是培养基配方不同。也可将稀释藻液装入消毒过的小型喷雾器中（可使用医用喉头喷雾器），打开培养皿盖，把藻液喷射在培养基平面上，形成分布均匀的薄层水珠。接种后，盖上盖，放在适宜的光、温条件下培养。一般经过十余天，就可在培养基上产生互相隔离的藻类群落，通过显微镜检查，寻找需要的纯藻群落，然后用消毒过的接种环移植到另一平板培养基上进行培养，也可直接移植到装有培养液并经灭菌的试管或小锥形瓶中，加消毒棉花塞子，进行培养。

## 三、海洋微生物的纯培养

选择合适的培养基接种后，针对不同微生物种类培养条件也有差异。例如，生长在深海或寒冷极区的嗜冷菌，培养时需要低温，而分布在温热带海区的嗜温菌，培养的最适温度一般为 25～30℃。

不同菌种的培养时间也有所不同，常见的弧菌在 25℃ 下培养 2～3d 即可长出明显菌落，而有些嗜冷菌则往往需要培养几周才能出现肉眼可见的菌落。

## 四、海洋微生物的鉴定

鉴定（identification）、分类（classification）和命名（nomenclature）是微生物分类学的范畴，三者相互联系但又有点区别。

鉴定是应用分类学的技术手段，确定微生物的分类地位（taxonomic position）。分类是根据微生物之间的相似性或者亲缘关系，将微生物划分到一个合适的类群。确定为一个新的分类单元（taxon）时，就需要给微生物进行命名。

（一）鉴定微生物的技术

**1. 细胞的形态和习性水平**　例如，用经典的研究方法，观察细胞的形态特征、运动性、生理生化特性、营养要求和代谢特性、生态学特性等。

**2. 细胞组分水平**　包括细胞组成成分，如细胞壁成分、细胞氨基酸库、脂类、醌类、光合色素等的分析，所用的技术除常规实验室技术外，还使用红外光谱、气相色谱和质谱分析等新技术。

**3. 蛋白质水平**　包括氨基酸序列分析、凝胶电泳和血清学反应等若干现代技术。

**4. 基因或 DNA 水平**　包括核酸分子杂交（DNA 与 DNA 或 DNA 与 RNA）、G＋C mol%值的测定、遗传信息的转化和转导、16S rRNA（核糖体 RNA）寡核苷酸组分分析，以及 DNA 或 RNA 的核苷酸序列分析等。

（二）分子和遗传的分类法

**1. DNA 中的碱基组成**　同种 DNA 一定有着相同的碱基组分。相反，表型相似而遗传物质不同的微生物一定有不同的碱基组分。亲缘关系越远的种，其碱基对排列顺序差别就越大。再者，DNA 碱基组分的排列顺序、数量和比例在细胞中很稳定，一般不受菌龄和外界因素的影响。

因此，分析微生物细胞中的 DNA 碱基组成可以作为分类的指标，尤其是在属种一级的分类中。这种分类方法已在某些细菌和酵母菌的分类中成功地得到应用。

**2. 核酸分子杂交**　从理论上讲，如果两条 DNA 单链中的核苷酸顺序完全互补地相对应，则两条单链可以 100%地发生杂合；如果两条 DNA 单链中的核苷酸顺序不是完全互补地相对应,则两条单链可以按相应的百分比发生杂合,因此可以利用 DNA-DNA 体外杂合程度来测定不同的微生物的 DNA 核苷酸排列顺序的相似程度,借以判断各菌种间的亲缘关系。

大致做法是:选一株菌株作为参考菌株,并用同位素标记其 DNA。提纯参考菌株的 DNA 和测定菌株的 DNA,用加热法使 DNA 变性成为 DNA 单链。将参考菌株的 DNA 单链与测定菌株的单链相混,并给予杂合复性的条件。再用磷酸二酯酶处理,去掉未杂合的 DNA 链。根据放射性同位素的量可测算出杂合的 DNA 的百分比(以标记的参考菌株 DNA 和未标记的参考菌株的 DNA 的杂合结果作为 100%)。

**3. 16S rRNA(核糖体 RNA)寡核苷酸组分分析**　　20 世纪 60 年代末,Woese 利用寡核苷酸编目法对生物进行分类,他通过比较各类细胞的 16S rRNA 特征序列,认为 16S rRNA 及其类似序列作为生物系统发育指标最为合适。一般而言,16S rRNA 基因序列与其模式菌株的相似度在 97% 以下时,大概可以认为是一个新的分类单元。

因为 16S rRNA 为细胞共有,既含有保守序列又有可变序列,分子大小适合操作,它的序列变化与进化距离相适应。保守性能反映物种的亲缘关系,为系统发育重建提供基础;可变性能揭示出生物物种的特征核酸序列,是种属鉴定的分子基础。

《伯杰氏系统细菌学手册》(*Bergey's Manual of Systematic Bacteriology*)由美国布里德(Breed)等编写,是一本有代表性的、参考价值极高、比较全面系统的细菌分类手册。

成立于 2004 年的中国海洋微生物菌种保藏管理中心(Marine Culture Collection of China, MCCC)是我国专业从事海洋微生物菌种资源保藏管理的公益基础性资源保藏机构,负责全国海洋微生物菌种资源的收集、整理、鉴定、保藏、供应与国际交流。MCCC 菌种库中的菌株包括模式菌株数量正逐步增大,而且主要分离自海洋环境,可以登录 MCCC 网站(http://mccc.org.cn/)查找相关的模式菌株。

# 第三节　海洋未培养微生物资源的开发及应用

海洋中存在 0.1 亿~2 亿种微生物,目前只对其中 6000 种进行了研究,通过实验室人工培养已经分离和描述的海洋微生物物种数量仅占估计数量的 1%~5%,而其余 95%~99% 的微生物种群仍然未被分离和认识。

## 一、未培养微生物的概念

科尔韦尔(Colwell)实验室在 1982 年提出未培养微生物的概念,他们发现将霍乱弧菌和大肠埃希菌(大肠杆菌)转到不含营养物质的盐水中,经长时间的低温保存,细菌会进入一种数量不减、有代谢活力,但在正常试验室培养条件下不能生长产生菌落的状态,称为活的但不可培养(viable but nonculturable, VBNC)状态,即未培养状态。其后对多种属细菌进行试验证明,这种未培养状态是普遍存在的。自然界中也广泛存在着这种活的但不可培养微生物,在各种生境中仅有小部分的微生物可用实验室方法分离培养,而未培养的种类却代表了巨大的多样性。

费尔斯克（Felske）等于 1997 年将能够通过分子生物学方法检测到，但未能在人工条件下获得纯培养的微生物定义为"未培养微生物"，包括已获纯培养，但在常规实验室环境条件下难以生长、处于休眠状态下的微生物。

## 二、未培养微生物的限制因素

**1. 微生物的生理类型（physiotypes）认识不全面**　　由于各种微生物的生活环境和对不同营养物质的利用能力不同，它们的营养需要和代谢方式也不尽相同。根据微生物所要求的碳源不同（无机碳化合物或有机碳化合物），可以将它们分为自养微生物和异养微生物两大类。根据微生物所利用能源的不同，又可将微生物分为两种能量代谢类型，一种是吸收光能来维持其生命活动的，称为光能微生物；另一种是利用吸收的营养物质降解产生化学能，称为化能微生物。将以上两种分类方法结合起来，我们可以把微生物的营养类型归纳为光能自养型、化能自养型、光能异养型和化能异养型四种类型。针对微生物的不同生理类型，应选择不同的培养方式。如果微生物在培养时缺乏必需的营养因子，则必然导致培养实验的失败。

**2. 培养基质的富营养化**　　培养基中普遍含有琼脂、蛋白胨、酵母等易被生物利用与降解的营养物质，但海洋中大多数微生物生活在缺少丰富营养来源的环境下，长期处于中低营养甚至是"贫营养"状态。例如，海洋环境中的专性寡营养微生物，其具有高效的营养吸收机制，生存环境的有机碳水平仅为 mg/L 水平，属于典型的对环境资源高亲和性的 K 生长策略者。将这类嗜寡微生物置于营养丰富的人工培养基时，突然的极度营养变化会凸现其基因型的固有缺陷，因高浓度营养物基质的抑制而停止生长。此外，适应能力较强的微生物早期会迅速生长，在代谢过程中产生大量的、微生物自身难以调节的过氧化物、超氧化物或羟基自由基等毒性物质，该类物质的过量积累会破坏微生物细胞的内膜结构，同时启动一些如SOS 等应激机制进行微生物的自我修复。然而，对于适应能力较差或未及时修复的微生物会因受到毒害作用而处于休眠状态，乃至死亡，从而表现出微生物的不可培养性。

**3. 实验室中无法完全模拟自然界的环境条件**　　影响微生物生长和繁殖的因素很多，包括温度、盐度、pH、压力、氧气、营养源等。有些极端环境，如火山喷发口、深海热液喷口（350～400℃，80～500MPa）等，是目前人工无法模拟和复现的。同时特定细胞在有氧和缺氧环境中会进行不同的代谢途径，利用不同的应激酶和转化酶来完成细胞呼吸，当周围环境中的氧气浓度超过其生长条件范围，微生物会因缺少具有活性的促进因子而无法进行正常的呼吸和生理代谢从而变为未培养菌。另外，实验室纯培养很难提供潜在的重要因子。例如，海水和淡水微生物的直接能量来源三磷酸腺苷（ATP）浓度高达 1nmol/L，然而在海洋环境中游离的可被直接利用的 ATP 很少，因此能量很有可能源自生境中的浮游植物或其他生物。

**4. 微生物之间的相互关系被忽略**　　自然环境下微生物种群关系复杂繁多，当微生物从天然生境突变到人工培养条件时，种间信息交流会发生根本性的改变。例如，共生关系是自然界中普遍存在的重要生存模式之一，当共生者间距离较远时，其生长所需的促进因子会相应缺乏，导致互作生物不能正常生长，从而呈现难以培养状态。

同时环境微生物之间广泛存在群体感应（quorum sensing）关系，即细菌能够通过感应特定信号分子来调控特定基因表达，如抗生素合成、调控固氮基因、接合转移 Ti 质粒、表达毒性因子、合成胞外多糖、细菌群游和丛集、进入稳定期及形成生物膜，以调节群体行为来应答周围环境的变化。当微生物群体浓度低时，细胞分泌的信号分子浓度低，这些信号在胞外迅速扩散并立即被稀释，细胞保持静默状态，无法达到阈值并发出受体调节信号，从而无法高效抵御外界环境压力，实现个体的自我保护及生长。由于人们目前尚未对环境微生物种间复杂的互作机制进行系统的研究，因此直接采用传统培养技术极易将微生物之间的共生关系和信息传递阻隔，且无法还原，导致微生物的不可培养甚至死亡。

**5. 生长速率较低，检测技术不敏感**　可培养微生物的最终形态往往是在人工条件下形成肉眼可见的聚集生长状态——菌落。在实验室培养条件下，传统培养基上能形成可见菌落的微生物往往是能够大量优先摄取培养基中可直接被吸收利用的营养成分、将较多能量用于生殖、依赖高繁殖率的生长策略者。它们可以较快形成较大菌落或菌群，而生长缓慢的微生物却因养分限制而无法形成菌落。同时还有一些生存在寡营养环境下的微生物仅以表面迁徙生长或扩散生长的形式在培养基中存活，在显微镜下可观察到几个细胞组成的小型集合，而常规的计数法和比浊法都不能鉴定其生长。此外，微生物存在的休眠等特殊生理状态也难以被发现，影响了微生物的培养和鉴定结果。

## 三、提高微生物可培养性的措施

**1. 培养基的优化与调整**　由于各种微生物所需要的营养物质不同，所以培养基的种类很多，但无论何种培养基，都应当具备满足所要培养的微生物生长代谢所必需的营养物质。我们配制培养基不但需要根据不同微生物的营养要求，加入适当种类和数量的营养物质，而且要注意一定的碳氮比（C/N），还要调节适宜的酸碱度（pH），保持适当的氧化还原电位和渗透压。

对于高浓度营养基质的影响，首先要降低营养基质的浓度，减少培养环境中的氧分压以减弱毒性氧的影响，并可在培养过程中加入过氧化氢酶、丙酮酸钠和 α-酮戊二酸等过氧化氢降解物及抗氧化剂二硫代二丙酸等，或者供应新型的电子供体和受体，尽可能地为微生物的生长提供所需的营养。

**2. 培养条件的优化**　对培养条件的优化可以大幅度提高未培养微生物的培养概率。若在合适的培养基上延长培养时间至 3 个月，可形成肉眼可见的菌落。通过对环境样品的稀释以降低优势微生物的原始比例也可以达到使寡营养微生物顺利分离的目的。自然界中很多微生物呈聚集生长，形成絮体或颗粒，致使内部微生物不易接触培养基，适度的超声处理可将微生物分散，使菌团内部细胞充分接触并利用培养基而得到培养。

**3. 仿生境培养**　海洋环境的复杂性孕育了多样的海洋微生物种类，只有尽可能地模拟海洋微生物的生境条件，维持微生物与环境、微生物之间的相互作用，才可能最大限度地实现微生物的培养。例如，大多数能够在扩散室中恢复后在细菌培养皿上生长的菌株是混合培养物。与辅助菌株共同培养，然后鉴定出寡肽信号，利用该寡肽信号可使以前未培养的菌株在实验室中成功分离。由于在扩散室中形成菌落的许多菌株只能在培养皿中进行有限的分裂，在进一步的实验中发现，在培养室中进行连续的原位培养可以使分离物的回收率更高。

## 四、提高微生物可培养性的方法

### （一）菌落转移法

当环境样品转移到固体培养基上时，一些菌的生长可能会有一个延迟期，在此期间，这些菌可能会被其他快速生长的菌落所掩盖，如一些可以在平板表面滑动和快速分散的细菌。菌落转移法（removing newly formed colonies）是将平板上新形成的菌落不断地转移到新的培养基上，通过长时间的培养使那些生长较缓慢的寡营养菌得到生长和分离的机会。

### （二）极限稀释法

极端稀释法是将环境微生物样品不断稀释，使最后一个稀释度中的细胞含量极低（1～10 个细胞）。当把海水中微生物群体稀释至痕量时，在海水中主要存在的寡营养微生物可以不受少数几种优势微生物的竞争作用的干扰，因而主体寡营养微生物被培养的可能性会大大提高。

### （三）高通量培养法

将样品稀释至痕量后，采用小体积 48 孔细胞培养板分离培养微生物。该方法不仅可有效提高微生物的可培养性，还可在短期内监测大量的培养物，大大提高工作效率。这种技术实现了广泛分布但尚未被培养的海洋 SAR11 进化枝的第一个成员的培养。

### （四）细胞包囊法

将海水和土壤样品中的微生物先进行类似稀释培养法的稀释过程，然后乳化，部分微生物形成了仅含单个细胞的胶状微滴。然后将胶状微滴装入层析柱内，使培养液连续通过层析柱进行流态培养。层析柱进口端用 0.11μm 滤膜封住，防止细菌的进入而污染层析柱；出口端用 8μm 滤膜封住，允许培养产生的细胞随培养液流出。

该方法的特点是让微生物在开放式培养液中生长，使培养环境接近于微生物的自然生长环境，能够很好地提高微生物可培养性，但成本较高，不利于普及使用。

### （五）扩散盒培养法

扩散盒由一个环状的不锈钢垫圈和两侧交联的 0.11μm 滤膜组成，滤膜只能允许培养环境中的化学物质通过而不能让细胞通过。将被分离的环境样品放置于封闭的扩散盒中，其中将微生物细胞接种在琼脂培养基中，并在模拟采样点环境条件的玻璃缸中进行培养。扩散盒的滤膜孔径大小可使盒内与盒外互相有益的小分子代谢物质自由出入，但是细胞不能自由移动。培养时，使天然海水循环流动，并不断注入新鲜的海水。培养 1 周后培养基上产生大量的微型菌落。

### （六）序列引导分离技术

序列引导分离技术（sequence-guiding isolation）是根据微生物基因组中特定基因的特异性序列，设计引物或杂交探针，以培养物中目标序列存在和变化情况为标准，来指导对微生物最优培养条件的选择，培养出新的微生物。

### （七）单细胞微操作技术

借助特殊的仪器设备，如显微操作仪、光学镊子、流式细胞仪等，可对单个细胞进行细微操作将其从微生物群体中分离出来，再对分离出的单细胞进行扩大培养以获得纯培养物或进行单细胞 PCR 扩增。这样就可以避免由于某些微生物数量少、生长受其他微生物抑制或生长缓慢等因素导致的"不可培养性"。但由于此法主要依赖特殊的分选仪器、工作量大、对单细胞大小有一定要求，以及某些分离的单细胞不能独立生长而依赖于其他微生物的存在等因素，因此实际应用受到一定的限制。

## 五、海洋微生物宏基因组研究

### （一）概念

宏基因组（metagenome）是由汉德尔斯曼（Handelsman）及其同事在描述土壤微生物集体基因组的背景下提出的新名词，其定义为"the genomes of the total microbiota found in nature"，即自然界中全部微小生物基因组的总和。

宏基因组学（metagenomics）就是一种以环境样品中的微生物群体基因组为研究对象，以功能基因筛选和测序分析为研究手段，以微生物多样性、种群结构、进化关系、功能活性、相互协作关系及与环境之间的关系为研究目的的新的微生物研究方法。

宏基因组学是一种基于无须预先培养来利用环境样品基因组资源，获得活性物质和功能基因的新技术，因而绕过了菌种纯培养障碍，可直接从自然界获取遗传信息，极大地拓宽了微生物资源的利用空间，正成为国际生命科学研究最重要的热点之一。

### （二）宏基因组学的研究过程

**1. 宏基因组的提取**　　根据提取样品总 DNA 前是否分离细胞，可以将提取方法分为原位裂解法和异位裂解法。

（1）原位裂解法：通过去污剂处理、酶解法、机械破碎法及高温或冻融法等直接破碎样品中的微生物细胞而使 DNA 得以释放。

此法提取的 DNA 能更好地代表样品微生物的多样性，而且操作容易、成本低、DNA 提取率高，但由于机械剪切作用较强，所提取的 DNA 片段较小（1~50kb），且腐殖酸类物质也难以完全去除。

该方法多用于构建小片段插入文库。

（2）异位裂解法：采用物理方法如介质密度梯度离心法将微生物细胞从样品中分离出来，然后采用较温和的方法抽提 DNA，如低熔点琼脂糖包埋裂解，脉冲凝胶电泳回收 DNA。

此法处理条件温和，可获得大片段DNA（20～500kb），纯度高，但操作烦琐、成本高、得率也较低，有些微生物在分离过程中可能会被丢失，在温和条件下一些细胞壁较厚的微生物DNA抽提不出来。

该方法多用于构建大片段插入文库或柯斯质粒（cosmid）为载体的DNA提取。

**2. 宏基因组文库的构建**　　宏基因组文库的构建策略取决于研究的整体目标。偏重低拷贝、低丰度基因还是高拷贝、高丰度基因，取决于研究目的是单个基因或基因产物还是整个操纵子及编码不同代谢途径的基因簇。

基因文库的建立过程中需要选择合适的克隆载体和宿主菌株。可直接利用表达载体构建宏基因文库，但是表达载体可插入的宏基因片段一般小于10kb。宿主菌株的选择主要考虑转化效率、宏基因的表达、重组载体在宿主细胞中的稳定性及目标性状的筛选等。

**3. 宏基因组文库的筛选**　　根据研究目的，宏基因组文库的筛选通常有两种方法：功能筛选法（functional screening）和序列筛选法（sequence-based screening）（图2-1）。

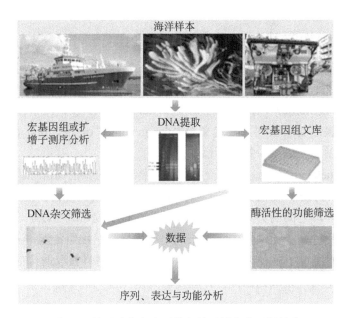

图2-1　基于功能和序列从宏基因组中发现新的酶

（1）功能筛选法：根据重组克隆产生的新活性进行筛选。

根据已知序列的信息，能较快地找到可用于工农业和医药的蛋白质和天然产物。可用于检测编码新型酶的全部新基因或者获取新的生物活性物质，该法对全长基因及功能基因的产物具有选择性。

主要有两种方式：一种是对具有特殊功能的克隆子进行直接检测，如利用其在选择性培养基上的表型特征进行筛选。这种方法具有较高的灵敏度，可检测到较少的目的克隆。另一种方法是基于异源基因的宿主菌株与其突变体在选择性条件下功能互补生长的特性进行。

功能筛选法的优点是筛选过程比较简单、快速，只要基因能表达，就可以根据基因表达特性进行筛选，不需要复杂的实验过程。缺点是这种筛选方法依赖于目的基因在新的宿主中表达，但使用模式微生物并不能把所有的宏基因组DNA表达出来，而且要求克隆到基因或基因簇的全长,一旦克隆过程中破坏了基因的某个组件,将使得基因没法表达,也就不能根据功能进行筛选,故检出的概率很低,工作量大。

(2)序列筛选法:根据已知相关功能基因的保守序列设计探针或 PCR 引物,通过杂交或 PCR 扩增筛选阳性克隆子。

其优点是不必依赖宿主菌株来表达克隆基因,已建立的杂交或 PCR 扩增技术可用于筛选工作中,且基于 DNA 的操作有可能利用基因芯片技术而大大提高筛选效率。其缺点是必须对相关基因序列有一定的了解,较难发现全新的活性物质,也很难获得全序列。

**4. 宏基因组的优势** 宏基因组的最大优势是解决了海洋活性物质痕量存在的问题,包括海洋生物活性产物的痕量存在;海洋生物活性物质难以化学合成;产生活性物质的海洋微生物难以人工培养。

宏基因组工程与海洋生物学的有机结合,促进了人类对可培养海洋微生物的基因组序列及其功能产物的了解,在海洋天然药物研究、海洋极端环境微生物研究、海洋微生物多样性探索中具有十分重要的应用前景。表 2-1 列出了主要的海洋微生物基因组和宏基因组网络资源。

表 2-1 主要的海洋微生物基因组和宏基因组网络资源

| 网站 | 描述 |
| --- | --- |
| www.jgi.doe.gov/programs/GEBA | 系统地填补细菌和古菌生命树分支测序的空白 |
| http://camera.calit2.net/microgenome | 增加与生态相关的海洋微生物的全基因组序列 |
| www.genomesonline.org/cgi-bin/GOLD/index.cgi | 全面获取有关基因组和宏基因组测序项目及其相关元数据信息的资源 |
| http://img.jgi.doe.gov | 综合分析和注释基因组和宏基因组数据集 |
| www.ncbi.nlm.nih.gov | NCBI 基因组信息,包括序列、图谱、染色体、组装和注释。NCBI SRA 存储来自下一代测序平台的原始测序数据 |
| http://metagenomics.anl.gov | 自动分析平台,可根据序列数据对微生物种群进行定量分析 |
| www.megx.net | 海洋细菌和古菌基因组和宏基因组的公共平台 |
| www.earthmicrobiome.org | 利用元基因组学、元转录组学和扩增子测序,对全球微生物群落进行大量的多学科分析 |
| www.microme.eu | 细菌代谢资源,其目的是支持直接从基因组序列中大规模推断代谢通量 |
| www.genoscope.cns.fr/agc/microscope/home/index.php | 基于 Web 的微生物比较基因组分析和人工功能注释平台 |
| http://tebacten.bioinfo.cnio.es | 旨在帮助检索、提取和注释文献中的细菌酶反应和途径的工具 |
| www.jcvi.org/charprotdb/index.cgi/home | 在已发表的文献中描述的,经过实验鉴定的蛋白质资源 |
| http://napdos.ucsd.edu | 快速检测和分析次生代谢基因的生物信息学工具 |
| http://metasystems.riken.jp/metabiome | 在宏基因组数据集和完整的细菌基因组中发现已知的商业有用酶的新同源物 |

**5. 宏基因组学在海洋微生物研究的应用**

(1)从海洋宏基因组中发现新的基因。已经从各种各样的海洋宏基因组文库中发现了相当多的酶基因,包括编码酯酶、脂肪酶和几丁质酶的基因等。最近还从南极沿海沉积物宏基因组文库中克隆了一种新型枯草杆菌蛋白酶样丝氨酸蛋白酶(subtilisin-like serine protease)

基因。该蛋白酶显示出良好的热稳定性，其最适温度为 60℃，在 50℃ 下孵育 2h 后，其活性约可保留 73%。目前已从海绵（*Discodermia dissoluta* 和 *Pseudoceratina clavata*）的宏基因组中获得新的聚酮合酶（polyketide synthase）基因，从海绵 *Haliclona okadai* 和 *Aplysina aerophoba* 的宏基因组中获得非核糖体肽合成酶（NRPS）基因。

（2）开发新的微生物活性物质。英国科学家从日本海底沉积物中筛选出一种海洋微生物产生的强力抗生素，能够杀死许多具有抗药性的"超级细菌"，如耐甲氧苄青霉素金黄色葡萄球菌。

（3）海洋微生物多样性的研究。Venter 等采用鸟枪法构建了马尾藻海（sargasso sea）的微生物群落基因组文库，发现了 $1.21×10^6$ 个新基因，包含 1800 种微生物基因组信息，其中 148 种为新的微生物物种。Zuendorf 等对丹麦玛丽艾厄海峡样品构建基因组文库，对随机选取的 400 个克隆进行测序，获得了 70 个属于不同种类微生物的可操纵分类单元（operational taxonomical unit，OTU）。Piganeau 等对马尾藻海宏基因组进行研究，获得 41 个 GC 含量较高的不同序列。Béjà 等利用宏基因组技术从海洋中发现了新的光合作用基因簇，并获得从未培养过的 11 类厌氧光合微生物。由此可见，宏基因组技术可以提供大量未能培养海洋微生物的基因信息，通过这些信息可以进一步研究海洋微生物的群落结构、生理生化特征、生态地位、系统发育及基因功能等。

（4）在海洋微生物石油修复方面的研究。宏基因组技术不需要培养微生物，可直接从环境中提取微生物的基因组，筛选出低温环境中活性较高的微生物及新活性物质。因此，宏基因组学在海洋微生物石油修复中有很好的应用前景。2019 年，Appolinario 等在南太平洋利用宏基因组学技术发现了降解石油的微生物的代谢物质。

## 六、海洋微生物代谢组学研究

### （一）概念

代谢组学（metabonomics/metabolomics）是 20 世纪 90 年代末发展起来的一门新兴学科，是研究关于生物体被扰动后（如基因的改变或环境变化后）其代谢产物（内源性代谢物质）种类、数量及变化规律的科学。

一般来说，代谢组学关注的对象是相对分子质量在 1000 以下的小分子化合物。根据研究对象和目的不同，科学家将生物体系的代谢产物分析分为 4 个层次。

**1. 代谢物靶标分析**　　某一个或几个特定组分的定性和定量分析，如某一类结构、性质相关的化合物（氨基酸、有机酸、顺二醇类）或者某一代谢途径的所有中间产物或多条代谢途径的标志性组分。

**2. 代谢物指纹分析**　　同时对多个代谢物进行分析，不分离鉴定具体单一组分。

**3. 代谢轮廓分析**　　限定条件下对生物体内特定组织内的代谢物的快速定性和半定量分析。

**4. 代谢组分析**　　对生物体内某一特定组织所包含的所有代谢物的定量分析，并研究该代谢物组在外界干预或病理生理条件下的动态变化规律。

（二）代谢组学研究方法

首先，将代谢组分进行预处理，预处理的方法由测量分析方法决定，如使用质谱方法分析，则需要预先对代谢组分进行分离和离子化。然后，再对预处理后的组分进行定性和定量分析。

**1. 预处理常用分离方法**　　气相色谱（gas chromatography，GC）具有较高的分辨率，但需要对代谢组分进行气化，并且对组分分子质量有一定的限制。高效液相色谱（high performance liquid chromatography，HPLC）也在代谢组学分析中被广泛地使用，因其在液相中对代谢组分进行分离，不用对组分进行气化，因此相较气相色谱具有测量范围更广、更灵敏的优点。此外，毛细管电泳法（capillary electrophoresis）也可以对代谢组分进行分离，其应用较少，但在理论上分离效率比高效液相色谱法高。

**2. 定性和定量分析方法**　　主要为质谱法（mass spectrometry，MS）和核磁共振成像（nuclear magnetic resonance imaging，NMRI）等。其中，质谱法具有灵敏度高、特异性强等优点，被广泛地应用于检测代谢组分，可以对经过分离、离子化处理后的代谢组分进行定性和定量分析。

（三）代谢组学在海洋微生物研究中的应用

微生物能够产生多种代谢物，如激素、维生素、脂质、氨基酸等。运用代谢组学可以检测菌群代谢物的动态变化，展现菌群的实际活动情况、微生物基因组内基因的转录活性和微生物的成活状态。

同时，代谢组学对于理解代谢反应网络及其调控，以及将分离物的基因型与其表型联系起来是至关重要的。

# 第四节　海洋微生物单细胞蛋白

## 一、概念

单细胞蛋白（single cell protein，SCP）又叫作微生物蛋白、菌体蛋白，一般指大规模培养系统中生长的酵母、非致病性细菌、微藻等单细胞生物体内所含蛋白质，其粗蛋白含量可达 45%～70%（而作物中蛋白质含量最高的大豆仅达 35%～45%），且各种氨基酸搭配合理，维生素含量高。

单细胞蛋白不是一种纯蛋白质，而是由蛋白质、脂肪、碳水化合物、核酸及不是蛋白质的含氮化合物、维生素和无机化合物等混合物组成的细胞质团。

1966 年，在麻省理工学院召开的会议上，第一次提出单细胞蛋白的概念。1967 年在第一次全世界单细胞蛋白会议上，将微生物菌体蛋白统称为单细胞蛋白。

## 二、分类

（1）按生产原料不同，可以分为石油蛋白、甲醇蛋白、甲烷蛋白等。

（2）按所得产品用途不同，可分为饲料蛋白、食用蛋白。

（3）按产生菌的种类不同，又可以分为细菌蛋白、真菌蛋白、酵母蛋白、微藻蛋白等。

（4）按功能不同，可分为补充蛋白质的配料、乳化剂、分散剂、起泡剂等。

## 三、特点

### （一）不受气候等外界条件的影响，易于工业化生产

微生物在大型立体的发酵罐中培养，即在小面积的土地上生产大量菌体，不受季节及阳光的限制，需要的劳动力少且生产效率高，生产能力可达 $2\sim6kg/(m^3\cdot h)$。

工业化生产单细胞蛋白，不与粮食和牧草争土地，不受气候的影响和约束，生产环境易控制，并能连续生产。

### （二）原料丰富

一般有以下几类：①农业废物、废水，如秸秆、蔗渣、甜菜渣、木屑等含纤维素的废料及农林产品的加工废水；②工业废物、废水，如食品、发酵工业中排出的含糖有机废水、亚硫酸纸浆废液、脂肪酸废水等；③石油、天然气及相关产品，如原油、柴油、甲烷、乙醇等；④$H_2$、$CO_2$等废气。

最有前途的原料是可再生的植物资源，如农林加工产品的下脚料等。这些资源数量多，而且用后可以再生，还可实现环境保护。

### （三）生产周期快、效率高

这主要是因为微生物的生长繁殖速率快。微生物世代间隔很短，生长速度比高等动植物快得多。生物体重加倍周期，肉牛为 2 个月，肉鸡为 10d，豆科牧草为 2 周，藻类为 6h，酵母为 $1\sim3h$，细菌只有 $0.5\sim1h$。单细胞蛋白的生产投资如按年产 1 吨 100% 的蛋白质计算，分别为近海渔业、养蛋鸡和养猪业投资的 56%、47% 和 12.7%。

其所需时间要比使农作物蛋白质量倍增所消耗时间快 500 倍，比其他一般饲养家畜产量所耗的倍增时间快 $1000\sim5000$ 倍。一头体重 500kg 的奶牛，每天只能合成 0.5kg 的蛋白质，而 500kg 的活菌体，只要有合适的条件，在 24h 内能够生产 1250kg 的单细胞蛋白。

### （四）营养丰富

单细胞蛋白所含的营养物质极为丰富，其中，蛋白质含量高达 40%～80%，比大豆高 10%～20%，比肉、鱼、奶酪高 20% 以上；可利用氮比大豆高 20%，如添加蛋氨酸则可利用氮达 95% 以上；氨基酸的组成较为齐全，含有人体必需的 8 种氨基酸，尤其是谷物中含量较少的赖氨酸，一般成年人每天食用 $10\sim15g$ 干酵母，就能满足对氨基酸的需要量。

单细胞蛋白中还含有多种维生素、碳水化合物、脂类、矿物质，以及丰富的酶类和生物活性物质，如辅酶 A、辅酶 Q、谷胱甘肽、麦角固醇等。

（五）易于改良

有关单细胞蛋白研究的实验要比研究农作物或家畜的实验易于进行，而且在极短的时间内就可得到有价值的数据与结果。

## 四、生产单细胞蛋白的微生物

生产单细胞蛋白的微生物种类很多，有酵母菌、细菌、霉菌、担子菌和微藻等，它们可利用不同的原料来生产单细胞蛋白。

糖质：酵母属和假丝酵母属为主要生产菌。

正烷烃：假丝酵母属为最主要利用菌。

甲烷：能利用甲烷作为唯一碳源的微生物，主要是细菌，如甲烷假单胞菌等。

甲醇：主要以细菌为主，放线菌、酵母菌和霉菌次之。甲烷利用菌也为甲醇利用菌，但反之不一定。甲醇利用菌多数为革兰氏阴性菌。

乙醇：以酵母占多数，其次为细菌和霉菌。酵母菌中有假丝酵母属、酵母属等。

乙酸：细菌中有短杆菌属等，酵母中有假丝酵母属等，霉菌中有曲霉属等。

氢气：能以 $CO_2$ 为唯一碳源，氢气为唯一能源的细菌称为氢细菌。氢细菌在分类学上为氢单胞菌属。

## 五、菌种要求

生产单细胞蛋白的微生物通常要具备下列条件：①所生产的蛋白质等营养物质含量高；②对人体无致病作用；③味道好并且易消化吸收；④对培养条件要求简单；⑤生长繁殖迅速等。

## 六、生产过程

具体生产过程如下：①配制培养液并进行灭菌；②将灭菌后的培养基和菌种投放到发酵罐中；③控制好发酵条件，使菌种迅速繁殖；④发酵完毕，用离心、沉淀等方法收集菌体，最后经过干燥处理，即得单细胞蛋白成品。

## 七、存在问题

（1）营养素缺乏或不平衡，如藻类的饱和与不饱和脂肪酸变化，类固醇、维生素、矿物质、多糖等成分变化。

（2）过高的核酸含量，尤其是酵母会达到8%～16%，抑制生物生长，嘌呤被摄食后会形成尿酸，可引起尿结石和其他代谢疾病，因此要提取核酸。

（3）石油衍生物培养基上的单细胞蛋白，可能含有有害物质。

（4）消化率低，如单细胞蛋白中存在类似胞壁质和二氨基庚二酸等真菌肽，与食物中的蛋白质成分结合，会延缓牲畜对饲料的消化。另外，单细胞蛋白中存在着葡聚糖、甘露聚糖等不可消化的成分，影响牲畜日粮干物质的可消化性。因此需要对单细胞蛋白进行破碎、酶解等处理。

（5）适口性较差，并且酵母有苦味，要进行蛋白质的组织化。

## 八、单细胞蛋白生产新技术

（1）DNA 重组单细胞蛋白：利用含有鱼类生长激素的重组酵母等进行生产。

（2）富硒单细胞蛋白：补充血硒水平，提高人体的抗氧化能力和免疫力，降低血脂、血压等，效果优于亚硒酸钠。

（3）富铬单细胞蛋白：调节糖代谢水平，加速脂肪分解代谢，减少体脂。

## 九、应用

早在第一次世界大战期间，德国的科学家就提出了大量培养微生物来补充人和动物的蛋白质来源以解决食物短缺问题，并付诸实践。

他们不仅研制成功了大规模培养酵母以生产蛋白质的方法，而且创造出了营养丰富、味道鲜美的人造肉，开创了利用微生物生产蛋白质，造福于人类的先例。

**1. 用作食品添加剂** 20 世纪 80 年代中期，全世界的单细胞蛋白年产量已达 200 万吨，广泛用于食品加工和饲料中。单细胞蛋白不仅能制成"人造肉"，供人们直接食用，还常作为食品添加剂，用以补充蛋白质或维生素、矿物质等。由于某些单细胞蛋白具有抗氧化能力，使食物不容易变质，因而常用于婴儿奶粉及汤料中。干酵母的含热量低，常作为减肥食品的添加剂。此外，单细胞蛋白还能提高食品的某些物理性能，如意大利烘饼中加入活性酵母，可以提高饼的延薄性能。酵母的浓缩蛋白具有显著的鲜味，已广泛用作食品的增鲜剂。

**2. 用作饲料** 单细胞蛋白作为饲料蛋白，也在世界范围内得到了广泛应用。用单细胞蛋白质作为饲料，可以节约粮食，促进畜牧业发展。生产上发现在家禽业和水产养殖业中应用效果很好，已经广泛应用；在营养平衡的条件下，可以代替鱼粉。

**3. 生产活性物质** 从单细胞蛋白中可提取许多有用之物，如辅酶 A、细胞色素 c 和辅酶 I 等医药产品。

## 十、前景展望

任何一种新型食品原料的问世，都会产生可接受性、安全性等问题，单细胞蛋白也不例外。例如，单细胞蛋白的核酸含量较高，食用过多的核酸可能会引起痛风等疾病。此外，单细胞蛋白作为一种食物，人们一时可能也难以接受。但相信经过微生物学家的努力，这些问题会得到圆满解决。

据分析，酵母单细胞蛋白中蛋白质含量为 45%～55%，细菌的单细胞蛋白中蛋白质的含量高达 70%。因此，在各类饲料中加入单细胞蛋白添加剂，可以取得诸如使猪长得更快、牛产奶更多这样的效果。

人类自身也会直接从单细胞工业的发展中享受到巨大实惠。一方面，单细胞蛋白食品的开发可以缓解耕地减少、粮食紧缺的矛盾，另一方面，高蛋白的单细胞蛋白食品的开发，也有利于改善人们的食品结构，满足我们既要吃饱，又要吃好的要求。

总之，单细胞蛋白工业在我国大有潜力可挖，也更适合我国的国情，一旦进入大规模的商品化生产，必将对缓解蛋白饲料紧张、促进养殖业的迅速发展、增强人民的体质发挥重要的作用。

# 第五节　海洋微生物单细胞油脂

## 一、概念

1989 年，Ratldege 提出某些微生物在一定条件下能将碳水化合物、碳氢化合物和普通油脂等碳源转化为菌体内大量贮存的油脂，如果油脂积累量能超过细胞总量的 20%，即称这些微生物为产油微生物（oleginous micororganism）。

微生物油脂又称为单细胞油脂（single cell oil，SCO），是指由霉菌、酵母菌、细菌和藻类及其他油脂微生物在一定的培养条件下，利用碳源在菌体内大量合成并积累的三酰甘油、游离的脂肪酸类及其他一些脂质。其脂肪酸组成与一般的植物油脂相似，主要是 $C_{16}$、$C_{18}$ 脂肪酸，如棕榈酸、硬脂酸、油酸和亚麻酸等。

微生物油脂研究历史悠久，最早可追溯到 19 世纪 70 年代中期。第一次世界大战期间，德国科学家准备利用内孢霉属和镰刀菌属的某些菌种作为油脂生产菌，以缓解当时食用油脂供应不足的状况。1920～1945 年，德国科学家筛选出了适合生产用的菌种。20 世纪 50 年代，美国、英国等一些国家也开始进行微生物油脂的研究。

## 二、优点

（1）微生物适应性强，生长繁殖迅速，生长周期短，代谢活力强，易于培养和进行品种改良。

（2）微生物生产油脂所需劳动力低，占地面积小，且不受场地、气候和季节变化等的限制，能连续大规模生产。

（3）微生物油脂的生物安全性好，毒副作用小。

（4）用于工业化的产脂微生物合成的脂肪和功能性长链多不饱和脂肪酸（LCPUFA）比动植物来源的含量高很多，如裂壶藻干物质的含油率可高达 60%，其中二十二碳六烯酸（DHA）在油脂中含量高达 60%。

（5）微生物生长所需原材料的来源十分丰富而且价格便宜，可利用农副产品、食品加工及造纸业的废弃物（如乳清、糖蜜、木材糖化液等）为培养基原料，原料易得且资源集约、不消耗自然生态资源，十分有利于废物再利用和环境保护。

（6）可以用来开发功能性油脂，如富含油酸、γ-亚麻酸、氨基酸、二十碳五烯酸（EPA）、DHA、角鲨烯、二元羧酸等的油脂及代可可脂。

（7）微生物油脂组成和植物油脂相似，可替代植物油脂制取生物柴油，降低生物柴油制取成本。

## 三、产油微生物种类

能够产生油脂的微生物有酵母、霉菌、细菌、藻类。目前研究得较多的是酵母、霉菌、藻类，能够产生油脂的细菌则较少。不同的菌种，产生微生物的油脂脂肪酸组成均不同。

**1. 细菌**　　细菌在高葡萄糖时产生不饱和的甘油三酯，但大多细菌不生产而是积累复杂的类脂，加之产生于细胞外膜上，提取困难，故产油细菌在工业应用上没有实际意义。

产脂细菌：嗜酸乳杆菌。

**2. 酵母**　　酵母在脂肪酸的分布模式上相当单一，绝大多数酵母仅有 $C_{16}$ 和 $C_{18}$ 脂肪酸，其中基本的饱和脂肪酸是软脂酸，基本的不饱和脂肪酸是油酸，少数酵母中最多的单不饱和脂肪酸是棕榈油酸，多不饱和脂肪酸在酵母中也存在。大多数酵母中总的油脂含量一般低于 20%。酵母转化碳水化合物为油脂的理论转化率为 33%，但实际转化率很少超过20%。

产脂酵母：假丝酵母、浅白色隐球酵母、胶粘红酵母、产油油脂酵母等。

**3. 霉菌**　　霉菌中脂肪酸类型要比酵母丰富很多。油脂含量超过 25% 的霉菌约有 64种，很多霉菌油脂含量在 20%～25%。霉菌主要用于生产高比例的不饱和脂肪酸。不同霉菌的脂肪酸组成有很大差别。

产脂霉菌：深黄被孢霉、高山被孢霉、卷枝毛霉、米曲霉、土曲霉、雅致枝霉、三孢布拉氏霉等。

**4. 藻类**　　海藻中有少量的产油藻，它们生产的油脂中多不饱和脂肪酸含量较高，包括棕榈酸、棕榈油酸和二十碳五烯酸（EPA）等。微藻中油脂含量有些超过 70%，但在无菌、光照发酵罐中培养海藻成本较高，只有少数微藻可以在室外环境下商业化生产。

产油藻类：盐生杜氏藻、粉核小球藻、等鞭金藻、三角褐指藻、新月菱形藻等。

通过代谢工程，微藻生物柴油的生产现状有望得到改善。为了提高微藻细胞的油含量，提高生物质转化率和改善脂质质量，已经建立了几种转化体。乙酰辅酶 A 羧化酶（ACCase）催化乙酰辅酶 A 的羧化反应形成丙二酰辅酶 A，这是脂肪酸合成的主要底物，已在硅藻细胞中过表达以提高细胞脂质含量。构建包含 ACCase 基因及来自小环藻的 5'-UTR（非翻译区）的载体，并将其引入硅藻隐孢子虫和腐殖藻中，成功获得了稳定的高 ACCase 表达转化子，但未实现中性脂质含量的预期增加，这表明微藻细胞中 TAG（三酰甘油）的积累比以前假定的复杂得多。

## 四、合成途径

微生物油脂积累大体分为两个阶段。

**1. 发酵前期** 发酵培养的前期为细胞增殖期，这个时期微生物要消耗培养基中的碳源和氮源，以保证菌体代谢旺盛和增殖过程。在这一阶段中细胞合成油脂，但主要用于细胞骨架的组成，即以体质脂形式存在。

**2. 产油期** 当培养基中碳源充足而某些营养成分缺乏时，菌体细胞分裂速度锐减，微生物基本不再进行细胞繁殖，而过量的碳元素继续被细胞吸收，在细胞中经糖酵解途径进入三羧酸循环，同时甘油三酯的积累过程被激活。

微生物产生油脂的过程本质上与动植物产生油脂的过程相似，都是从利用乙酰 CoA 羧化酶的羧化催化反应开始，经过多次链的延长经去饱和酶的一系列去饱和作用等，完成整个生化过程(图 2-2)。其中去饱和酶是微生物通过氧化去饱和途径生成不饱和脂肪酸的关键酶，该过程称为脂肪酸氧化循环。其中乙酰 CoA 羧化酶和去饱和酶是两个主要的催化酶。乙酰 CoA 羧化酶是催化脂肪酸合成的一种限速酶，此酶是由多个亚基组成的以生物素作为辅基的复合酶。去饱和酶是微生物通过氧化去饱和途径生成不饱和脂肪酸的关键酶，去饱和作用是由一个复杂的去饱和酶系来完成的。

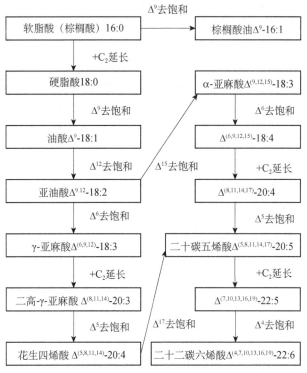

图 2-2　微生物多不饱和脂肪酸的合成途径

## 五、基本生产工艺

菌种筛选→原料制备碳源（碳水化合物、碳氢化合物和油脂）→菌体（微藻、酵母、霉菌和细菌）→下游加工（提取、精制等）→生物油脂（供食用、营养剂或非食用）。

（一）菌种

用于工业化生产油脂的菌株必须具备以下条件：①油脂积蓄量大，含油量应达 50% 左右，油脂生成率高，转化率不低于 15%；②能适应工业化深层培养，装置简单；③生长速度快，杂菌污染困难；④风味良好、食用安全无毒、易消化吸收。

（二）微生物的培养

微生物油脂的培养原料：①碳源，如葡萄糖、果糖、蔗糖、石蜡等。②氮源，如铵盐、尿素、玉米浆、硝盐等。③无机盐类，如氯化钾、硫酸镁，以及铁、锌等离子。另外，食品工业的废弃物，如淀粉厂的废水、糖厂的废糖蜜、乳品厂的乳清等，也是产油微生物的好原料。

微生物培养可采用液体培养法、固体培养法和深层培养法。

不同种属的微生物产油脂量、油脂成分及含量各不相同。而就同一种微生物菌株，在不同培养条件下，其产油脂量、油脂成分及含量也各不相同。

产油菌种是生产微生物油脂的关键，而培养基组成、培养时间、温度、pH 等又是影响各类菌种油脂得率的重要因素，必须综合考虑。

（三）提取

细胞破碎方法包括菌株自溶法、超声破碎法、高压匀浆破碎法、化学破碎法、酶处理法、冻融法等。油脂提取方法有有机溶剂法和超临界 $CO_2$ 萃取法。

**1. 有机溶剂法**　有机溶剂法主要是利用油脂易溶于多种有机溶剂，在各有机溶剂中溶解性又不同的性质，将油脂提取出来。氯仿-甲醇提取法是目前较为普遍的一种方法，有机溶剂法所需设备较简单，油脂得率也高，但提取温度较高，油脂纯度较低，还存在毒性和污染问题。

**2. 超临界 $CO_2$ 萃取法**　主要是利用超临界流体的溶解能力与其密度的关系，即利用压力和温度对超临界流体溶解能力的影响而进行的。超临界 $CO_2$ 萃取温度低，油脂中的活性成分不易受热、受氧化破坏而损失，且 $CO_2$ 极性低，提出的油脂中杂质少、纯度高。而且，超临界 $CO_2$ 萃取法操作简便，不使用有毒易燃的有机溶剂，可降低成本，提高安全性。所以，超临界 $CO_2$ 萃取法较为适合工业生产。

（四）精炼

微生物油脂的精炼工艺主要包括水化脱胶、碱炼、脱色、脱臭等工序。

精炼后的油脂分析指标包括气味、滋味、色泽、水分、相对密度、透明度、酸价、碘价、过氧化值、脂肪酸组成、甘油三酯组成等。

## 六、应用

**1. 食品行业**　微生物油脂具有与动植物油脂一致的甘油三酯结构，也是一种天然油脂。但因为不同微生物的代谢特性，这些微生物油脂往往富含某些特殊的脂肪酸。高山被孢霉产出油脂中富含花生四烯酸（ARA，又称二十碳四烯酸）、裂壶藻产出油脂中富含 DHA（二十二碳六烯酸），而高山被孢霉、法夫酵母、雨生球藻等微生物的产出油脂中则富含脂溶性的类胡萝卜素。

**2. 饲料**　　两种重要的 omega-3 脂肪酸 DHA 和 EPA 可替代鱼油作为饲料添加剂用于鱼类等养殖，这类替代性饲料不会改变饲养动物的生长，对其风味、口感也无影响。

**3. 医药**　　微生物油脂全程在封闭、清洁的环境中生产，可以实现安全高度可控、可追溯。另外，由于是一个连续的生产过程，产品加工周期非常紧凑，微生物油脂中的 DHA、ARA 等敏感成分被有效保护，茴香胺值、反式脂肪酸、无良污染物得到良好的控制，能较好满足药品生产要求。

**4. 生物柴油**　　小球藻是光合效率较高的一类单细胞生物，在特定的条件下可大量积累油脂，而且藻油具有与一般植物油脂类似的脂肪酸结构，因此利用小球藻可以制备生物柴油。

# 第六节　海洋微生物酶

海洋生物代谢过程中的酶类在性质、功能上与陆地生物有很多不同，因此从海洋生物中筛选提取有应用价值的酶类，就成为海洋生物资源开发的一个重要方面。海洋生物特别是海洋微生物是一类种类繁多的可再生遗传基因库，是获取新型酶的重要资源。

海洋酶研究在世界范围内发展迅速，自 20 世纪 80 年代，国内外相继报道发现一些来自海洋的极端酶（微生物酶）可应用于开发新型工业用酶，然而由于海洋产酶微生物资源样品采集和开发的技术难度及风险性，长期以来，该领域的研究与发展缓慢，产业化进程受限。

但近些年来，借助于海洋生物高新技术手段，海洋酶研究得到了快速发展，目前成为各国优先发展的新领域。现已发现的海洋微生物酶包括蛋白酶、多糖水解酶、溶菌酶、脂肪酶、木聚糖酶、环糊精酶、纤维素酶、甘露聚糖酶、果胶裂解酶、单胺氧化酶、唾液酸酶、氢化酶、谷氨酰胺酶、葡萄糖脱氢酶、甲基化酶、脂酶和 DNA 聚合酶等。

以下就一些工业应用广泛的海洋生物酶的研究和开发做一简单介绍。

## 一、蛋白酶

蛋白酶（proteolytic enzyme）是催化蛋白质中肽键水解的酶。它广泛应用在皮革、毛皮、丝绸、医药、食品、酿造等方面。皮革工业的脱毛和软化已大量利用蛋白酶，既节省时间，又改善劳动卫生条件。蛋白酶还可用于蚕丝脱胶、肉类嫩化、酒类澄清。临床上可作药用，如用胃蛋白酶治疗消化不良，用酸性蛋白酶治疗支气管炎，用弹性蛋白酶治疗脉管炎，以及用胰蛋白酶、胰凝乳蛋白酶进行外科化脓性创口的净化及胸腔间浆膜粘连的治疗。加酶洗衣粉是洗涤剂中的新产品，含碱性蛋白酶，能去除衣物上的血渍和蛋白污物等。

20 世纪 20 年代初，Nobou Kato 在农业生化杂志上发表了一篇关于从海洋嗜冷杆菌获得一种新型海洋碱性蛋白酶的文章，引起学术界和酶制剂公司的高度重视，迄今为止研究开发的海洋生物蛋白酶产品已有几十个,并有多个申请了国际专利。

日本开发的一种蛋白酶是从海洋共生菌发酵提取的,酶的分子质量为 31kDa,作用 pH 为 5~11,最适 pH 为 10,最适温度为 20℃,用作洗衣粉添加剂。美国利用海洋船蛆共生菌 (ATCC39867) 发酵生产出一种新型蛋白酶,分子质量为 3.6kDa、pI 为 8.6,作用 pH 为 4~12,最适温度为 50℃。可在复杂试剂中保持稳定性,并有抗氧化的功能,已应用于洗衣粉和镜头清洁剂生产。挪威将海洋微生物蛋白酶用于鱼类加工以生产蛋白胨和用于鱿鱼脱皮。中国科学院微生物研究所邱秀宝筛选到一种海洋蛋白酶,该酶最适作用温度为 50℃,最适 pH 为 8.0。

## 二、多糖水解酶

海洋多糖水解酶（polysaccharides hydrolases）主要包括淀粉酶、甲壳质酶、琼胶酶、褐藻酸酶、卡拉胶酶等。酶的来源主要是海洋微生物,如产气单胞菌、假单胞菌、交替单胞菌、弧菌等。

（一）多糖水解酶的应用

**1. 在海藻原生质体制备方面的应用**　　海藻细胞可作为宿主细胞进行目的基因的导入,创造新品种或创造优良杂交品种,或作为生物反应器生产所需的物质。

**2. 在单细胞饵料生产中的应用**　　酶解大型海藻,分离成单细胞,作为海洋养殖动物的饵料,具有营养全面、材料易得、生产加工简便等优点。

**3. 用于单糖和寡糖的制备**　　琼胶经琼胶酶水解可以形成寡糖如三糖和四糖,然后经 β-半乳糖苷酶降解可形成单糖,琼胶寡糖在食品生产中有广泛的应用,如可用于饮料、面包及一些低热量食品的生产。

（二）主要的多糖水解酶

**1. 几丁质酶（chitinase）**　　几丁质是乙酰氨基葡萄糖组成的均一多糖,几丁质酶类是降解几丁质的一组酶,包括几丁质酶、几丁质二糖酶、几丁质脱乙酰基酶等。海洋中筛选的多种菌分泌的几丁质酶可将几丁质降解成不同分子质量的寡糖、二糖和单糖。

低分子质量几丁质寡糖因具有多种生物活性,在艾滋病和癌症治疗及口腔医学领域有着广泛应用,它们是目前几丁质工业中高附加值产品,但采用化学类方法控制几丁质降解,难度较大,且成本高,工业前景暗淡。专家认为,较为理想的是采用现代生物技术获得高效表达几丁质酶的基因工程菌株来解决几丁质工业化生产的技术难关。

**2. 琼胶酶（agarase）**　　琼胶主要是由琼胶素和琼胶酯两部分组成。琼胶酶主要水解琼胶部分 D-半乳糖和 3,6-内醚-L-半乳糖之间的 α-L（1,3）和 β-D（1,4）糖苷键。

有关琼胶酶的研究在 20 世纪 50 年代就有报道,主要是从海洋微生物中提取的胞外琼胶酶,可分为 α-琼胶酶和 β-琼胶酶两种类型,其中 α-琼胶酶主要来自假单胞菌属、单胞菌属和弧菌属,分子质量为 20~360kDa。β-琼胶酶主要来自弧菌属、交替单胞菌属和海洋软体动物,如从 *Vibrio* sp.（AP2 株）提取的一种 β-琼胶酶,其分子质量是 20kDa,pI 为 5.3,

作用 pH 为 4.0～9.0，最适 pH 为 5.5，在低于 45℃的条件下可以保持稳定。

**3. 淀粉酶（amylase）**　　淀粉酶是水解淀粉和糖原酶类的统称。按水解淀粉方式不同，把淀粉酶分为 α-淀粉酶、β-淀粉酶、葡萄糖淀粉酶和异淀粉酶四类。目前淀粉酶已广泛地应用于食品、发酵、畜牧业生产、谷物加工、纺织、造纸、轻化工业、医药和临床分析等领域。

**4. 卡拉胶酶（carrgeenase）**　　卡拉胶是不均一多糖，多糖的相对含量和成分随海藻来源的不同而变化，目前已发现卡拉胶有 13 种类型，如 κ-卡拉胶、λ-卡拉胶、τ-卡拉胶等。其中 κ-卡拉胶是由 D-半乳糖、3,6-内醚半乳糖和硫酸酯组成。κ-卡拉胶酶可以水解 κ-卡拉胶的 β-1,4 糖苷键。目前已从交替单胞菌属等分离到卡拉胶酶。

**5. 褐藻酸酶（algalase）**　　褐藻酸存在于海带等褐藻细胞间质中，化学组成是聚古罗糖醛酸和聚甘露糖醛酸或是古罗糖醛酸和甘露糖醛酸交替连接，褐藻酸酶可水解糖残基间的 1,4-糖苷键。褐藻酸酶主要来源于微生物和食藻的海洋软体动物，如海螺、鲍鱼等。例如，从杆菌属提取的褐藻酸酶，其分子质量是 40kDa，最适 pH 为 7.5。

**6. 溶菌酶**　　溶菌酶（lysozyme）也是多糖水解酶的一种，也称胞壁酸酶（muramidase）或 N-乙酰胞壁酸聚糖水解酶（N-acetylmuramide glycanohydrlase），是一种能水解致病菌中黏多糖的碱性酶。主要通过破坏细胞壁中的 N-乙酰胞壁酸和 N-乙酰氨基葡糖之间的 β-1,4 糖苷键，使细胞壁不溶性黏多糖分解成可溶性糖肽，导致细胞壁破裂，内容物逸出而使细菌溶解。溶菌酶还可与带负电荷的病毒蛋白直接结合，与 DNA、RNA、脱辅基蛋白形成复盐，使病毒失活。因此，该酶具有抗菌、消炎、抗病毒等作用。

海洋溶菌酶与现有的其他来源的溶菌酶相比具有广谱杀菌作用，抗氧化，在常温和低温下保持较高活性，在食品、医药工业等领域具有更广阔的市场和推广应用前景。

## 三、脂肪酶

脂肪酶（lipase）作为生物催化剂，在食品增香、脱脂加工、污水处理及化工产品中有着广泛的应用。现在很多研究单位对其进行研究，他们从海水、海泥、海洋生物的消化道等中分离获得脂肪酶产生菌，并进行发酵及性质研究。

## 四、极端酶

极端酶是指那些在非常规条件下仍然发挥作用的酶，它主要来源于极端微生物，能在各种极端环境中起生物催化作用，是极端微生物在极其恶劣环境中生存和繁衍的基础。

（一）嗜热酶

最适温度在 55～80℃的酶称为嗜热酶；最适温度在 80～113℃的酶称为超嗜热酶（hyperthermophilic enzyme）。也可以把这些最适温度在 55℃以上的酶泛称为嗜热酶。

**1. 嗜热酶的优点**　　具体如下：①酶制剂的制备成本降低；②加快了动力学反应；③对反应器冷却系统的要求标准降低，因而减少了能耗；④提高了产物的纯度；⑤对有机溶剂、去污剂和变性剂有较强抗性。

**2. 应用**　　具体如下：①用于造纸工业，如木聚糖酶；②用于洗涤剂行业，如蛋白酶、脂肪酶、淀粉酶和纤维素酶；③用于食品工业，如蛋白酶、淀粉酶；④用于环境保护，如脂肪酶、蛋白酶等；⑤用于制药，如有机相中的酶催化合成蛋白酶、脂肪酶；⑥在分子生物学方面的应用，如 DNA 聚合酶。

（二）嗜冷酶

嗜冷酶（psychrophilic enzyme）也称低温酶、冷活性酶（cold active enzyme）或适冷酶（cold adapted enzyme），主要来源于低温微生物。

**1. 嗜冷酶分子结构**　　一般具有如下特征：①与蛋白质构象稳定性有关的分子内静电相互作用减小；②蛋白质核心区域疏水作用下降；③溶剂相互作用及表面亲水性升高；④具有独特性质的环状结构的插入/删除、与二级结构有关的环状结构或转角中脯氨酸减少；⑤蛋白质功能域附近甘氨酸堆积；⑥精氨酸含量减少；⑦靠近活性位点关键区域氨基酸被取代；⑧离子束缚作用（ion binding）减弱。

**2. 嗜冷酶的酶学特征**　　大部分嗜冷酶具有以下酶学特征：①在低温下具有较高的催化效率，如在 4℃时嗜冷酶比中温酶的转换数高 33 倍；②具有较低的最适催化温度；③具有较高的热敏感性，嗜冷酶只能在相对低的温度下保持高催化效率，温度稍高即很快失活，表现出很高的热敏感性，如海产弧菌细胞中的苹果酸脱氢酶于 30℃处理 10min 酶活力完全丧失，丙酮酸脱羧酶在 35℃处理 30min，酶活力损失 90%，嗜冷酶的热变性温度均比同类中温酶低 15～20℃。

**3. 嗜冷酶在工业生产应用中的优势**　　嗜冷酶的特殊性质使其在工业生产应用中具有一些优势：①低温下催化反应可防止污染（同源的嗜温酶不活泼）；②经过温和的热处理即可使嗜冷酶的活力丧失，而低温或适温处理不会影响产品的品质；③在洗涤、食品工业、环境生物治理、生物催化中已得到广泛应用。

（三）耐有机溶剂酶

在有机溶剂中保持较高活性和稳定性的酶统称为耐有机溶剂酶或有机溶剂稳定性酶。

**1. 优点**　　具体如下：①提高非极性底物和产物的溶解度；②有利于某些反应的热力学平衡向合成方移动；③产物易于分离纯化；④底物特异性强；⑤防止微生物污染；⑥氨基酸侧链一般不需要保护。

**2. 应用**　　具体如下：①用于生物柴油生产，如脂肪酶；②用于药物生产，如手性药物拆分、脂肪酶、蛋白酶、羟基化酶、过氧化物酶、多酚氧化酶、胆固醇氧化酶、醇脱氢酶等。

（四）嗜压酶

研究表明，静压力能够对酶的热稳定性产生明显的促进作用，高压作用下酶通常具有良好的立体专一性；但当压力超过一定范围时，酶的弱键容易被破坏，导致酶的构象解体而发生失活。因此，从海洋微生物体内筛选嗜压酶，能够弥补这一问题，从而挖掘嗜压酶在工业上的应用潜力。

深海嗜压微生物是获取嗜压酶的重要来源。1979 年有人第一次从 4500m 以下的深海环境中分离到嗜压菌。日本从海洋环境中分离到多株嗜压菌，发现深海嗜压菌体内的基因、蛋白质和酶对高压环境具有极高的适应能力，嗜压菌的发现为进一步开发和研究嗜压酶提供了良好的基础。

### （五）嗜酸酶、嗜碱酶

海底环境中存在一些高酸、高碱的区域，这些区域中分离到的微生物往往具有很强的嗜酸性或嗜碱性，能够在 pH 5 甚至 pH 1 以下，或 pH 9 以上的特殊环境中生存，它们产生的胞外酶通常也是相应的嗜酸酶（最适 pH＜3.0）或嗜碱酶（最适 pH＞9.0）。

同中性酶相比，嗜酸酶在酸性环境中的稳定性是由于酶分子所含的酸性氨基酸比例偏高，嗜碱酶分子所含的碱性氨基酸的比例偏高。而它们产生的耐酸极酶或耐碱极酶，有可能应用于催化酸性溶液或碱性溶液中化合物的形成。

### （六）嗜盐酶

海水的平均含盐量为 3%，部分区域为富盐区域，其中生活有大量的耐盐或嗜盐微生物。嗜盐微生物体内的很多酶类能够在高盐浓度下保持稳定性，为开发这类工业酶提供良好的来源。

# 第七节　海洋微生物活性物质

## 一、概念

海洋微生物活性物质是指海洋微生物体内含有的对生命现象具有影响的微量或少量物质，主要包括海洋药用物质、生物信息物质、海洋生物毒素产生物、功能材料等。海洋特殊的生活环境（高盐度、高压、低温等）使海洋微生物代谢产物往往结构新颖、活性独特，是新药、新材料及其先导结构的一个重要来源。

海洋微生物活性物质按物质类型可分为多糖类、聚醚类、大环内酯、萜类、生物碱、环肽、甾醇、苷类、不饱和脂肪酸等。

## 二、海洋微生物活性物质的多样性

### （一）抗肿瘤活性

海洋微生物中抗肿瘤活性物质主要有三个来源，分别是海洋放线菌、海洋细菌和海洋真菌。

**1. 海洋放线菌**　　放线菌相较其他微生物具有更为丰富的生物活性物质，也是海洋微生物中抗肿瘤代谢产物的重要来源之一。海洋放线菌主要包括链霉菌属、小单孢菌属及红球菌、诺卡氏菌、游动放线菌等稀有属种。其中链霉菌是放线菌家族中的重要成员，是海洋天然活性物质的重要来源之一。应用于临床的微生物药物中，大部分来源于放线菌的次级代谢产物。在放线菌产生的有使用价值的药物中，抗菌药物较多，其次为抗肿瘤药物。

**2. 海洋细菌** 海洋细菌是海洋微生物抗肿瘤活性物质的另外一个重要来源，主要集中在假单胞菌、弧菌属、微球菌属、芽孢杆菌属和肠杆菌属。从海洋链球菌 *Streptomyces* sp. ZQ4BG 中分离的黄色真菌素 I 、 II 和 spectinabilin(10)具有抗胶质瘤活性。

**3. 海洋真菌** 海洋真菌 *Penicillium* sp. 中发现了 1 种大环内酯类抗生素 brefeldin A，可以作用于高尔基体的信号转导抑制剂，能够诱导高尔基体分解，并抑制蛋白质从内质网转移至高尔基体，进而发挥抗肿瘤作用。

### （二）抗菌活性

海洋微生物中抗菌活性物质主要有三个来源，分别是海洋放线菌、海洋真菌和海洋藻类。

**1. 海洋放线菌** 研究发现，与海鞘共生的 *Micromonospora* sp. 能够生产一种化合物 turbinmicin，该化合物靶向作用于真菌独有的囊泡运输通路的 sec14，对新出现的多重耐药性人类真菌病原体（包括耳念珠菌）表现出体外和体内广谱活性，可作为抗真菌的先导化合物。

**2. 海洋真菌** Christomersen 等（1999）从海洋动植物和海底沉积物中分离了 227 株真菌，用不同的培养基培养后提取无细胞抽提物，其中 7 株真菌提取物对溶血弧菌有抑制作用，5 株提取物对金黄色葡萄球菌有抑制作用。马禧图等发现两株海洋真菌 *Penicillium janthinellum* 与 *Trichoderma reesei* 共培养产生的青霉酸对金黄色葡萄球菌 *S. aureus* ATCC 25923 具有显著的生长抑制作用。

**3. 海洋藻类** 海藻中的抗菌活性物质多为结构独特的卤代化合物、胆碱、酚类、萜烯类、单宁、多烯脂肪酸等。例如，海门冬属含有抗菌活性的卤代甲烷；松节藻科中含有较多具抗菌活性的溴酚类化合物；马尾藻和某些红藻、绿藻均含有马尾藻素，为含硫、氮的酚类，活性极强，对很多微生物都有抑制作用；紫秋藻多糖对各种病毒，如单纯疱疹病毒、巨细胞病毒、流感病毒等有明显抗性。

### （三）酶抑制剂

包括胰蛋白酶抑制剂、血管紧张素转化酶抑制剂、血浆酶抑制剂、凝血酶抑制剂、酪氨酸酶抑制剂和弹性蛋白酶抑制剂等。

### （四）抗心血管疾病活性

海洋微生物中存在多种可有效预防和治疗心脑血管疾病的物质，如 n-3 高度不饱和脂肪酸（HUFA），特别是二十碳五烯酸（EPA）和二十二碳六烯酸（DHA）。两种脂肪酸都具有降血压，降低高脂血症患者血浆中甘油三酯、低密度脂蛋白和胆固醇含量，减少血小板凝聚、增加血凝时间等功能，已被批准作为治疗心血管疾病的药物。

研究证实，金藻类、小球藻、甲藻类、硅藻类、红藻类、褐藻类、绿藻类及隐藻类均含有丰富的 DHA 和 EPA。

（五）除草性

海洋真菌能够产生结构新颖、生物活性显著的次级代谢产物，现已成为生物农药研究的热点。海洋来源的木贼镰刀菌中分离得到一类化合物，这些物质能够显著抑制多种植物病原菌并具有除草活性。

### 三、海洋生物毒素

海洋生物毒素为海洋生物体内存在的一类高活性的特殊代谢成分，一般拥有剧烈毒性，是海洋生物活性物质中研究进展最迅速的领域。主要由藻类或浮游植物产生，可根据化学结构将海洋生物毒素大致分为多肽类毒素、聚醚类毒素、生物碱类毒素三大类。海洋生物毒素可以在滤食性的软体贝壳类动物的组织内蓄积。

目前已经从海洋生物中分离鉴定了上百种生物毒素类化合物。这些化合物从结构上分为小分子化合物（如雪卡毒素和河鲀毒素）和大分子化合物（如海蛇毒素）两类。从功能上可分为神经类毒素（如河鲀毒素），作用于钠、钾离子通道，以及非神经类毒素（部分贝类毒素）。

雪卡毒素是一种常见海洋藻类毒素，这些有毒藻类主要生长于珊瑚礁周围。由于食物链的关系，某些鱼类体内蓄积大量聚醚神经毒素，这种毒素的毒性非常强，是已知的危害性较严重的赤潮生物毒素之一。

河鲀毒素为氨基全氢喹唑啉型化合物，是自然界中所发现的毒性最大的神经毒素之一。河鲀毒素主要有两种生物来源：一种是河鲀通过摄食涡虫、纽虫、海螺等含有河鲀毒素的饵料，使河鲀毒素在河鲀的体内富集；另一种则与河鲀共生的某些细菌有关，这些细菌正是河鲀毒素的初级生产者。目前，河鲀毒素在临床上的应用主要有：①镇痛，尤其是对一般性神经系统疾病所产生的疼痛起到很好的镇痛作用。对于晚期癌症患者的止痛效果也非常明显，并且不会成瘾，虽然起效比较慢但镇痛持续时间长。②局部麻醉，麻醉效果非常明显。③用作瘙痒镇静剂、呼吸镇静剂和尿意镇静剂，对冬季皮肤痒、皮炎等有疗效，可以起到止痒、促进创面痊愈的作用。④解痉，尤其对胃痉挛、破伤风痉挛有特效。⑤戒除海洛因毒瘾，且没有依赖性，效果优于美沙酮。⑥降压，由于降压速度很快，所以在临床上用于抢救高血压患者。⑦抗心律失常，河鲀毒素能够阻断心肌 $Na^+$ 通道，但是对 $Ca^{2+}$、$K^+$ 通道没有影响，可有效对抗心室纤颤的发生。

可以说，目前海洋生物毒素的研究主要集中在毒素检测技术、毒素功能研究及毒素的药物开发等方面。

# 第八节　海洋微生物基因工程

## 一、研究基础

衣藻（*Chlamydomonas*）也称"单衣藻"，属于绿藻门绿藻纲衣藻科。衣藻是单倍体绿藻，突变型较多，因此是分子遗传学和基因工程研究的理想材料。

2007 年生物学家测序了莱茵衣藻（*Chlamydomonas reinhardtii*）的基因组。莱茵衣藻是目前唯一实现了核基因组和叶绿体、线粒体细胞质基因组转化的微藻。

## 二、微生物基因工程中涉及的基因

（一）报告基因

**1. 定义**　　报告基因（reporter gene）是指其编码产物能够被快速测定且不依赖于外界压力的一类基因。

**2. 作为报告基因的条件**　　已被克隆和全序列已被测定；表达产物在受体细胞中不存在，即无背景，在被转染的细胞中无相似的内源性表达产物，其表达产物能进行定量测定。

**3. 藻类基因工程常用报告基因**

（1）*GUS*：β-葡萄糖苷酶基因。β-葡萄糖苷酶催化裂解特异性人工合成底物 X-葡萄糖醛酸苷（X-Glue），形成蓝色；缺点是形成底物对细胞产生毒害和破坏。

（2）*Lac Z*：β-半乳糖苷酶基因。催化 X-Gal 形成蓝色底物。

（3）*Luc*：萤光素酶基因。可以进行活体检测，加入外源生物素即可检测萤光素酶活性。

*Luc* 的优点：①非放射性；②比氯霉素乙酰转移酶基因（*CAT*）等检测快；③灵敏度高，一般比显微镜检测的荧光更灵敏（对多孔板而言），在理想条件下，可检测到 $10\sim20mol$ 的萤光素酶分子，比 *CAT* 检测灵敏度高 100 倍；④半衰期短，在哺乳动物细胞中半衰期为 3h，在植物细胞中半衰期为 3.5h，而 *CAT* 在哺乳动物细胞中的半衰期约 50h；⑤线性范围广，在一定浓度下光强度与萤光素酶浓度成正比；⑥生物萤光比荧光更稳定，因为自然界进化的酶能保护光子发射器；⑦通过基因工程可以延伸生物萤光的性能和能力。

（4）*GFP*：绿色荧光蛋白基因。为活体报告基因，不需要组织化学染色或外源共作用因子就可以检测。

绿色荧光蛋白（green fluorescent protein，GFP），最早是由下村修等在 1962 年于一种学名为 *Aequorea victoria* 的水母中发现的。这种蛋白质在蓝色波长范围内的光线激发下，会发出绿色荧光。发光过程中还需要冷光蛋白质 Aequorin 的帮助，且这个冷光蛋白质与钙离子可产生交互作用。

作为一种新型的报告基因，*GFP* 已在生物学的许多研究领域得到应用。利用绿色荧光蛋白独特的发光机制，可将 GFP 作为蛋白质标签（protein tagging），即利用 DNA 重组技术，将目的基因与 *GFP* 构成融合基因，转染合适的细胞进行表达，然后借助荧光显微镜对标记的蛋白质进行细胞内活体观察。

由于 GFP 相对较小，只有 238 个氨基酸，将其与其他蛋白质融合后不影响自身的发光功能，人们利用这一特性对细胞内的一些过程，如细胞分裂、染色体复制和分裂、信号转导等进行了研究。

（二）选择标记基因

选择标记基因，主要是一类编码可使抗生素或除草剂失活的蛋白酶基因，这种基因在执行其选择功能时，通常存在检测慢（蛋白酶作用需要时间）、依赖外界筛选压力（如抗生素、除草剂）等缺陷。

## 三、海洋微生物基因工程应用

**1. 重组工程菌与人类药物生产**　　例如，重组抗菌药物的生产、重组生长激素的生产、重组人干扰素生产等。

**2. 重组工程菌与疫苗生产**　　自从 200 多年前人们发现预先接种过牛痘的人能够抵御天花感染的现象，并据此提出免疫的概念后，疫苗就已被广泛地用来预防多种传染病的传播。目前基因工程疫苗主要有以下几类。

（1）基因工程疫苗：是指用重组 DNA 技术克隆并表达保护性抗原基因，利用表达的产物或重组体本身制成疫苗。

（2）基因缺失活疫苗：用基因工程方法对细菌和病毒进行改造，以去除与毒力有关基因获得的缺失突变株制成疫苗。

（3）基因工程亚单位疫苗：对于致病性病毒而言，单纯的外壳结合蛋白即可在受体体内激发生成足够多的抗体。通过重组 DNA 技术构建的只含有一种或几种抗原，而不含有病原体其他遗传信息的工程菌生产的疫苗，称为基因工程亚单位疫苗。

（4）核酸疫苗：又称基因疫苗，是指使用能够表达抗原的基因本身（核酸）制成的疫苗。其显著特点是疫苗制剂的主要成分不是基因表达产物或重组微生物，而是基因本身（核酸）。

（5）蛋白质工程疫苗：蛋白质工程疫苗是指将抗原基因加以改造，使之发生点突变、插入、缺失、构型改变，甚至进行不同基因或部分结构域的人工组合，以期达到增强其产物免疫性，扩大反应谱，去除有害作用或副反应的一类疫苗。

**3. 重组工程菌与食品、饲料工业**

（1）重组工程菌与单细胞蛋白质生产。使目标细菌获得超量表达某种特定蛋白的能力，改善单细胞蛋白的营养质量。

（2）重组工程菌与氨基酸生产。利用传统诱变技术改良棒状细菌的野生株，利用重组 DNA 技术构建高产的工程菌。

**4. 重组工程菌与环境保护**　　微生物作为一个整体分解有机物的能力是惊人的，但绝大多数降解污染物的微生物都来自土壤的假单胞菌，而不同菌株分解污染物的能力及所需条件又存在很大差异。因此，需从整体考虑。环境保护工程菌的开发应包括从降解污染物菌株的筛选、目的基因分离到工程实施与技术鉴定的全过程，而基因工程菌的构建是其中的中心环节。

# 第九节　海洋微生物基因组学

## 一、概念

基因组（genome）：是生物体内遗传信息的集合，是某个特定物种细胞内全部 DNA 分子的总和。

基因组学（genomics）：于 1986 年被提出，是指研究并解析生物体整个基因组的所有遗传信息的学科。是遗传学研究进入分子水平后发展起来的一个分支，主要研究生物体内基因组的分子特征。

基因组计划（genome project）：是指对人类及其他生物体全基因组的测序工作（sequencing）。

人类基因组计划（human genome project，HGP）：于 20 世纪 90 年代被提出并已基本完成，同 40 年代原子弹爆炸、60 年代人类登月一起被认为是 20 世纪科技发展史上的三大创举。

分子生物学和基因组学的发展，极大地丰富了微生物的研究内容。研究微生物群落的基因组学和宏基因组学方法见图 2-3。

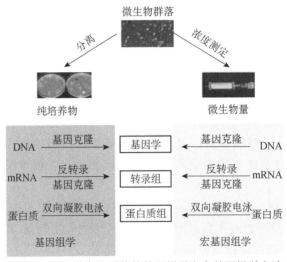

图 2-3 研究微生物群落的基因组学和宏基因组学方法

## 二、基因组图谱

遗传图谱：根据遗传性状（如已知基因位点、功能未知的 DNA 标记、可鉴别的表型性状）的分离比例将其定位在基因组中，构建相应的连锁图谱。

物理图谱：将各种标记直接定位在基因库中的某一点上。

基因组图谱的具体应用如下。

**1. 基因定位** 借助基因组图谱，可使基因定位在精度、深度、广度等方面有极大的提高。已陆续在一些微生物上定位了许多重要生产性状和经济性状的基因。

**2. 基因组比较分析** 进行遗传图谱比较分析，并从分子水平上了解物种间同源性，研究基因组的进化和染色体的演变。

**3. 标记辅助选择（marker-assisted selection，MAS）** 饱和基因组图谱可用来确定与任何一个目的基因紧密连锁的分子标记。根据图谱间接选择目的基因，可降低连锁累赘，加速目的基因的转移与利用，提高回交育种的效率。

**4. 基因的克隆与分离** 根据饱和基因组图谱，可找到一个与目的基因紧密连锁的分子标记，作为染色体步行（chromosome walking）起始点进行基因的克隆和分离，此法也称为图位克隆法（map-based cloning），为基因产物未知的基因克隆提供了捷径。

## 三、后基因组学

（一）概念

后基因组学（post genome）是在完成基因组图谱构建及全部序列测定的基础上研究全基因组的基因功能、基因之间相互关系和调控机制的学科。

（二）衍生出的新兴学科

（1）功能基因组学研究：对基因及其编码蛋白的功能进行研究。

（2）疾病基因组学研究：发现疾病相关基因和致病基因，从疾病诊断到疾病易感性方面进行研究。

（3）药物基因组学（pharmacogenomics）：研究不同个体对药物敏感性的基因基础，特别是单核苷多态性（SNP）。

（4）环境基因组学（enviromental genomics）：鉴定机体暴露在特定环境下的那些显示易感性或抵抗性基因的 DNA 多态性，如 DNA 修复基因、细胞周期相关基因、激素代谢基因、受体基因、参与免疫和感染反应的基因和信号转导基因等。

（5）蛋白质组学（proteomics）：用双相电泳技术研究细胞或组织的基因组表达的全部蛋白质。

（6）生物信息学（bioinformatics）：现代生物技术与计算机科学的结合，收集、加工和分析生物资料和信息。

（三）蛋白质组学

在蛋白质水平研究基因组的基因表达，分析基因组的蛋白质类型、数量、空间结构变异及相互作用的机制。蛋白质组学工具旨在研究蛋白质组学，其中包括细胞中所有蛋白质的数量和翻译后修饰的所有变化，这些变化可能是由于生长、分化、衰老、环境变化、遗传操作或其他事件引起的。

蛋白质组学比基因组学更为复杂：DNA 线状结构与二级结构的功能差异不大，但多肽链需折叠成一定的三维空间结构才能形成有功能的蛋白质；同一种蛋白质经不同的加工修饰可形成不同的功能，因此蛋白质的多样性远复杂于基因本身。

蛋白质组学可应用于海洋蛋白质的某些生物医学研究。此外，蛋白质组学为鱼类生理学和病理学研究提供了有价值的工具。

（四）生物信息学

生物信息学是现代生物技术与计算机科学的结合，是收集、加工和分析生物资料和信息的学科。应用生物信息学可以将来自不同的基因组理论和应用综合并标准化，利用大量的生物信息资料了解遗传网络系统、信号传递及相互关系，计算机还可进行一些生物模拟研究。利用生物信息学能够分析从微生物、动物、植物及人类基因组序列测定产生的大量资料阐明遗传信息。

**1. DNA 数据分析**

（1）基因结构域分析，包括启动子、转录因子结合序列、内含子、外显子、重复序列、开放阅读框等。

（2）同源分析和检索，包括 NR 数据库、EST 数据库、STS 数据库、Unigene 数据库、SwissProt 数据库等。

（3）计算机基因克隆化：利用 EST 数据库的重叠序列克隆新基因。

**2. 蛋白质的数据分析**

（1）蛋白质一级结构分析：结构特点分析，包括等电点、信号肽、穿膜区、DNA 结合序列等。同源分析和检索，包括 NR 数据库、SwissProt 数据库等。功能区分析，包括 Prosite、Emotif、Identify 分析等。

（2）蛋白质空间结构分析：蛋白质晶体结构数据库检索，如 PDB 数据库。蛋白质空间结构预测，如 Homology 等软件分析。

## （五）功能基因组学

功能基因组学研究将是 21 世纪生命科学研究的新热点。功能基因组学研究涉及众多的新技术，包括生物信息学技术、生物芯片技术、单核苷酸多态性、转基因和基因敲除技术、酵母双杂交技术、基因表达谱系分析、蛋白质组学技术、高通量细胞筛选技术等。

**1. DNA 芯片技术（DNA chip）**　　又称 DNA 微阵列（DNA microarray），即利用 DNA 芯片技术同时进行大量分子杂交，分析比较不同组织或器官的基因表达水平，筛选突变基因，从核酸水平分析基因表达模式，图 2-4 展示了 DNA 芯片技术的操作流程。

DNA 芯片的测序原理是杂交测序方法，即通过与一组已知序列的核酸探针杂交进行核酸序列测定，在一块基片表面固定了序列已知的靶核苷酸探针。当溶液中带有荧光标记的核酸序列 TATGCAATCTAG，与基因芯片上对应位置的核酸探针产生互补匹配时，通过确定荧光强度最强的探针位置，获得一组序列完全互补的探针序列，据此可重组出靶核酸的序列。

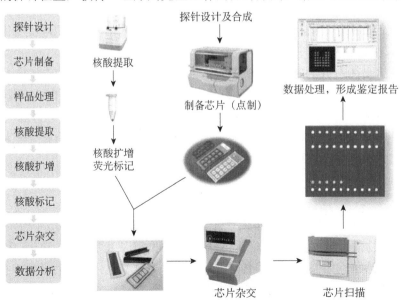

图 2-4　DNA 芯片技术的操作流程

**2. 酵母双杂交**

（1）原理：真核生物的转录因子大多是由两个结构上分开、功能上独立的结构域组成的，即 DNA 结合域（BD）和转录激活域（AD）。单独的 BD 能与特定基因的启动区结合，但不能激活基因的转录，而由不同转录因子的 BD 和 AD 所形成的杂合蛋白却能行使激活转录的功能。

（2）试验流程：①视已知蛋白的 cDNA 序列为诱饵（bait），将其与 DNA 结合域融合，构建成诱饵质粒。②将待筛选蛋白的 cDNA 序列与转录激活域融合，构建成文库质粒。③将这两个质粒共转化于酵母细胞中。④酵母细胞中，已分离的 DNA 结合域和转录激活域不会相互作用，但诱饵蛋白若能与待筛选的未知蛋白特异性地相互作用，则可激活报告基因的转录；反之，则不能。利用 4 种报告基因的表达，便可捕捉到新的蛋白质。

（3）优点：蛋白质-蛋白质相互作用是细胞进行一切代谢活动的基础，酵母双杂交系统的建立为研究这一问题提供了有力的手段和方法。

（4）缺点：①它并非对所有蛋白质都适用，这是由其原理所决定的。双杂交系统要求两种杂交体蛋白都是融合蛋白，都必须能进入细胞核内，因为融合蛋白相互作用激活报告基因转录是在细胞核内发生的。②假阳性的发生较为频繁。所谓假阳性，即指未能与诱饵蛋白发生作用而被误认为是阳性反应的蛋白质。而且部分假阳性原因不清，可能与酵母中其他蛋白质的作用有关。③在酵母菌株中大量表达外源蛋白将产生毒性作用，从而影响菌株生长和报告基因的表达。

**3. ChIA-PET**　　配对末端标签测序分析染色质相互作用（chromatin interaction analysis by paired-end tag sequencing，ChIA-PET）技术是一项在全基因组范围内分析远程染色质相互作用的新技术。它把染色质免疫沉淀（chromatin immunoprecipitation，ChIP）技术、染色质邻近式连接（chromatin proximity ligation）技术、配对末端标签（paired-end tag，PET）技术和新一代测序（next-generation sequencing）技术融为一体，在基因组三维折叠和套环状态下分析基因表达和调控。

**4. Hi-C 技术**　　Hi-C（high-through chromosome conformation capture）技术是染色质构象捕获技术（chromosome conformation capture）与高通量测序（high-throughput sequencing）结合衍生的一种技术。主要是利用全基因组范围内整个染色质 DNA 在空间位置上的关系，对染色质内全部 DNA 相互作用模式进行捕获，结合生物信息学方法，来获得染色体水平的基因组序列并得到染色质三维结构信息。此外还可以与 ChIP-seq、转录组数据联合分析，从基因调控网络和表观遗传网络来阐述生物体性状形成的相关机制。

（1）技术优势：①不需要专门构建群体，单个样本实现辅助基因组组装、排序和定向；②精确率高，人类基因组锚定染色体精确率为 98%；③周期短，性价比高。

（2）技术流程：①用甲醛对细胞进行固定，使 DNA 与蛋白质、蛋白质与蛋白质之间进行交联；②进行酶切（如 *Hind* Ⅲ 等限制性内切酶），使交联两侧产生黏性末端；③末端修复，引入生物素标记，连接；④解交联，使 DNA 和蛋白质、蛋白质和蛋白质分开，提取 DNA 并打断，捕获带有生物素标记片段，进行建库；⑤测序。

**5. 基因编辑技术**　　基因编辑技术是一种能够对生物体的基因组及其转录产物进行定点修饰或者修改的技术，早期基因编辑技术包括归巢内切酶、锌指核酸酶（zinc finger nuclease，ZFN）和类转录激活因子效应物核酸酶（transcription activator-like effector nuclease，

TALEN）。近年来，以 CRISPR/Cas9 系统为代表的新型技术使基因编辑的研究和应用领域得以迅速拓展。

ZFN 和 TALEN 均为人工构建的工程核酸酶，DNA 结合结构域与 *Fok* I 核酸内切酶的切割结构域分开，使得人们可以对 DNA 结合结构域进行设计，改变其对 DNA 序列的识别特异性，实现对目的位点的精确编辑。ZFN 对于 DNA 序列的特异性识别主要依赖于锌指蛋白（zinc finger protein，ZFP），TALEN 对于 DNA 序列的特异性识别依赖于类转录激活因子效应物（transcription activator-like effector，TALE）中的可变的双氨基酸残基（repeat variable diresidue，RVD）。由于 TALE/TALEN 的模块化和构建的优势，人工编码 TALE 蛋白比 ZFN 在基因编辑和转录调控中有着更为广泛的应用。当然，ZFN 和 TALEN 技术均依赖蛋白质对 DNA 序列的特异性识别，组装的复杂性是限制它们在基因编辑中应用的主要障碍。

CRISPR/Cas（clustered regularly interspaced short palindromic repeats/CRISPR-associated proteins）系统是目前应用最为广泛的基因编辑工具。2002 年，Jansen 实验室通过生物信息学分析，发现这种新型 DNA 序列家族只存在于细菌及古菌中，而在真核生物及病毒中没有被发现，并将这种序列称为规律间隔成簇短回文重复序列（clustered regularly interspaced short palindromic repeat，CRISPR）。他们将邻近 CRISPR 基因座的基因命名为 *cas*（CRISPR-associated），并发现了 4 个 *cas* 基因（*cas1*、*cas2*、*cas3*、*cas4*）。

经过 20 多年的研究，人们对 CRISPR/Cas 系统的作用机制有了相对清晰的了解，如图 2-5 所示。以 CRISPR/Cas9 为例，细菌对外来病毒的入侵分为 3 步。

（1）病毒入侵时，CRISPR/Cas9 系统将病毒的 DNA 切成短片段，并插入重复序列之间，作为"记忆"储存。

（2）同种病毒再次入侵时，CRISPR 阵列及 *cas9* 基因转录，*cas9* 翻译为蛋白质，转录出的 tracrRNA 与 pre-crRNA 互补配对，经过内源核糖核酸酶（RNase）加工成熟，最后形成 Cas9-crRNA-tracrRNA 的三聚体。

（3）在 crRNA 与病毒 DNA 互补配对之前，Cas9 需要与特定的原间隔基序（protospacer adjacent motif，PAM）结合以区别病毒和自身基因组，Cas 识别并结合 PAM 后将 DNA 双链解旋，crRNA 在 PAM 上游与目标序列互补配对。在 PAM 和靶点序列均匹配时，Cas9 构象发生改变，其双链内切酶的活性被激活，在 PAM 上游的特定位置将病毒的双链 DNA 切断。这种特异性识别并切割 DNA 产生 DSB 的特性十分适合基因编辑工具的要求。

2012 年，美国加利福尼亚大学伯克利分校 Doudna 和 Charpentier 研究组首次在体外证明了 CRISPR/Cas9 特异性切割靶标 DNA 的功能，并将 crRNA-tracrRNA 改造为 sgRNA（single guide RNA）。2020 年诺贝尔化学奖授予德国马克斯·普朗克病原学研究室的埃玛纽埃勒·沙尔庞捷博士及美国加利福尼亚大学伯克利分校的珍妮弗·道德纳博士，以表彰她们在基因组编辑领域的贡献。

2013 年，美国麻省理工学院 Feng Zhang 和哈佛大学 George Church 研究组首次在哺乳动物细胞系中利用 CRISPR/Cas9 实现了基因编辑。自此，全球各地的实验室开始投入到对这一新型基因编辑工具的研究中。目前人们实现了对果蝇、线虫、大鼠、猪、羊，以及水稻、小麦、高粱等多种生物的基因编辑。

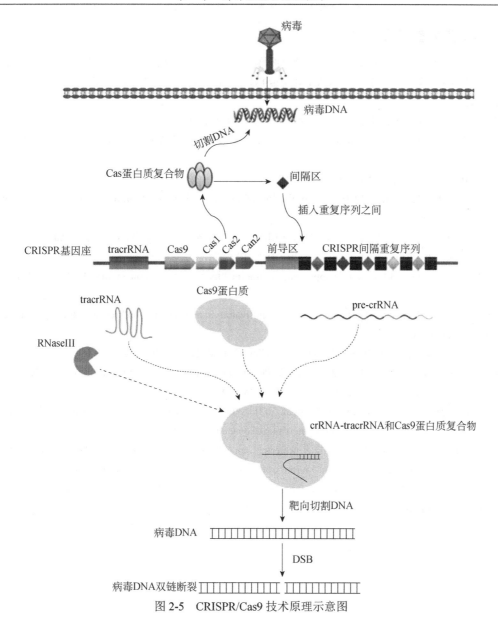

图 2-5 CRISPR/Cas9 技术原理示意图

## 思考题

1. 海洋中的原核生物主要有哪些种类？各有何主要特点？

2. 什么是宏基因组？它在海洋微生物研究中的应用有哪些？

3. 什么是单细胞蛋白？举例说明海洋微生物单细胞蛋白开发产品。

4. 海洋单细胞油脂的提取方法有哪些？比较各自优缺点。

5. 极端海洋微生物产生的酶类有何应用？

6. 举例说明如何利用基因工程方法改造海洋微生物。

7. 简述海洋微生物基因组学发展现状。

**本章主要参考文献**

韩笑，闫培生，史翠娟，等. 2015. 海洋微生物产纤维素酶及其应用研究进展. 生物技术进展，（3）：191-195.

李晓开，龙科任，麦苗苗，等. 2018. CRIPSR-Cas9 技术原理及其在猪研究中的应用. 生命科学，30（6）：690-700.

王梁华，焦炳华. 2017. 生物技术在海洋生物资源开发中的应用. 北京：科学出版社.

熊盈盈，莫祯妮，邱树毅，等. 2021. 未培养环境微生物培养方法的研究进展. 微生物学通报，48（5）：1765-1779.

张晓华. 2019. 海洋微生物学. 2 版. 北京：科学出版社.

Brett G，David H，Johan WS. 2020. The application of single-cell ingredients in aquaculture feeds：a review. Fishes，5（3）：22.

Hamidreza C，Joyclyn LY，Glenn T，et al. 2011. Efficient de novo assembly of single-cell bacterial genomes from short-read data sets. Nature Biotechnology，29（10）：915-921.

Jorge HP，Fernando Q. 2013. Genomic approaches in marine biodiversity and aquaculture. Biological Research，46（4）：353-361.

Jung D，Liu LW，He S. 2020. Application of *in situ* cultivation in marine microbial resource mining. Marine Life Science & Technology，3：1-14.

Kwon KS. 2013. Marine Microbiology. Weinheim：Wiley-VCH Verlag GmbH & Co.

Lakaniemi AM，Tuovinen OH，Puhakka JA. 2012. Production of electricity and butanol from microalgal biomass in microbial fuel cells. Bioenergy Research，5（2）：481-491.

Muhammad S，Muhammad HZ，Amjad IA，et al. 2021. Single cell protein：sources，mechanism of production，nutritional value and its uses in aquaculture nutrition. Aquaculture，531（5）：735885.

Noora B. 2020. Marine microbial alkaline protease：an efficient and essential tool for various industrial applications-ScienceDirect. International Journal of Biological Macromolecules，161：1216-1229.

Teng YF，Xu L，Wei MY，et al. 2020. Recent progresses in marine microbial-derived antiviral natural products. Archives of Pharmacal Research，43（12）：1215-1229.

# 第三章

## 海洋动物生物技术

## 第一节　海洋动物资源概述

海洋是生命的发源地，蕴藏着大量未知的、绚烂多彩的生命形式，吸引着一代代海洋科学家和海洋爱好者的探索。海洋中的生物种类，特别是海洋动物种类的多样性远远超过陆地与河流、湖泊。海洋是重要的生命支持系统，海洋动物是生物界重要的组成部分。区别于藻类和高等植物等光合生物，海洋动物不能依靠自己制造有机物，只能通过摄食植物、微生物和其他动物或有机碎屑物质等。海洋动物作为海洋食物链中的捕食者，在海洋生态系统中具有非常重要的意义。

目前已知海洋动物有 20 多万种，涵盖几十个门类，海洋动物总质量共计 325 亿吨，是陆地动物总质量的 3.3 倍。各门类的海洋动物形态结构和生理特点也存在很大差异。小到仅有 1μm 的单细胞原生动物，大到长 33.58m，重量达 180t 的蓝鲸。海洋动物分布广泛，从赤道到两极海域，从海面到海底深处，从海岸到超深渊的海沟底，都有其代表。

按照分类系统划分，可将海洋动物分为海洋无脊椎动物、海洋原索动物和海洋脊椎动物三大类群。

### 一、海洋无脊椎动物

海洋无脊椎动物是海洋动物中种数、门类最为繁多的一类，至少占海洋动物总数的 97%。海洋无脊椎动物包括的主要门类有原生动物（Protozoa）、海绵动物（Porifera）、腔肠动物（Coelenterata）、扁形动物（Platyhelminthes）、纽形动物（Nemertinea）、线形动物（Nemathelminthes）、环节动物（Annelida）、软体动物（Mollusca）、节肢动物（Arthropoda）、腕足动物（Brachiopoda）、毛颚动物（Chaetognatha）、须腕动物（Pogonophora）、棘皮动物（Echinodermata）和半索动物（Hemichordata）等。其中腕足动物、毛颚动物、须腕动物、棘皮动物、半索动物等是海洋中特有的门类。

### 二、海洋原索动物

原索动物是介于海洋无脊椎动物与海洋脊椎动物之间的一类动物。原索动物均为海产，包括尾索动物（Urochordata）如海鞘；头索动物（Cephalochordata）如文昌鱼。过去属于原索类的半索动物，现多数学者主张归入无脊椎动物。

### 三、海洋脊椎动物

海洋脊椎动物包括海洋鱼类、爬行类、鸟类和哺乳类。其中，海洋鱼类有圆口纲（Cyclostomata）、软骨鱼纲（Chondrichthyes）和硬骨鱼纲（Osteichthyes）。

海洋爬行动物有棱皮龟科（Dermochelidae），如棱皮龟（*Dermochelys coriacea*）；海龟科（Cheloniidae），如蠵龟（*Caretta caretta*）和玳瑁（*Eretmochelys imbricata*）；海蛇科（Hydrophiidae），如青环海蛇（*Hydrophis cyanocinctus*）和青灰海蛇（*Hydrophis caerulesceris*）等。

海洋鸟类的种类不多，仅占世界鸟类种数的 0.02%，如信天翁、鹱、海燕、鲣鸟、军舰鸟和海雀等都是人们熟知的典型海洋鸟类。

分布于中国的海洋鸟类有 20 多种，它们一部分为留鸟，大部分为候鸟。中国常见的海洋鸟类有鹱形目（Procellariiformes）的白额鹱（*Puffinus leucomelas*）和黑叉尾海燕（*Hydrobates monorhis*）等，鹈形目（Pelecaniformes）的褐鲣鸟（*Sula leucogaster*）和红脚鲣鸟（*Sula sula*），雨燕目（Apodiformes）的短嘴金丝燕（*Aerodramus brevirostris*）等。

海洋哺乳动物包括鲸目（Catacea）、鳍脚目（Pinnipedia）和海牛目（Sirenia）等。

# 第二节　海洋动物细胞工程

细胞工程是指应用细胞生物学和分子生物学方法，借助工程学的试验方法或技术，在细胞水平上研究改造生物遗传特性和生物学特性，以获得特定的细胞、细胞产品或新生物体的有关理论和技术方法的学科。随着分子生物学、细胞生物学、分子遗传学等学科的发展，细胞工程的内涵日益丰富，在海洋生物资源开发与保护中发挥了越来越重要的作用。

## 一、海洋动物细胞培养

细胞培养是细胞工程中最重要的手段和常用方法之一，已广泛应用于染色体分析、细胞代谢、基因表达、免疫调节、癌变机制、药物筛选等研究领域，取得了丰硕成果。

（一）基本概念

（1）动物细胞培养：从动物机体内取出相关的组织，将它分散成单个细胞，然后放在适宜的培养基中，让这些细胞生长和增殖。

细胞培养技术是细胞工程中最基本的技术，是细胞融合、细胞核移植、转基因工程、胚胎工程等细胞工程技术的基础。

（2）细胞融合：又称细胞杂交，是指两个或两个以上的细胞融合形成一个细胞的过程。

（3）原代培养：指由体内取出组织或细胞进行的首次培养，也叫初代培养。原代培养离体时间短，遗传性状和体内细胞相似，适于进行细胞形态、功能和分化等的研究。严格来说，原代培养仅指成功传代之前的培养，但实际上，通常把第 1～10 代的培养细胞统称为原代培养。最常用的原代培养有组织块培养和分散细胞培养。

（4）传代培养：将原代细胞从培养瓶中取出，配制成细胞悬浮液，分装到两个或两个以上的培养瓶中继续培养，称为传代培养。对单层培养而言，80%汇合或刚汇合的细胞是较理想的传代阶段。

（5）细胞株：用单细胞分离培养或通过筛选的方法，从原代培养物或细胞系中获得的具有特殊性质或标志物的培养物称为细胞株。再由原细胞株进一步分离培养出与原株性状不同的细胞群，也可称为亚株，一般可培养至40～50代。

（6）细胞系：初代培养物开始第一次传代培养后的细胞，即称为细胞系。一般自培养约50代算起。若细胞系的生存期有限，则称为有限细胞系。已获无限繁殖能力能持续生存的细胞系，称为连续细胞系或无限细胞系。

细胞株和细胞系的区别：细胞系的遗传物质改变，具有癌细胞的特点，失去接触抑制，容易传代培养，如图3-1所示。

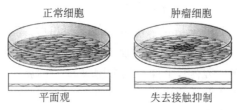

图3-1　正常细胞和肿瘤细胞生长模式图

（7）组织培养：在无菌、适当温度和一定营养条件下，使离体的生物组织生存和生长并维持其结构和功能的技术。

（8）器官培养：器官的胚芽、整个器官或器官的一部分在体外条件下的生存和生长，并保持器官的立体结构和功能。

由于现在还不能长期在体外维持动物组织的结构和机能不变，因此细胞培养技术是目前最为成熟、应用最为广泛的体外培养技术。

（9）二倍体细胞：细胞群染色体数目具有与原供体细胞染色体数相同或基本相同（$2n$细胞占75%或80%以上）的细胞群，称二倍体细胞。如果仅数目相同，而核型不同即染色体形态有改变者为假二倍体。为了保持二倍体细胞能长期被利用，一般在初代或2～5代即大量冻存作为原种。

（10）遗传缺陷细胞：从有先天遗传缺陷者取材（主要为成纤维细胞）培养的细胞，或用人工方法诱发突变的细胞，都属遗传缺陷细胞。这类细胞可能具有二倍体核型，也可呈异倍体核型。

（11）肿瘤细胞系或株：这是现有细胞系中最多的一类，我国已建细胞系主要为这类细胞。肿瘤细胞系多由癌瘤建成，多呈类上皮型细胞，常已传几十代或百代以上，并具有不死性和异体接种致瘤性，如HeLa细胞、中国仓鼠卵巢细胞（CHO细胞）、宫-743等。

## （二）体外培养细胞的分型

根据离体细胞在体外生长时是否贴壁，将其分为贴附型、悬浮型及半贴附型。

**1. 贴附型**　大多数培养细胞呈现贴附生长的现象，属于贴壁依赖性细胞。贴附是大多数有机体细胞在体内生存和生长发育的基本方式。基于贴附特性，细胞与细胞之间得以相互结合而形成组织，有机体的绝大多数细胞必须贴附于一固相表面才能生存和生长。因此，即使将这些细胞放到体外环境中培养，它们同样需要贴附于某一固相表面才能生存和生长。

需要指出的是，细胞在体内、外的贴附方式存在差异：在体内，贴附是全方位，外形具有复杂的立体特征；而在体外，多数情况下细胞只有一个附着平面，外形一般与体内时明显不同。

细胞只能贴附于亲水的固相界面，常用的固相界面有玻璃、聚苯乙烯等。最早的细胞培养器皿是由玻璃制作的，由于玻璃的表面是亲水的，不需要经过特殊的处理，普通的细胞就可以贴附生长。聚苯乙烯透光性能好，具有较好的强度和易塑性，并且没有毒性，成为细胞培养皿和细胞培养板等一次性细胞培养耗材的首选材料。然而聚苯乙烯表面是憎水的，所以需要经过表面的改性处理，变成亲水后才能适用于细胞培养。

按照体外培养细胞的主要形态，可分为四大类型。

（1）成纤维细胞型。细胞贴壁后呈梭形或不规则三角形，胞质向外伸出2～3个长短不等的突起，中有卵圆形核，似体内成纤维细胞的形态，细胞-细胞接触易断开而单独行动，游离的单独的成纤维样细胞，常有几个伸长的细胞突起。来源于中胚层间充质组织起源的组织，如真正的成纤维细胞、心肌、平滑肌、成骨细胞、血管内皮等在体外培养时多为此型。

（2）上皮细胞型。细胞贴壁后呈扁平不规则多角形，中间有圆形核，彼此紧密相连成薄层，铺石状生长时呈膜状移动，很少脱离细胞群而单个活动，呈单层生长状态。起源于外胚层、内胚层的细胞，如皮肤及其衍生物、消化道、乳腺、肺泡、上皮性肿瘤细胞等在体外培养时多呈上皮细胞型。

（3）游走细胞型。细胞呈散在生长，一般不连成片，胞质常突起，呈活跃游走或变形运动，方向不规则。此种类型细胞不稳定，有时难以和其他类型细胞相区别。单核细胞、巨噬细胞及某些肿瘤细胞在体外培养时呈现游走细胞型。

（4）多形细胞型。细胞生长时呈多角形，并伸出较长的神经纤维，很难确定其规律和稳定的形态。神经元和神经胶质细胞在体外培养时多呈现多形细胞型。

**2. 悬浮型**　　培养时胞体圆形，单个或为小细胞团，不贴附于底物而呈悬浮状态生长或以机械方法保持悬浮状态生长的细胞。这类细胞生存空间大，提供数量大，传代方便（不需消化），易于收获，可获得稳定状态。见于少数特殊的细胞，如某些类型的癌细胞及白血病细胞。这类细胞容易大量繁殖。

**3. 半贴附型**　　生长不严格地依赖支持物，它们既可以贴附于支持物表面生长，但在一定条件下，它们还可以在培养基中呈悬浮状态良好地生长，如CHO细胞、小鼠L929细胞等。

（三）细胞培养基本原则

**1. 细胞培养需要无菌无毒害环境**　　海洋动物生活在海水中，表面经常携带一些弧菌类微生物或原生动物，因此在细胞培养前必须进行彻底的灭菌消毒处理，这是海洋动物细胞培养的关键因素之一。用高浓度的抗生素还不能将其彻底除去，必须用二氯化汞或双氯苯双胍己烷或其他消毒剂等进行处理。

　　此外，细胞培养尽量采用专用的无菌操作室和操作台，培养器皿选择透明度好、无毒、利于细胞贴附和生长的材料，常用一次性聚苯乙烯材料制品或中性硬度玻璃制品。在进入细胞间开始细胞培养时，要严格按照无菌操作的要求和流程进行，避免细胞污染。

　　**2. 提供适合细胞生长和增殖的培养基**　　合适的细胞培养基是细胞在体外生长、增殖的最重要的条件之一，培养基不仅提供细胞营养和促使细胞生长增殖的基础物质，还提供培养细胞生长和增殖的生存环境。一般动物细胞培养基中均需添加血清，为细胞生长提供所需的多种生长因子及其他营养成分。

　　由于海洋动物的多样性及生境的复杂性，因此不同的海洋动物所需的培养液并不完全相同。表 3-1 列出了一些已报道的海洋动物细胞培养所用培养基的情况。

表 3-1　一些已报道的海洋动物细胞培养所用培养基

| 实验对象 | 培养基 | 实验对象 | 培养基 |
| --- | --- | --- | --- |
| 红海海绵 | L-15 | 马氏珠母贝 | M199 |
| 繁茂膜海绵 | DMEM，RPMI-1640 | 僧帽牡蛎 | RPMI-1640 |
| 腔肠动物（共 10 种） | L-15 | 中国对虾 | L-15，MPS，TC199 |
| 鹿角珊瑚 | DMEM | 南美蓝对虾 | GIM |
| 皱纹盘鲍 | RPMI-1640，MEM，DMEM，M199 | 南美白对虾 | GIM |
| 油黑壳菜蛤 | L-15 | 斑节对虾 | 2×L-15，Grace |
| 菲律宾蛤仔 | EMEM，DMEM，M199 | 中间球海胆 | L-15，L15-M |
| 中国蛤蜊 | RPMI-1640 | 光棘球海胆 | L-15，L15-M |
| 栉孔扇贝 | L-15，M199 | | |

　　**3. 其他类似动物体内的环境条件**　　海洋动物生活环境盐度较高，因而其细胞的渗透压也较陆生和淡水动物要高，但已有研究表明，不同种类的海洋动物的渗透压适应能力及渗透压调节机制却并不一致。因此，在培养海洋动物细胞时，要特别关注培养液中渗透压的控制。此外，为了更好地模拟细胞在动物体内的生长环境，要不断优化培养基中 pH、温度、生长因子等营养和环境条件，以使细胞培养达到最好的效果。

　　（四）培养细胞的纯化

　　**1. 自然纯化**　　自然纯化即利用某一种类细胞的增殖优势，在长期传代过程中靠自然淘汰法，不断排挤其他生长慢的细胞，靠自然增殖的潜力，最后留下生长旺盛的细胞，达到细胞纯化的目的。

　　花费时间长，留下的往往是成纤维细胞。仅有那些恶变的肿瘤细胞或突变的细胞可以通过此方法而保留下来，不断纯化而建立细胞系。

　　**2. 人工纯化**　　人工纯化是利用人为手段造成对某一细胞生长有利的环境条件，抑制其他细胞的生长从而达到纯化细胞的目的。

　　（1）细胞因子依赖纯化法。通过加入某些特殊的细胞因子而纯化出只依赖于这种细胞因子生长的细胞系。例如，白细胞介素-2 是 T 细胞生长所必需的细胞因子；B 细胞生长因子是 B 细胞生长所需的生长因子。

（2）酶消化法。酶消化法是比较常用的纯化方法，不仅对贴壁细胞可行，能利用上皮细胞和成纤维细胞对胰蛋白酶的耐受性不同，使两者分开，达到纯化的目的；还对贴壁细胞与半贴壁细胞及黏附细胞间的分离纯化十分有效。

（3）机械刮除法。原代培养时，如果上皮细胞和成纤维细胞区域混杂生长，每种细胞都以小片或区域性分布的方式生长在瓶壁上，可采用机械的方法去除不需要的细胞区域而保留需要的细胞区域。

（4）反复贴壁法。成纤维细胞与上皮细胞相比，其贴壁过程快，大部分细胞能在短时间内（10～30min）完成附着过程（但不一定完全伸展），而上皮细胞（大部分）在短时间内不能附着或附着不稳定，稍加振荡即浮起，利用此差别可以纯化细胞。

（5）电烙筛选法。在贴壁细胞转化时，往往在培养瓶的细胞层中会出现分散的转化灶，转化灶区域细胞密集、排列规则，有明显生长趋势，与周边未能转化的细胞有明显的区域界限，此时即可用机械刮除法取出未转化细胞，也可用电烙筛选法烫死未转化细胞而保留转化灶细胞。

（五）海洋动物细胞培养的应用

（1）动物细胞作为表达宿主，可生产蛋白质类的生物制品，如病毒疫苗、干扰素、单克隆抗体等。目前已发现不少海洋动物能合成抗肿瘤、抗病毒、抗心血管病的药物。例如，已经从柳珊瑚、软珊瑚、海兔、海鞘中发现抗肿瘤物质，若能查明这些物质是由哪类细胞合成的，便有可能用细胞培养法来生产。

（2）检测有毒物质，把致癌、致畸形的物质加入培养液，对培养出的细胞进行染色体的检验，进而推断物质的毒性。

（3）转基因动物的培养。

（4）用于医学研究，如培养动物的免疫细胞是研究动物免疫机能和筛选免疫增强药物的重要手段；培养鱼类的癌细胞是研究肿瘤发生机理的途径之一。

# 二、海洋动物干细胞技术

干细胞是一类具有自我更新和分化潜能的细胞。干细胞研究成为继人类基因组大规模测序之后最具活力、最有影响和最有应用前景的生命学科研究领域。1999年干细胞研究被《科学》杂志评为1999年度世界十大科学成就之冠，2000年再次被《科学》杂志评为该年度世界十大科学成就之一。干细胞研究也引起了世界各国政府的重视。美国政府已批准投入巨资，给予支持人体胚胎干细胞的研究，并在短短的两年中成立了几十家以干细胞研究应用为主的生物工程公司。日本在2000年度启动的"千年世纪工程"中把干细胞工程作为四大重点之一，并投入大量资金，鼓励有关科学家进行研究。我国也十分重视干细胞研究，已在北京、上海、天津分别成立干细胞研究中心。组织工程是以干细胞研究为基础发展起来的，有望解决临床上亟需的人工组织与器官问题，进展极为迅速，已经成为干细胞应用的主要方向。

（一）干细胞分类

根据其发育阶段，干细胞可分为胚胎干细胞和成体干细胞。按分化潜能的大小，干细胞可分为三种类型，第一类是全能干细胞（totipotent stem cell），具有形成完整个体的分化潜能。胚胎干细胞就是全能性干细胞，是从早期胚胎的内细胞团分离出来的一种高度未分化的细胞系，具有与早期胚胎细胞相似的形态特征和很强的分化能力，可以无限增殖并分化成为全身200多种细胞类型，并进一步形成机体的所有组织、器官。第二类是多能干细胞（multipotent stem cell），具有分化出多种细胞组织的潜能，但却失去了发育成完整体的能力，发育潜能受到一定的限制。例如，骨髓多能造血干细胞可分化出至少12种血细胞。第三类为定向干细胞（committed stem cell），也称专能干细胞、偏能干细胞或单能干细胞，只能向一种类型或密切相关的两种类型的细胞分化，如上皮组织基底层的干细胞、肌肉中的成肌细胞等。最新研究发现，成体干细胞可以横向分化为其他类型的细胞和组织，为干细胞的广泛应用提供了基础。

（二）干细胞来源

海洋无脊椎动物细胞体外分离24～72h就会停止分裂，进入静息状态。对海洋无脊椎动物干细胞的培养通常采用两种方法，一种是利用组织来源的成体干细胞为靶细胞类型；另一种是对靶向静息的体细胞组分，用诱导多能干细胞（induced pluripotent stem cell，iPSC）的方法来处理它们。

**1. 成体干细胞来源**　海洋无脊椎动物来源的干细胞能够自我更新或者自然发生，低潜能到全能性，或者细胞具有永久胚胎特征。它们是具有时空定位的实体，无限健康地存在于它们的内部组织中。此外，因为它们的原始未分化状态，干细胞是易于适应永生化的。

**2. 诱导多能干细胞法**　是指通过导入特定的转录因子将终末分化的体细胞重编程为多能干细胞。分化的细胞在特定条件下被逆转后，恢复到全能状态，或者形成胚胎干细胞系，或者进一步发育成新个体的过程即细胞重编程（cell reprogramming）。与经典的胚胎干细胞技术和体细胞核移植技术不同，iPSC技术不使用胚胎细胞或卵细胞，因此没有伦理学问题。此外，利用iPSC技术可以用患者自己的体细胞制备专有的干细胞，从而大大降低了免疫排斥反应发生的可能性。iPSC的出现，在干细胞、表观遗传学及生物医学等研究领域都引起了强烈的反响，使人们对多能性的调控机制有了突破性的新认识，进一步拉近了干细胞和临床疾病治疗的距离。

# 第三节　海洋动物基因工程

进入20世纪90年代，我国水产品总量已跃居世界首位，水产养殖产量超过捕捞产量，水产业的发展由捕捞型转向增养型。其中，海水养殖的发展尤为迅速。相比贝类和虾类养殖，海水鱼类的养殖发展较慢。特别是在北方海域，存在许多制约因素，其中影响较大的是越冬问题，北方自然海域冬季水温接近零度长达数月，而多数海水养殖品种在4℃以上才能越冬，8℃以上才能摄食和维持缓慢生长。采用室内升温方式成本太高，难以大面积推广。另外海水鱼的遗传育种和全人工繁殖育苗问题尚未彻底解决，育苗成活率较低。因此，开展海水鱼类的遗传育种研究已经成为目前海洋科研中的重要课题。

## 一、概述

　　将外来基因或非编码脱氧核糖核酸（DNA）片段人工引入并稳定整合到其基因组中的海洋生物称为转基因海洋生物。1984 年，我国率先开展了转基因鱼研究，研制出世界首例转基因鱼，建立了第一个转基因鱼模型。之后，英国、法国、美国、加拿大和日本等几十个实验室相继开始转基因鱼研究，转基因鱼研究已经成为鱼类基因工程研究的热点领域。通过将同源或异源基因显微注射或电穿孔转入新受精或未受精的卵子和精子中，已经产生各种各样的转基因鱼和海洋双壳软体动物。在过去的几十年中，基因转移技术的飞速发展导致产生了许多转基因生物，如鱼类、甲壳类、微藻类、大型藻类和海胆等。这些转基因生物对于协助基础研究和生物技术应用的发展具有重要意义。

　　为了产生所需的转基因海洋生物，应考虑以下几个因素。首先，应该根据研究基础和实验条件，选择合适的海洋生物物种。其次，必须根据每个研究的特殊要求设计特定的基因序列。例如，基因可能包含一个开放阅读框，一个目标基因编码序列及以时间、空间和/或发育阶段特异性方式调节基因表达的调控元件。再次，必须将基因引入精子或胚胎中，以使转基因稳定地整合到胚胎细胞的基因组中。最后，由于并非所有基因转移实例都是有效的，因此必须采用筛选方法来鉴定转基因个体。

　　自从 20 世纪 80 年代中期开发出第一批转基因鱼类以来，生产转基因海洋生物的技术得到了极大的改善，导致产生了许多转基因海洋物种。近年来，转基因海洋生物已被确立为生物学及人类疾病研究的有价值的模型。此外，转基因技术在生产具有有益特性的鱼类和其他海洋生物方面的应用也在增加，这些特性包括提高生长速率、增强抗病性及用于生物技术应用的产品的生产。

## 二、海洋动物基因工程的研究内容

### （一）海洋功能基因的发现

　　浩瀚的海洋具有丰富的生物资源，并且由于生活环境的特殊性，海洋生物具有一些独特的生物学特性及相应有价值的功能基因。认识并利用这些功能基因是海洋生物资源开发的重要内容。

### （二）海洋生物疾病的诊断与防治

　　科学家正在发展基因探针或免疫化学试剂开展对海洋生物疾病的诊断；创建鱼和贝的细胞培养体系来支持对疾病的分子基础研究；运用 DNA 重组技术开发疫苗；运用分子探针来评估环境体系对生物体的影响，研究生物体和环境之间相互关系。近年来，我国科学家在海产动物病原致病力和疾病流行的分子基础、宿主免疫体系及其对病原侵染的应答机理和免疫防治的技术原理、有效途径等方面取得了国际瞩目的研究成果。

（三）培育水产养殖新品种

**1. 提高生长速率**　　在水产养殖中，提高养殖对象生长速度一直是科学家追求的目标。水产养殖的成本中，饲料占大部分，所以培育生长快速的转基因鱼除了希望加快生长外，也期望降低饲料系数以大幅降低成本。生长激素转基因鲑鱼体型通常是一般鲑鱼的3～5倍大，在生长的早期阶段，有些转基因个体的体型甚至是同期正常鲑鱼的10～30倍。在一些体型较大的转基因鱼身上会有一些如末端肥大的畸形情况，但是中等体型的转基因鱼并不会有类似情况出现，而且具有高繁殖能力，可以继续生产出下一代转基因鱼。

**2. 抗逆境的品种改良**　　培育抗冻转基因鱼是抗逆境品种改良的最佳代表。许多冷水域海水鱼生存于冰封的环境中，为了避免冻结，数种鱼种可产生一群独特的蛋白质，如抗冻蛋白或抗冻糖蛋白（antifreeze glycoprotein，AFGP），它们可与冰晶作用，并有效地降低冰冻温度。

**3. 抗病害的品种改良**　　虽然目前仍未有转移成功的抗病毒或抗细菌性疾病的转基因鱼，但生产抗病转基因鱼品种有多种策略。转移下列任一基因都可能使转基因品种增加抗病能力，如可转录出反义RNA（antisense RNA）的基因、可转录出核酶（ribozyme）的基因、抗病毒基因、抗微生物（antimicrobial）基因、宿主免疫防御反应相关的基因等。

**4. 改变代谢途径以增进对饲料的吸收转换效率**　　某些养殖鱼类由于遗传特性的差异，缺少生化代谢过程中的某些酶，而造成其碳水化合物的利用率及食物转化率偏低，换言之养殖鱼类需要更多的饲料喂养才能达到理想的生长状态。利用转基因的方法，使这些鱼类也具有原来缺少的酶，将可用更少的饲料及更短的饲养时间来达到预期的成长以获得最佳产量。

（四）海洋药物的开发

从陆地上植物和微生物中发现的真正的新化合物数量日益减少，而海洋天然产物化学家揭示几乎所有海洋生物都具有独特分子结构。药物学家、生理学家和生化学家已经证明海洋生物独特结构的各种分子构成了整个生命体系的基本框架，这意味着海洋生物在医药和化学工业新产品开发领域具有广阔的前景。不同的海洋生物会产生一些化合物，来保护自身不被捕食、不被感染或有利于生存竞争。确定这些化合物产生的代谢途径和查明控制生产过程的环境或生理激发机制，可以帮助人们开发规模生产这些化合物的技术。运用计算机技术可以构建和改造来源于海洋生物的某些分子，通过基因技术就可以大量开发生产许多稀有药物。中国人民解放军军事医学科学院的研究人员广泛收集了我国西沙群岛、海南三亚等地活体芋螺，并选取高毒性的芋螺品种，进行了芋螺毒素的基因克隆、毒素分离、合成、活性筛选及结构测定，通过对芋螺毒素基因分析、多肽合成及筛选，获得了一种含25个氨基酸残基、3对二硫键的新芋螺毒素，该毒素具有强烈的镇痛活性及很高的用药安全性，试验表明镇痛效果良好，且毒副作用小，并有望成为我国具有知识产权的一类镇痛新药。

## 三、基因工程的基本要素

基因工程是利用重组技术，在体外通过人工"剪切"和"拼接"等方法，对各种生物的核酸（基因）进行改造和重新组合，然后导入微生物或真核细胞内，使重组基因在细胞内表达，产生出人类需要的基因产物，或者改造、创造新特性的生物类型。

从实质上讲，基因工程的定义强调了外源 DNA 分子的新组合被引入一种新的寄主生物中进行繁殖。这种 DNA 分子的新组合是按工程学的方法进行设计和操作的，这就赋予基因工程跨越天然物种屏障的能力，克服了固有的生物种间限制，扩大和带来了定向改造生物的可能性，这是基因工程的最大特点。

基因工程的基本要素包括外源 DNA、载体分子、工具酶和受体细胞等。

## （一）外源 DNA

外源 DNA 是通过基因工程技术或病毒感染等途径引入靶细胞中的 DNA 序列。外源 DNA 一般来源于基因组 DNA 或 cDNA。如果已经知道目的基因的序列，就能很方便地用聚合酶链反应（polymerase chain reaction，PCR）从基因组 DNA 或 cDNA 中获得目的基因，可不必经过复杂的 DNA 文库构建过程。如果对目的基因的序列尚不明确，则要通过构建基因文库的方式获得目的基因。基因文库是指贮存了全部基因组遗传信息的 DNA 片段的集合，它们存在于重组的载体 DNA 中，如噬菌体、质粒和柯斯质粒载体，可以随着载体 DNA 一起被扩增。基因的分离包括构建基因文库和从基因文库中筛选分离目的基因两大步骤。基因文库主要包括基因组文库（genome library）和 cDNA 文库两种类型（图 3-2），根据不同的研究目的所需要分离的基因形式不同，因此就需要构建不同的基因文库。

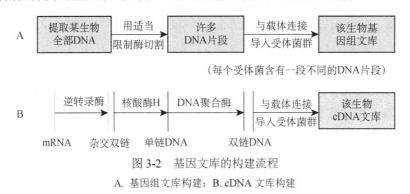

图 3-2 基因文库的构建流程
A. 基因组文库构建；B. cDNA 文库构建

**1. 基因组文库** 将某种生物的基因组 DNA 切割成一定大小的片段，并与合适的载体重组后导入宿主细胞，进行克隆。这样每一个细胞接受了含有一个基因组 DNA 片段与载体连接的重组 DNA 分子，而且可以繁殖扩增，这些存在于所有重组体内的基因组 DNA 片段的集合，即基因组文库。其特点是包含生物体所有遗传信息，但构建难度大，尤其是对一些单拷贝基因和长片段基因，而且筛选难度大，主要用于研究基因在基因组中的情况。

基因组文库中所贮存的 DNA 片段来自基因组 DNA。海水鱼类基因组 DNA 总长约 $1.5×10^8$kb，单个基因的大小平均为 $1～5$kb。通常认为有待分离的目的基因片段在一个基因组文库中存在的概率达到 99%，就足以保证能在所建的基因文库中筛选到该目的基因。

从海水鱼类中提取基因组 DNA，一般选成熟的精巢，因为精巢中含有大量精细胞，染色体比例高，易提取，产率高。通常经过细胞破碎、酶解和酚抽取等步骤之后，基因组 DNA

不能再保留其完整性，总是断裂成大小不同的碎片。每次提取的基因组 DNA 应进行电泳检查。根据确定的酶解条件，即可进行建库 DNA 片段的制备和纯化。通常是使用琼脂糖凝胶电泳或蔗糖密度梯度离心来分离酶解产物，获得高浓度的大小合适的 DNA 片段。

建库用的载体有 λ 噬菌体、质粒和柯斯质粒。它们所装载的 DNA 片段大小不同，其中常用的是 λ 噬菌体，它可以装载长达 25kb 的 DNA 片段，在构建海水鱼类基因组文库时，选择这种载体较为合适。

构建基因组文库，再用分子杂交等技术去钓取基因克隆的方法，称为鸟枪法或散弹射击法，意味着从含有众多的基因序列克隆群中去获取目的基因或序列。当生物基因组比较小时，此法较易成功；当生物基因组很大时，构建其完整的基因组文库就非易事，从庞大的文库中去克隆目的基因工程量也很大。

**2. cDNA 文库**　　以组织细胞中的 mRNA 为模板，逆转录合成双链 cDNA，各 cDNA 分子分别插入载体形成重组子，再导入宿主细胞克隆扩增。这些在重组体内的 cDNA 的集合即 cDNA 文库。

原核生物的结构基因（编码的）是多顺反子（polycistron），通常是将几个相关的结构基因一起转录得到多个 mRNA。

而真核基因是单顺反子（monocistron），其 mRNA 的转录比较复杂，因为通常只转录出一个结构基因，而且其结构基因通常又是断裂基因，即由编码的外显子（exon）和不编码的内含子（intron）间隔排开组成。因此，转录得到的仅仅是 mRNA 的"毛坯"，称为核内不均一 RNA（hnRNA），要进行转录后的加工——在其 5′端加上鸟嘌呤"帽子"，3′端加上 poly(A) 的"尾巴"，再切除内含子，将外显子拼接，才能成为一个成熟的 mRNA。

基因组含有的基因在特定的组织细胞中只有一部分表达，而且处在不同环境条件、不同分化时期的细胞，其基因表达的种类和强度也不尽相同，所以 cDNA 文库具有组织细胞特异性。cDNA文库显然比基因组 DNA 文库小得多，较容易从中筛选克隆得到细胞特异表达的基因。但对真核细胞来说，从基因组文库获得的基因与从 cDNA 文库获得的不同，基因组文库所含的是带有内含子和外显子的基因组基因，而从 cDNA 文库中获得的是已经过剪接、去除了内含子的 cDNA。

1）cDNA 文库的特点

（1）基因特异性：来自结构基因，因此仅代表某种生物的一小部分遗传信息，且只代表那些正在表达的基因的遗传信息，其中 1%～5%为 mRNA，80%～85%为 rRNA，10%～15%为 tRNA。

（2）器官特异性：不同器官或组织的功能不一样，因而有的结构基因的表达就具有器官特异性，故由不同器官提取的 mRNA 所组建的 cDNA 文库也就不同。

（3）代谢或发育特异性：处于不同代谢阶段（或发育阶段）的结构基因表达也不相同。

（4）不均匀性：在同一个 cDNA 文库中，不同类型的 cDNA 分子的数目是大不相同的，尽管它们都是由单拷贝基因转录而来的，而基因组文库中的单拷贝基因均具有相同的克隆数。

（5）各 cDNA 均可获得表达（一般选用的载体都是表达型的）。

2）建立 cDNA 文库的一般程序

（1）mRNA 的分离与纯化载体 DNA 片段的制备。从有限量的起始材料组建 cDNA 文库的关键是得到高质量的 mRNA。从生物材料中提取细胞总 RNA，需要进行严格操作，否则

RNA 极易被 RNA 酶降解。

选择 mRNA 含量高的生物组织，最好用新鲜材料。冷冻材料应在−20℃以下，保存期不超过 2 个月。所有仪器都要进行特殊处理，以灭活 RNA 酶的活性。

海水鱼类组织提取的 RNA 中，总 mRNA 的含量不到 5%，其中 80% 以上是 rRNA。由于绝大多数 mRNA 的 3′端带有一个 poly(A)尾，通常采用 oligo(dT)-纤维素柱亲和层析法分离纯化总 mRNA。

（2）双链 cDNA 的合成。以纯化的总 mRNA 为模板，在逆转录酶的作用下合成 cDNA 第一链。合成后，必须使 DNA-RNA 杂交体变性分开，才能进行 cDNA 第二链的合成。在变性作用的同时，第一链 cDNA 的 3′端自然形成了发夹环，这一特殊结构成为引导第二链合成的引物，使 cDNA 能够自身引导以第一链为模板合成第二链。这样合成的双链 cDNA 在其一端保留一个闭合的发夹环结构。

由于真核生物的基因中常含有非编码间隔区（内含子），在原核受体中无法正常表达，必须设法消去内含子。mRNA 是已经转录加工过的 RNA，即无内含子的遗传密码携带者。在逆转录酶作用下，以 mRNA 为模板逆转录合成互补 DNA（cDNA），加上接头后，即可与载体连接成重组分子。

（3）cDNA 的甲基化与接头的加入。双链 cDNA 合成后，为提高 cDNA 片段与载体的连接效率，通常要给平端接上接头。接头为人工合成的含有限制酶酶切位点的双链 DNA 短片段时，需先对文库 cDNA 甲基化处理，修饰内部可能出现的酶切位点，然后接入接头，再用限制酶处理，使 cDNA 片段产生黏性末端，以便与相应限制酶酶切处理的载体 DNA 连接。接头是一端为限制酶黏性末端的双链 DNA 片段时，则不必对文库 cDNA 进行甲基化修饰。

（4）双链 cDNA 与载体的连接。建好 cDNA 文库的关键是双链 cDNA 与载体的有效连接，特别是当起始材料很少时。保证 cDNA 文库具代表性的关键是选择尽可能有效的载体。通常用 λgt10/λgt11 及与之相当的载体来组建非表达和表达 cDNA 文库，一般不用转化效率低的质粒作载体。插入序列（cDNA）/载体 DNA 的摩尔比一般在 1/1～3/1。

（5）目的基因的分离和筛选。从不同克隆载体构建的基因文库中筛选、分离目的基因所用的方法有所不同。然而从同类克隆载体构建的基因组文库和 cDNA 基因文库中筛选、分离目的基因的方法基本一致。基本筛选分离方法如下：取基因文库中的 λ 噬菌体溶液与宿主细菌混合铺皿。在适宜的温度下孵育细菌和噬菌体，在菌床上形成大量噬菌斑。将 λ 噬菌体 DNA 从培养皿转移至尼龙膜或纤维素膜上。利用与待分离基因高度同源的 DNA 序列标记探针，进行 DNA 分子杂交和放射自显影检查，找出具有阳性反应的噬菌体群，在第一次分子杂交筛选时，可能在一个阳性杂交斑里含几十个单个的 λ 噬菌体克隆，经过第二次、第三次筛选，这个数量会逐步减少，最后在每一个阳性杂交斑中确定出一个明显分离的独立的阳性克隆，这个克隆的重组 λDNA 中携带有待分离的目的基因序列。将最后筛选出的阳性克隆，进行大量扩增培养，提取分离 λDNA，然后利用适当的限制酶切出目的基因，经过电泳分离即可纯化出相应的 DNA 片段或 cDNA 片段。

（二）载体分子

载体分子是指在基因工程重组 DNA 技术中将 DNA 片段（目的基因）转移至受体细胞

的一种能自我复制的 DNA 分子。最常用的载体是细菌质粒、噬菌体和动植物病毒。载体是基因工程技术的核心，没有合适的载体，外源基因很难进入受体细胞中，即使能够进入，一般也不能进行复制和表达。有了合适的载体，通过体外 DNA 重组方式，可以把基因与载体相连，转移到适当的受体细胞中，进行无性繁殖，从而获得大量的基因片段或相应的蛋白质产物。

**1. 质粒**　　质粒是染色体外能够独立复制、稳定遗传的一种环状双链 DNA 分子。质粒 DNA 分子可以持续稳定地处于染色体外的游离状态，但在特定条件下又会可逆地整合到寄主染色体上，随着染色体的复制而复制，并通过细胞分裂传递到子代。质粒是目前基因工程中使用最为广泛的载体。质粒的长度一般为 $10^6 \sim 10^8$ bp，小型质粒的长度一般为 $1.5 \sim 15$ kb。质粒常含抗生素抗性基因，经过人工改造后的质粒是重组 DNA 技术中常用的载体。

理想质粒载体必须具备相应的条件。

（1）质粒拷贝数较高。质粒拷贝数是指生长在标准的培养基条件下，每个细菌细胞中所含有的质粒数目。根据宿主细胞所含的拷贝数多少，可将质粒分成两种不同的复制型：严紧型和松弛型。前者为低拷贝数的质粒，每个宿主细胞中仅含有 $1 \sim 3$ 个拷贝；后者为高拷贝数的质粒，每个宿主细胞中可高达 $10 \sim 60$ 个拷贝。

（2）分子质量较小。一般来说分子质量较小质粒的拷贝数较高，克隆时所预期的基因表达产物的数量较大，并且其限制酶的切点相应减少，有可能找到合适的单一限制酶切点，便于制作酶切图谱。分子质量小的质粒的外源 DNA 容量较大，且转化效率与质粒大小成反比，质粒越小越容易转化，当质粒大于 15kb 时，将成为转化效率的制约因素。另外，小分子质量质粒在进行遗传工程操作时容易掌握，容易分离，不易断裂。

（3）带有可供选择的标记。常采用的标记是对某种抗生素的抗性，如氨苄青霉素抗性（$amp^r$）、卡那霉素抗性（$kan^r$）、四环素抗性（$tet^r$）等，而且希望各抗性基因内有若干单一的限制性酶切位点。在克隆时通过单一的限制性酶切位点插入外源基因，使该抗性基因失活、宿主菌变为对该抗生素敏感的菌株，这样极易检查到克隆是否成功。另外，可利用 β-半乳糖苷酶筛选系统作为筛选标记。

（4）带有尽可能多的单一限制性酶切位点。单一限制性酶切位点可供外源 DNA 定点插入；较多不同的单一限制性酶切位点可有选择地供带有不同末端的外源基因插入。目前常用载体上的多克隆位点（multiple cloning site，MCS）即具有该功能。

（5）具有复制起始点。复制起始点（origin，Ori）是质粒自我增殖必不可少的基本条件，也是决定质粒拷贝数的重要元件，可使繁殖后的细胞维持一定数量的质粒拷贝数。

**2. 噬菌体**　　噬菌体载体主要由 λ 噬菌体和 ΦC31 噬菌体衍生，此外还有黏粒（cosmid）和 M13 噬菌体等。

采用突变、缺失等手段消除野生型 λ 噬菌体 DNA 上过多的酶切位点及非必要区，并在非必要区插入外源基因（如 *lacZ* 基因），改变噬菌斑的颜色、浊度等，以利筛选。目前常用的 λ 衍生物载体有插入型载体和置换型载体。

黏粒又称为柯斯质粒，它是一种特殊的用基因工程技术组建的大肠杆菌质粒，含有 λ 噬菌体的 cos 位点和整个 pBR322 的 DNA 序列，经感染进入细菌细胞以后，像质粒那样在细胞中复制。可容纳 $35 \sim 45$ kb 外源 DNA，有抗性标记及多种单一限制性酶切位点，可以体外包装成噬菌体颗粒，以感染方式进入宿主细菌，避开了大质粒转化困难的缺点，在宿主体内则以质粒形式复制。常用的黏粒有 PJ88、PAC79、C2XB、C2RB、NuA-3、koS1 等。

M13 噬菌体是一种细线状的单链 DNA 噬菌体，在分子生物学研究中主要用于 DNA 的碱基序列分析。M13 噬菌体 DNA 中有 507 个核苷酸（3948～6005）属非必要区，称 IS，在该区插入酶切位点或 *lacZ* 基因部分，可构建成 M13 载体，常用 M13 载体为 M13mp 系列。单链及双链均可转化受体，DNA 大小无包装界限，外源 DNA 容量为 M13 噬菌体 DNA 的 6～7 倍，其缺点是插入片段不稳定，传代次数多了会丢失，经宿主菌释出含外源 DNA 的单链 M13 噬菌体，可直接用于 DNA 序列分析。

**3. 酵母质粒**　　常用的酵母表达载体多为穿梭质粒载体，它们可在大肠杆菌中进行筛选和扩增。应用最广泛的酵母载体是由 pBR322 衍生而来的，它含有可保证其在大肠杆菌中具有高拷贝数的复制起始点（Ori）及 amp$^r$、tet$^r$ 等抗生素筛选标记。

根据载体在酵母中的复制形式、用途及表达外源基因的方式，酵母表达载体可分为酵母整合型质粒（yeast integrating plasmid，YIp）、酵母复制型质粒（yeast replicating plasmid，YRp）、酵母着丝粒质粒（yeast centromeric plasmid，YCp）和酵母附加体质粒（yeast episomal plasmid，YEp）。此外，还有用于克隆 DNA 大片段的酵母人工染色体（yeast artificial chromosome，YAC）。

**4. 哺乳动物细胞表达载体**　　哺乳动物细胞表达载体主要有质粒载体和病毒载体两类。

质粒载体常用的有 pcDNA3.1 系列、pTRE 应答质粒与 pTet-off（或 pTet-on）调节质粒系统、pSI、pCMV、pBudCE4.1 等。它们在转录元件、选择性标记和表位标签等方面有所不同。

病毒载体的种类主要有逆转录病毒（pLHCX、pLNCX2、pBABE、pMCs、pMXs、pMYs 等）、腺病毒（adenovirus）、腺相关病毒（pAdeno-X）。此外，还有牛痘病毒和杆状病毒等。

（三）基因工程常用的工具酶

DNA 体外重组主要涉及两种关键的工具酶，一种是用于切割 DNA 的限制性核酸内切酶，另一种是用于连接 DNA 的连接酶。

**1. 限制性核酸内切酶**　　限制性核酸内切酶是可以识别并附着特定的脱氧核苷酸序列，并对每条链中特定部位的两个脱氧核糖核苷酸之间的磷酸二酯键进行切割的一类酶，简称限制酶。根据限制酶的结构，辅因子的需求切位与作用方式，可将限制酶分为三种类型，分别是第一型（type Ⅰ）、第二型（type Ⅱ）及第三型（type Ⅲ）。Ⅰ型限制性核酸内切酶既能催化宿主 DNA 的甲基化，又能催化非甲基化的 DNA 水解；而Ⅱ型限制性核酸内切酶只催化非甲基化的 DNA 的水解；Ⅲ型限制性核酸内切酶同时具有修饰及认知切割的作用。

**2. 连接酶**　　连接酶又称为合成酶，能催化两个分子连接成一个分子或把一个分子的首尾相连接。此反应与 ATP 的分解反应相偶联，在把两分子相连接的同时发生三磷酸腺苷（ATP）的高能磷酸键的断裂。连接酶的催化反应过程需要 Mg$^{2+}$ 参与。

（四）受体细胞

受体细胞也叫作宿主细胞，是指在转化和转导（感染）中接受外源基因的宿主细胞。

适合目的基因表达的宿主细胞为容易获得较高浓度的细胞；能利用易得廉价原料；不致病、不产生内毒素；发热量低、需氧低；容易进行代谢调控；容易进行 DNA 重组技术操作；产物的产量、产率高，产物容易提取纯化。

受体细胞有原核受体细胞（大肠杆菌、枯草芽孢杆菌、链霉菌、蓝藻等）与真核受体细胞（酵母、微藻、丝状真菌、动物细胞、植物细胞等）。最常用的原核宿主细胞是大肠杆菌，最常用的真核宿主细胞是酵母。

**1. 大肠杆菌**　　大肠杆菌是一种典型的革兰氏阴性菌，菌体呈短杆菌，两端呈钝圆形。有时因环境不同，个别菌体出现近似球杆状或长丝状。大肠杆菌多是单一或两个存在，但不会排列成长链形状。大多数大肠杆菌菌株具有荚膜或微荚膜结构，但是不能形成芽孢。相较于其他种类的受体细胞，大肠杆菌的背景知识清楚（完成基因组全测序），特别是人们对于其基因表达调控的分子机制已有深刻的了解（乳糖操纵子），图 3-3 显示了大肠杆菌表达载体的基本成分；是一种安全的基因工程实验体系，拥有各类适用的寄主菌株和不同类型的载体；许多克隆的真核基因都可以在大肠杆菌细胞中实现有效、高水平的表达；培养方便、操作简单、成本低廉，易用于批量生产等。缺点是真核基因在结构上同原核基因之间存在着很大的差别；真核基因的转录信号同原核的不同；细菌的 RNA 聚合酶不能识别真核的启动子，外源基因可能含有具大肠杆菌转录终止信号功能的核苷酸序列；真核基因 mRNA 的分子结构同细菌的有所差异，影响真核基因 mRNA 稳定性；许多真核基因的蛋白质产物，都要经过转译后的加工修饰（正确折叠和组装），而大多数的这类修饰作用在细菌细胞中并不存在；细菌的蛋白酶，能够识别外来的真核基因所表达的蛋白质分子，并把它们降解掉；大肠杆菌周质内存在各种内毒素。

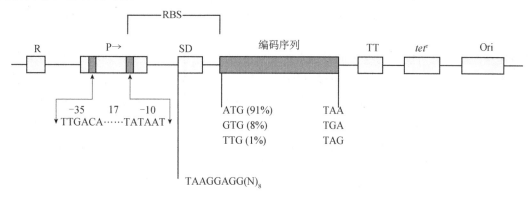

图 3-3　大肠杆菌表达载体的基本成分

R. 调控子；P. 启动子；SD. Shine-Dalgarno 序列；Ori. 复制起始点；TT. 终止子；

*tet*r. 四环素抗性基因；RBS. 核糖体结合位点（ribosome binding site）

**2. 酵母**　　最早应用于基因工程的酵母是酿酒酵母，后来人们又相继开发了裂殖酵母、克鲁维酸酵母、甲醇酵母等。其中，甲醇酵母表达系统是目前应用最广泛的酵母表达系统。目前，甲醇酵母主要有 *Hansenula polymorpha*、*Candida bodini*、*Pichia pastoris* 3 种，以 *Pichia pastoris* 应用最多。

甲醇酵母的表达载体为整合型质粒，载体中含有与酵母染色体同源的序列，因而比较容易整合入酵母染色体中。大部分甲醇酵母的表达载体中都含有甲醇酵母醇氧化酶-1 基因

（*AOX1*），在该基因的启动子（PAXOI）作用下，外源基因得以表达。PAXOI 是一个强启动子，在以葡萄糖或甘油为碳源时，甲醇酵母中 *AOX1* 基因的表达受到抑制，而在以甲醇为唯一碳源时，PAXOI 可被诱导激活，因而外源基因可在其控制下表达，将目的基因多拷贝整合入酵母染色体后可以提高外源蛋白的表达水平及产量。此外，甲醇酵母的表达载体都为 *E. coli/Pichia pastoris* 的穿梭载体，其中含有 *E. coli* 复制起点和筛选标志，可在获得克隆后采用 *E. coli* 细胞大量扩增。目前，将质粒载体转入酵母菌的方法主要有原生质体转化法、电穿孔法及氯化锂法等。甲醇酵母一般先在含甘油的培养基中生长，培养至高浓度，再以甲醇为碳源，诱导表达外源蛋白，这样可以大大提高表达产量，利用甲醇酵母表达外源蛋白的产量往往可达克级。与酿酒酵母相比，其翻译后的加工更接近哺乳动物细胞，不会发生超糖基化。

利用 PAXOI 表达外源蛋白时，一般需很长时间才能达到峰值水平，而甲醇是高毒性、高危险性化工产品，使得实验操作过程中存在不小的危害性，且不宜用于食品等的生产。因此那些不需要甲醇诱导的启动子受到青睐，包括 GAP、FLD1、PEX8、YPTI 等。利用 3-磷酸甘油醛脱氢酶（GAP）启动子代替 PAXOI，不需要甲醇诱导，培养过程中不需要更换碳源，操作更为简便，可缩短外源蛋白到达峰值水平的时间。

酵母表达系统作为一种后起的外源蛋白表达系统，由于兼具原核及真核表达系统的优点，正在基因工程领域中得到日益广泛的应用。

**3. 蓝藻**　　存在于海水或淡水环境中的蓝藻（cyanobacteria）又称为蓝细菌，是一类光合自养型原核生物，仅需利用日光、水和一些无机物就能够合成生物质与目标产物，尤其是生物燃料和生物化学品。蓝藻结构简单，适应性强，生长快，比植物及真核藻类细胞更易遗传操作，并且多数不含毒蛋白，可作为优良的基因工程表达系统。与大肠杆菌相比，蓝藻表达产物不形成包涵体，容易纯化；不含毒素；培养基为廉价且不易污染的无机盐。由于上述诸多优点，蓝藻有可能成为继大肠杆菌和酵母之后的新一代表达宿主。随着 1996 年聚胞藻 PCC6803 基因组序列测定完成，蓝藻基因工程取得了迅速发展。一些蓝藻已经形成稳定的遗传转化体系，并有多种外源基因在蓝藻中成功表达。海洋聚球藻（*Synechococcus* sp. PCC7002）是一种适应性广、生长速率快（代时为 4h）的光合自养型单细胞微生物。已经测序的基因组与天然摄取外源 DNA 能力使该蓝藻成为理想的基因工程与代谢工程宿主，在制备重组药物、治理环境污染、农药生产等方面的应用开发越来越广泛。

**4. 昆虫细胞**　　昆虫细胞具有与高等真核生物细胞相似的翻译后修饰、加工及转移蛋白质的能力。昆虫细胞表达系统主要利昆虫细胞、昆虫整体和杆状病毒结构基因中多角体蛋白的强启动子构建表达载体，使很多真核目的基因得到有效甚至高水平的表达。它具有真核表达系统的翻译后加工功能，如二硫键的形成、糖基化及磷酸化等，使重组蛋白在结构和功能上更接近天然蛋白；其最高表达量可达 500mg/L；可表达非常大的外源基因；具有在同一个感染昆虫细胞内同时表达多个外源基因的能力；对脊椎动物安全。由于病毒多角体蛋白在病毒总蛋白中的含量非常高，至今已有很多外源基因在此蛋白的强大启动子作用下获得高效表达。

杆状病毒表达系统是目前应用最广的昆虫细胞表达系统，该系统通常采用苜蓿斜纹夜蛾杆状病毒（AcNPV）作为表达载体。在 AcNPV 感染昆虫细胞的后期，核多角体基因可编码产生多角体蛋白，该蛋白质包裹病毒颗粒形成包涵体。核多角体基因启动子具有极强的启动蛋白质表达能力，故常被用来构建杆状病毒传递质粒。克隆入外源基因的传递质粒与野生型AcNPV 共转染昆虫细胞后可发生同源重组，重组后多角体基因被破坏，因而在感染细胞中不能形成包涵体，利用这一特点可挑选出含重组杆状病毒的昆虫细胞，但效率比较低，且载体构建时间长，一般需要 4～6 周。此外，昆虫细胞不能表达带有完整 $N$-聚糖的真核糖蛋白。

## 四、几种重要的海洋动物基因

**1. 海水鱼类生长激素基因** 1985 年，Sekine 从鲑鱼中分离出第一个海水鱼生长激素基因。绝大多数海水鱼生长激素基因编码的蛋白质长度为 187～188 个氨基酸，分子质量为21～22kDa，等电点为 pH5.6～8.2。牙鲆的生长激素基因编码的蛋白质由 172 个氨基酸组成，是所有脊椎动物中分子质量最小的，而鳗鲡和鲟鱼的生长激素分子则有 190 个氨基酸，且与哺乳动物的生长激素有较高的同源性（50%～70%）。

鱼类生长激素的最基本功能是促进鱼体生长，通过促进糖的分解代谢和蛋白质的合成代谢来促进体节和骨骼肌的生长，是调节鱼类生长发育的重要内分泌激素。此外，生长激素还可以促进鱼类在海水环境中的低渗透调控作用。

**2. 抗冻蛋白基因** 在极地和亚极地严寒海域，海水温度最低可达-1.8℃，由于大多数海水鱼类的血清在-0.6℃即冻结，因此无法在这些海域中生存，但仍有一些海水鱼类可以生存在这些严寒海域中。

早在 1957 年，Scholander 等首次观察和研究了这些鱼类的抗冻特性。他们发现在北极海水鱼的血清中存在一种能溶于三氯乙酸的生物大分子，它们起着降低血清凝固点的作用。此后，DeVries 等从南极鱼的血清中分离和分析了这种生物大分子，发现它们是一类有特殊化学结构的糖蛋白，称为抗冻糖蛋白（AFGP）。从两种南极鱼中分离的 AFGP 分子结构相同，都含有 8 个多肽。

20 世纪 80 年代，加拿大 Choy L. Hew 领导的研究组发现了另一类抗冻蛋白。他们从产自北大西洋沿岸海域的美洲大绵鳚（*Macrozoarces americanus*）、冬鲽（*Pleuronectes americanus*）和杜父鱼（*Hemitripterus americanus*）中分离出 3 种类型的抗冻蛋白（AFP）（Ⅰ型富含丙氨酸，Ⅱ型富含胱氨酸，Ⅲ型不存在氨基酸组成上的特点）。当 AFP 增至一定浓度时，可以完全抑制冰晶的形成，因此即使在低于-1.7℃的低温条件下，含有一定浓度 AFP 的血清也不会冻结，这就是极地和北大西洋海域的海水鱼能够在严寒海水中生存的原因。

加拿大研究者已经将几种 AFP 的基因分离出来，进行了 DNA 测序和结构分析。美洲大绵鳚 AFP 的分子质量在 6000～7000Da。目前已从其基因组文库中筛选出该基因的 150 个拷贝，其基因组 DNA 片段大小约为 0.7kb，包括 2 个外显子和 1 个内含子，编码大约 70 个氨基酸，这是Ⅲ型 AFP 的基因序列。此外，Ⅰ型和Ⅱ型 AFP 的基因序列也都被分离和克隆，并进行了 DNA 序列和结构的分析。用这几种抗冻蛋白基因构建的各种表达重组体已经成功地应用于转抗冻蛋白基因鱼类的研究和基因工程菌表达生产抗冻蛋白的研究。

**3. 催乳素和生长催乳素基因** 催乳素（PRL）在鱼类渗透调节、繁殖、代谢、黏液产生及体内钙平衡中有重要作用。生长催乳素（SL）是由鱼类脑垂体中部细胞产生的一种糖蛋白多肽激素，结构与垂体产生的生长激素（GH）和催乳素（PRL）相似，目前已经从几十种鱼类中克隆出 SL 基因，在钙离子调节、酸碱平衡、黑暗适应、繁殖等过程中发挥作用。

## 五、海洋动物的基因转移

### （一）显微注射法

体外构建的片段长度范围较大的目的基因在显微操作仪下用极细的微吸管直接注射到处于原核时期的受精卵的原核中，将在其进行 DNA 合成或修复时，把外源基因整合到基因组中。

由于转基因的整合是随机的，因此整合的位点、拷贝等均难以精确控制。同时随机整合也可造成较严重的插入突变，影响基因组的其他结构和功能，无法满足精确修饰的要求。这样就有可能破坏基本内源基因序列或激活致癌基因，对动物健康产生有害影响。

显微注射法的效率较低，在后代中只会出现 1%～3% 的转基因动物。虽然效率不高，但结果相当稳定。

### （二）逆转录病毒介导法

逆转录病毒（retroviruses）作为转基因载体是目前应用较成功的一种基因转移方法。

主要是利用逆转录病毒的 LTR（长末端重复序列）区域具有转录启动子活性这一特点，将外源基因连接到 LTR 下部进行重组后，再使之包装成为高滴度病毒颗粒，去直接感染受精卵或微注入囊胚腔中，携带外源基因的逆转录病毒 DNA 可以整合到宿主染色体上。

病毒滴度即病毒的毒力或毒价。衡量病毒滴度的单位有最小致死量（MLD）、最小感染量（MID）和半数致死量（$LD_{50}$），其中以 $LD_{50}$ 最常用，它是指在一定时间内能使半数试验动物致死的病毒量。

### （三）精子载体法

将成熟的精子细胞（通常是灭活后，即细胞膜被破坏后）与转基因载体 DNA 混合共浴后，将精子头部直接注射入卵细胞，经过人工授精的受精卵移入假孕母体输卵管继续发育获得转基因动物个体。

目前鱼类的成功报道有 6 种。例如，Khoo 等（1992）将斑马鱼精子与 pUSVCAT 质粒在 PBS 中 22℃保育 30～40min，得到 23.3%（环状质粒 DNA）和 37.5%（线状质粒 DNA）的阳性率。Sin 等（1993）将大鳞大麻哈鱼的精子与外源基因混合，经电脉冲处理后再受精，获得 5%～10% 的转基因阳性率。于健康等（1994）将金鱼精子与 AFP 基因在 Niu-Twitty 液中 4℃保温 30min 后，再与卵子受精，经 PCR 法和 Southern blot 分子杂交法检查，阳性率为 26%。

### （四）细胞核移植法

细胞核移植法是指将经过遗传修饰的外源性细胞核转入去核卵母细胞中，细胞核发生基因程序重编获得多能性，开始新的胚胎发育的过程。

（五）电穿孔法

受体细胞与外源 DNA 按一定比例混合后，放入电脉冲槽中，经用脉冲电压刺激，外源 DNA 即可进入细胞（或受精卵）。

谢岳峰等（1989）以泥鳅脱膜受精卵为材料，电穿孔转移外源基因，获得了 10% 的转基因泥鳅。Powers（1992）采用电穿孔法和显微注射法，将线性化 pRsVrtGHlcDNA 或 pRSVrtGH2cDNA 导入斑马鱼、斑鲷和鲤受精卵中。两种方法获得的存活率相似，但电穿孔法产生的转基因鱼数量比显微注射法的多。Zhao（1993）证明电穿孔导入的 *GH* 基因不仅能表达，而且还能遗传。Powers（1992）采用电穿孔法获得的转基因斑马鱼和鲤的子一代约一半携带外源基因并能有效表达。

（六）外源基因的检测

**1. 外源基因整合的检测**　　包括 DNA 点杂交、Southern 印迹法和 PCR 等。

（1）DNA 点杂交（DNA blot hybridization）：通过直接将变性的待测 DNA 样品点在尼龙膜（或硝酸纤维素膜）等固体支持物上，然后和探针杂交，从而检测样品中是否存在目的 DNA 序列。

根据点样方式和样品点的形状不同可分为斑点杂交、狭缝杂交（slot blot hybridization）和打点杂交（spot blot hybridization）。

当目的基因与内源基因组 DNA 无同源性时可用此法，为避免假阴性，可同时用质粒 DNA（1～10pg）作阳性对照。

该方法在分析基因组 DNA 时，对样品纯度要求低、快速、简便、经济、灵敏度高（能从 2～5μg 的基因组 DNA 中检出单拷贝基因），对大批子代动物的粗筛颇具优越性，应作为首选方法。但该方法易出现假阳性。

（2）Southern 印迹法（Southern blot hybridization）：通过探针和已结合于硝酸纤维素膜（或尼龙膜）上的经酶切、电泳分离的变性 DNA 链杂交，检测样品中是否存在目的 DNA 序列的方法。

此法不仅灵敏而且准确，因而广泛用于转基因阳性鼠的筛选和鉴定。当转入基因与内源基因组 DNA 有较高同源性时，仍可用此法。此法对样品的质量和纯度要求较高，操作烦琐，费用也较高。

（3）PCR：PCR 所需样品少，灵敏度高而且操作简便，因而逐渐被用于转基因动物外源基因整合、表达的检测，可极大提高转基因效率，减少人力、物力的浪费。在大型转基因动物研究中，需要用 PCR 技术先对着床前的胚胎进行筛选，再将已证实携带外源基因的胚胎植入母体，要求待分析的基因组 DNA 样品应尽可能纯化，否则会干扰反应，降低检测的灵敏度和重复性；此外用于大批量检测时，费用较昂贵。

**2. 外源基因表达的检测**　　包括转录水平表达的检测和翻译水平表达的检测。

（1）转录水平表达的检测。转录水平表达的检测首先需要从待检测的转基因动物个体不同组织中提取分离总 RNA。然后进行琼脂糖凝胶电泳分析提取的 RNA 样品，将凝胶上分离的 RNA 带转移至硝酸纤维素膜上，利用同位素标记的 DNA 探针进行杂交，最后用放射自显影技术显示分析结果，这就是 Northern 印迹法，利用这种方法可以检测出外源基因在转基因动物不同组织中的初级表达情况和表达量。

（2）翻译水平表达的检测。转基因动物研究的最终目的，是要通过外源基因的整合和表达，使转基因动物个体获得某种优良的性状，表现出一定的生存和发育优势。因此，外源基因所表达的 mRNA，需要进一步翻译合成能够行使一定生理功能的酶或蛋白质。

只有在翻译水平检测出外源基因的最终表达产物，才能表明转基因鱼试验的成功。进行翻译水平的检测所选择的实验材料应根据不同的目的基因而定。例如，生长激素和抗冻蛋白都大量存在于血清中，因此检测时，取血清样品为宜。通常所使用的方法为 Western 印迹-免疫杂交法，基本步骤如下。

第一，样品的凝胶电泳分离：取转基因动物个体血清或其他组织样品，制备成用于电泳分析的蛋白质样品。用不连续系统的聚丙烯酰胺凝胶进行电泳。浓缩胶浓度一般为 3%，分离胶浓度为 10%～15%。应根据待分离的目的蛋白质分子大小而定，通常在 80～100V 的恒压条件下电泳 3～4h，即可使各种蛋白质区带有效地分离。

第二，凝胶染色及其记录分析：当外源基因表达产物的量足够大时，使用常用的蛋白质染色剂，如氨基黑、考马斯亮蓝等对凝胶染色，同时用蛋白质分子质量标准对比即可检出表达的蛋白质区带，然后进行照相记录和分析。这种处理方法简便易行，并可以作为免疫杂交分析的辅助分析结果。

第三，Western 印迹：一般当外源基因表达量较小时，用常用的蛋白质染色剂难以检出，同时只靠分子质量大小难以判定待检表达产物的准确性。用 Western 印迹-免疫杂交分析可以检出极微量的表达产物，而且根据抗原-抗体免疫反应的特异性，能够准确地判定表达产物并进行定量。进行 Western 印迹操作的凝胶必须是未经固定和染色的，因此有时需要用两块凝胶进行电泳分别处理。

第四，免疫杂交分析：电转移后的纤维素膜经漂洗、晾干后，先用 3% 脱脂奶粉处理，以封闭膜上未结合蛋白质的活性基因。洗膜后，用适当浓度的第一抗体进行反应处理，使该抗体与膜上的抗原蛋白分子结合。洗去非特异结合的第一抗体之后，再用标记的第二抗体进行反应处理，使膜上的蛋白质区带最终被标记。用同位素标记之后的膜需用放射自显影技术在 X 射线底片上显影。这种方法灵敏度高，但不够安全，操作须特别小心。采用酶标法较为安全、简单方便。根据不同的酶，选用不同底物及显色剂，与膜上结合的酶进行反应，直接在膜上显出待检蛋白质色带。

## 六、海洋动物基因工程要注意的问题

基因转移应用在水产养殖品种改良上的最终目的是增加人类食品的供应，因此不能忽略生物技术食品的安全性评估。欧盟提出的大致等效原则（substantial equivalence principle）已普遍被大众接受。基于此原则，全鱼（all-fish）基因转移是发展转基因鱼的趋势（其他水产养殖品种也类推）。

全鱼基因转移是指所有欲转移的基因及所使用各项调控因子均取自鱼类（尽量是同种或

近似种），因此成功的转基因鱼类只是改变了部分基因的调控所表现出的优质性状，不带有任何其他生物的基因片段，如此就能符合大致等效原则的第一级安全性。

考虑到遗传及生态安全性，生产无生殖能力的转基因鱼可将其对生态的影响降至最低。以多倍体操作生产无生殖能力子代的技术，或可应用在转基因鱼的育种方面。由于转基因鱼对与自然界中经过长时间演化筛选出的鱼种的影响仍有许多未知之处，因此相关的应用需格外慎重。

# 第四节 海洋动物多倍体育种及性别控制

## 一、海洋动物多倍体育种

### （一）研究概述

自 1945 年首先发现鲑科鱼类中存在多倍体类型起，在做过染色体研究的 1600 多种天然鱼类中，人们发现多倍体鱼类至少有 150 种（或亚种）。黑龙江流域与西伯利亚银鲫的某些种群为三倍体种群；中国的淇河鲫、美国的溪红点鲑等也是天然三倍体；日本的四倍体关东鲫和大泥鳅也是天然种群。

人工多倍体是用人工的方法诱导形成的，通过多倍体育种可培育出新的品种，是现代育种的一种新方法，目前已在生产上广泛应用。

### （二）多倍体鱼类与二倍体鱼类不同的特性

多倍体鱼类具有生长快、个体大、性腺发育异常、寿命延长和遗传特性改变等特性。

（1）巨型性：细胞容积大于二倍体，因此个体较大。

（2）速生性：生长快，能提前达到商品鱼的规格（营养体的生理性旺盛，不能等同于发育快）。例如，中国科学院水生生物研究所育成的三倍体鲤生长快于杂交鲤，其不仅有二倍体杂交鲤的杂交优势，而且生长速度超过二倍体。

（3）克服远缘杂交不育性：异源多倍体能大大提高远缘杂交的受孕性，异源多倍体的后代基本上没有分离现象。用多倍体鱼类作杂交亲本，所产的杂种优势比用二倍体鱼类作亲本时维持的时间要长。

（4）增强抗逆性：一般多倍体鱼的抗病性、耐寒性比同种的二倍体鱼类要强。

（5）生理生化方面的变化明显：用药物处理，经过诱变所得的异源多倍体的蛋白质含量显著提高。

当然也存在着一些不足，如某些种类制种和大批量生产有难度，规模化生产的成本高等。

显然，这些特性如果能为生产所用的话将有利于提高养殖产量和效益，因此了解和掌握鱼类多倍体育种技术具有十分现实的意义。

　　鱼类和虾蟹类的多倍体可以采用物理和化学的方法由人工诱导而成。目前利用染色体组操作技术生产人工多倍体水产经济动物的研究已取得令人瞩目的成就。

　　已有 20 余种海洋经济贝类、近 10 种十足类甲壳动物如中国对虾（*Penaeus chinensis*）、日本绒螯蟹（*Eriocheir japonicus*）、中华绒螯蟹（*Eriocheir chinensis*）及 40 余种鱼进行过人工诱导多倍体的研究并获得了成功。鱼类人工多倍体的研究在 20 世纪 70 年代后得到迅猛发展。三棘刺鱼、鲽、大菱鲆、鲤、鲢、虹鳟、鳙、白鲫等 20 多种鱼类中获得多倍体试验鱼。海水鱼仅进行了黑鲷、牙鲆三倍体，真鲷三倍体、四倍体等的基础研究。

## （三）鱼类多倍体产生的机制

　　当细胞进行有丝分裂时，染色体组经过复制加倍，被纺锤丝拉向两极，中间形成隔膜，使一个细胞分裂变成染色体组与原来相同的两个细胞。如果我们利用某些理化因素，在细胞分裂中期阻止纺锤体和中间隔膜（细胞板）的形成，而使已复制的染色体不能分向两极，不能在中间形成隔膜，结果就形成了染色体组加倍的细胞。

　　染色体的加倍也可以通过保留受精卵第二极体即抑制卵子的第二次成熟分裂或抑制受精卵的第一次卵裂来实现。

　　鱼类受精细胞学研究表明：鱼类精子入卵的时期是第二次减数分裂的中期，卵子受精后放出第二极体。

　　如果在减数分裂过程中处理卵母细胞，阻止减数分裂过程中第一极体或第二极体放出，阻止卵细胞的染色体减半，从而产生 $2n$ 的卵细胞。$2n$ 的卵细胞与正常减数分裂产生的精子（$1n$）结合，产生 $3n$ 的受精卵，其结果可发育成三倍体个体。

　　如果卵子受精后，排出第二极体形成单倍体卵，单倍的卵原核与单倍的精原核结合形成二倍的受精卵，在这时再抑制受精卵的第一次卵裂，则产生四倍体。

## （四）多倍体的人工诱导方法

　　人工诱导鱼类多倍体的方法主要有生物学方法、物理学方法和化学方法三种。

　　**1. 生物学方法**　　远缘杂交、核移植及细胞融合是采用生物学方法诱导鱼类多倍体的有效途径。

　　鱼类的远缘杂交可能产生单倍体、二倍体和多倍体（Chevassus，1983）。刘思阳（1987）用雌性草鱼（$2n=48$）与雄性三角鲂（$2n=48$）杂交，获得子一代染色体数目为 72 的草鲂杂种三倍体。

　　用异育银鲫与兴国红鲤杂交获得复合四倍体（种间杂交），第二极体排放受到抑制从而产生多倍体，而种内杂交很少有不排出第二极体的，其机制尚需进一步探讨。

　　核移植诱导鱼类多倍体技术仍处于实验阶段，用四倍体的草鱼培养细胞的细胞核作为供体移植到泥鳅的去核卵内，获得四倍体胚胎，该技术的成熟很可能成为诱导四倍体鱼类的有效途径之一。

　　细胞融合主要诱导鱼类囊胚细胞与囊胚细胞、囊胚细胞与未受精卵、囊胚细胞与受精卵或者受精卵与受精卵之间的细胞融合。但由于细胞内染色体发生重排，实际得到是含各种不同数量染色体的鱼类细胞群，利用这一技术可以探索改良品种的可能性。

**2. 物理学方法**　　物理学方法主要是通过破坏微管形成，使由微管蛋白聚合成的微管解体或阻止微管的聚合过程，使染色体失去移动的动力，人为抑制染色体向两极移动，形成多倍体细胞。

（1）温度休克法：用略高于或略低于致死温度的冷或热休克来诱导三倍体（抑制第二极体排放）或四倍体（抑制第一次卵裂）的方法。

根据处理温度的高低分为热休克法和冷休克法。

一般冷水性鱼类如鲑科鱼类，通常用热休克法，温度为 $28\sim36℃$；温水性鱼类可以用热休克法，也可用冷休克法，温度为 $0\sim10℃$。进行温度处理最重要的是必须确定处理的开始时间、持续时间及温度高低。

鱼类温度休克敏感性的差异除了遗传背景外，还与卵子成熟度有关。美洲红点鲑卵受精 15min 后用 28℃ 高水温热休克处理 10min，可诱导出 100% 的三倍体，孵化率为 42%。日本山口县外海水产试验场在水温 15℃ 时处理牙鲆受精卵 4min，诱导出 100% 的三倍体牙鲆。美国 Valenti（1975）对奥利亚罗非鱼的受精卵进行冷休克处理，获得三倍体鱼。方法是将正在排卵的雌鱼捕出进行人工挤卵，加入精液，受精 14min 后在 11℃ 水温下处理 1h，再转入 32℃ 条件下孵化成鱼苗，多倍体获得率为 75%。

（2）静水压法（ $637\sim650kg/cm^2$ ）：抑制第二极体的排出或者抑制第一次卵裂。

该方法最佳条件易于掌握，处理程序易于标准化，对受精卵的损伤小，处理 $3\sim5min$，诱导率高（一般在 $90\%\sim100\%$）。但需专门的设备如水压机等，同时样品室容量有限，不适宜大规模生产。Streisinger 等（1981）用静水压阻止第二极体排出，同时用乙醚阻止受精卵的第一次有丝分裂，从而产生纯合二倍体雌核发育斑马鱼。桂建芳等（1990）采用静水压处理获得了批量三倍体和少数四倍体彩鲫。

**3. 化学方法**　　例如，利用秋水仙素，抑制细胞分裂中纺锤丝的形成；利用细胞松弛素，使细胞肌动蛋白的微细纤维的伸长受到抑制，从而抑制重组使细胞分裂受阻；利用聚乙二醇、咖啡因，破坏纺锤丝的微管形成。这些化学药物对染色体的运动并无影响，主要通过阻止分裂沟的形成，抑制细胞质的分裂，阻止极体的释放而形成多倍体。

（1）秋水仙素能阻止有丝分裂细胞中纺锤体的形成，使已经纵裂的染色体不能分向两极，当药物消失后，恢复常态，受精卵重新进行正常分裂，但此时细胞内染色体数目增加了，从而形成一个染色体加倍的重组核。

用 0.01% 秋水仙素浸泡处于第一次卵裂前的溪红点鲑受精卵产生了多倍体及多倍体与二倍体的嵌合体。

中国科学院水生生物研究所（1976）也曾用 $50\sim100mg/L$ 秋水仙素处理草鱼♀×团头鲂♂杂种（ $2\sim4$ 细胞期胚胎）受精卵 20min，获得一定比例的三倍体和四倍体。

（2）细胞松弛素 B 是一种细菌的代谢产物，它能抑制肌动蛋白聚合成微丝，干扰细胞分裂从而产生多倍体。这一方法应用也较广，但易产生镶嵌体和畸形胎。

用 10mg/L 的细胞松弛素 B（溶解于 2.5%DMSO）处理大西洋鲑（*Salmo salar*）的受精卵获得二倍体、三倍体和四倍体的嵌合体，但以三倍体为主。尽管细胞松弛素 B 的诱导效果较好，但因是致癌剂，影响了它的使用推广。

（3）聚乙二醇是一种常见的细胞融合剂，Ueda 等（1986）用聚乙二醇处理虹鳟的精子，然后让其与卵子受精，三倍体虹鳟胚胎获得率为 40%。

化学药品一般较贵，而且有毒性，诱导的多倍体往往是嵌合体，不如温度休克与静水压处理诱导鱼类多倍体使用普遍。

### （五）鱼类多倍体的倍性鉴定

诱导形成的鱼类多倍体需要进行染色体倍性的测定，测定的方法主要分为两种。

**1. 直接方法**　　染色体计数和 DNA 含量测定等。

**2. 间接方法**　　细胞测量、蛋白质电泳、生化分析和形态学检查等。

多倍体鱼具有体型较大的特点，如鳞片、体长、体高、鱼鳍及红血球核特别大，从外形上也可辨别其可能是多倍体。

检查不育远缘杂种的可育性，如果可育，说明染色体已加倍。

### （六）诱导鱼类多倍体技术的应用

**1. 控制过度繁殖**　　一些养殖水域，需要合理的放养种群及密度，以维持良好的生态环境。为了有效控制某一种群的过度增生，避免造成对环境的破坏，采用放养不育的三倍体鱼类可解决这一问题。例如，草鱼虽可控制杂草的生长，但草鱼的天然繁殖能力强，易造成对水生植物的毁坏，用人工诱导的方法产生具有消耗杂草能力的不育三倍体草鱼是很有效的途径之一。

**2. 提高生长速度**　　利用三倍体鱼的不育性，使原来用于性腺发育的能量被用作体细胞的生长，因而成体三倍体的生长速度普遍超过二倍体。

三倍体泥鳅最初 2 个月生长速度和二倍体一样，但 4～5 月龄后生长速度可超过二倍体 20%～30%。

三倍体斑点叉尾鮰在 2 月龄和 4 月龄时与二倍体生长速度差不多，13 月龄后生长速度比二倍体快 15% 左右，具有极高的潜在经济价值。

**3. 延长鱼类寿命**　　一些鱼类在繁殖期间会遭受损失甚至全部死亡，如大麻哈鱼产卵后通常死亡，虹鳟在缺乏产卵支流的湖泊中会有很高的死亡率。三倍体鱼类因性腺不能充分发育，避开繁殖期，从而避免了繁殖期死亡。

此外，一些研究者认为，三倍体鱼类的口感及出肉率较高，如三倍体虹鳟的口感明显优于二倍体。

### （七）甲壳动物多倍体育种的进展情况

近年来，人们已对 5 种十足类进行了多倍体育种研究。例如，相建海等用细胞松弛素 B 法和温度休克两种方法成功诱导了中国对虾多倍体个体，与对照组相比，实验虾平均生长都较快。包振民等用细胞松弛素 B 法诱导出了中国对虾三倍体。中华绒螯蟹多倍体和日本沼虾的多倍体研究也有报道。

## 二、海产鱼类的性别控制

（一）鱼类性别控制的意义

**1. 提高生长速度** 许多水生动物雌雄之间的生长速度有明显差异，如罗非鱼等雄性比雌性长得快；鲤、鲫、草鱼、鳗鲡等雌性比雄性长得快。

养殖鱼类的性别如能得到控制，在同等条件下进行单性养殖，会提高产量、降低成本、提高效益。

**2. 控制过度繁殖** 罗非鱼成熟早、繁殖快，如莫桑比克罗非鱼 3～4 个月可达到性成熟，以后每隔 25～40d 可产卵一次，池塘中往往造成繁殖过剩、密度过大、个体过小，影响产量。

人工控制性别进行单性（全雄）养殖是控制群体密度的有效方法。

**3. 延长生长期** 虹鳟雄鱼一般 2 年成熟，雌鱼 3 年成熟，成熟后的个体生长率降低，死亡率提高，肉质和外观较差，对生产不利。

国内养殖虹鳟 2 年上市，此时雌鱼没有充分长大。若能使雄性虹鳟转化为雌鱼进行全雌养殖，到第 3 年上市，可以有效延长生长期，达到大幅度增产的目的。

**4. 提高商品鱼质量** 单性养殖由于实际上养殖了生长快、个体大的雌性或雄性鱼，单性群体减少了生殖能量的消耗，可以提高商品鱼的规格、肉质和价值。

观赏鱼因雄鱼比雌鱼体色更加光彩夺目而具有更高的经济价值，人为控制观赏鱼类的性别，增加群体中的雄鱼比例，可以大大提高观赏鱼的商品价值。

**5. 提高性产品的产量** 由于市场需求的差异，某些和鱼类性别相关的产品更有价值，如鱼子酱。因此，利用性别控制的方法，培育能生成较多鱼卵的雌鱼，能更好地提高养殖收益。

（二）动物性别的可塑性

许多动物中，性别特征甚至在成年生活中都是相当可塑的。在某些鱼类中，当占统治地位的雄性从群体中消失时，一个成年雌性就会转变其性别成为雄性，从由制造卵子转而制造精子，同时也会变换为雄性的颜色和行为。

性腺具有固有的可塑性，性腺既可以发育成睾丸，也可以发育成卵巢。这种选择发生在胎儿的生命过程中，在某些鱼类等高等动物中，这种选择在成长过程中也许会再次发生。

（三）鱼类的性别

**1. 生理性别（生化性别）** 生理性别是在遗传性别控制下通过个体发育的生化过程而形成的。

**2. 性腺性别** 生理性别的基础取决于原始性器官的类型，该基础性别称为性腺性别，再进一步分化为雌雄异体和雌雄同体。

**3. 外部性别** 鱼类的雌雄异形由第一和第二性征决定。第一性征是直接与繁殖活动有关的性征，即性附属器官，如软骨鱼类雄鱼的鳍脚、鳉科鱼雄鱼的生殖足、鰕虎鱼雄鱼的臀突和鳑鲏鱼雌鱼的产卵管等。第二性征是与繁殖活动无直接关系的性征，与性腺发育和分泌活动有关，如雄鱼的婚姻装及珠星等。

**4. 行为性别**　即雌雄鱼产卵行为或性行为方式的不同，罗非鱼雌鱼营口腔孵卵，而雄鱼则没有。

**5. 遗传性别**　遗传性别由受精时一半来自卵子及一半来自精子的染色体结合形成的，又称为染色体性别。

## （四）对鱼类性染色体的研究

决定鱼类性别的染色体机制比较复杂，几乎包括所有的染色体类型，主要是 XX-XY、XX-XO、ZW-ZZ、ZO-ZZ 等类型。

性别大体上由受精卵的性染色体组成决定，常染色体对性别也有影响。

## （五）鱼类的性反转

鱼类的性别在一定的条件下会发生转化，如黄鳝的性别与体长和年龄有关，中小个体主要是雌性，较大个体主要是雄性，雄鳝都是由雌鳝通过性别转变而来的。

石斑鱼类与青星九棘鲈发育过程中，存在雌鱼向雄鱼转变的现象。

黑鲷和黄鳍鲷个体发育中，雄鱼转变成功能完善的雌鱼。

水族箱中饲养的某些观赏鱼，成长时期可以看到性转变。雌性剑尾鱼会出其不意地变成雄鱼；老的雌鱼有时会变成雄鱼。

## （六）影响鱼类性别发育的因素

鱼类早期生殖腺具有很强的可塑性，根据皮质部还是髓质部得到发育，产生向雌雄两性发育的潜能。鱼类性腺发育既取决于遗传因素，也受其他因素的影响。

**1. 激素与性转变**　性类固醇激素（雌激素与雄激素）对鱼类性别的影响是显著的。

用雌二醇可使遗传上雄性青鳉转变为功能上的雌鱼；用甲基睾丸酮可使遗传上的雌鱼转变成功能上的雄鱼。

性激素可使金鱼、虹鳟、大西洋鲑、罗非鱼及鲤鱼等获得性反转。

切除鱼类的性腺，副性征和性行为退化、消失，注射性激素后又可得到恢复。

性分化即将开始而性别尚未完全表达之前连续投喂添加激素的饲料可以控制性别；对于已分化的鱼苗，口服性激素不能完成性反转，只能抑制生殖腺发育，改变副性征。

**2. 环境与性转变**　环境包括理化环境（水温、光照、辐射和水质等）和社会环境（种内相互作用、拥挤和性别比等）。

在一种银汉鱼中，1 尾雄鱼和 6 尾雌鱼受精，受精卵在 17～25℃水温发育，孵出的雌体占 12%；在 11～19℃发育，雌体占 75%。

拥挤有助于雌鱼向雄性分化。

## （七）鱼类性别控制和单性苗种培育技术研究

以半滑舌鳎、黄颡鱼、罗非鱼和大黄鱼等重要海淡水养殖鱼类为主要研究对象，建立我国重要养殖鱼类性别控制和单性苗种培育的共性技术,大规模培育快速生长的全雌或全雄苗种,进行产业化推广应用,可大幅度提高鱼类养殖产量和经济效益。

主要内容包括鱼类性别控制共性技术研究;鱼类性别特异标记筛选技术研究和重要海淡水鱼类性别特异标记筛选;鱼类卵裂雌核发育诱导技术;鱼类性逆转规模化诱导技术建立;天然性逆转鱼类性别人工控制技术的建立和应用。

在鱼类性别控制配套技术的集成与推广应用方面,包括鱼类单性精子库的建立与产业化应用和鱼类多倍体规模化制种技术的建立和应用。

## 三、鱼类人工性别控制的方法

**1. 雌核发育诱导方法**　　精子染色体的遗传失活:生物学方法如远源杂交;物理学方法如紫外线、X射线、γ射线;化学方法如苯胺盐、噻嗪等。二倍化:避免出现单倍体综合征。

**2. 雄核发育诱导方法**　　卵子染色体的遗传失活:物理学方法如紫外线、X射线、γ射线、温度处理。二倍化:避免出现单倍体综合征。

**3. 性激素的转化**　　包括雌化法（利用苯甲酸雌二醇、乙烯雌酚、雌酮、雌二醇）和雄化法（利用17-甲基睾丸酮）。

**4. 全雄、全雌性鱼的育种**

（1）"三系"配套方法:中国水产科学院长江水产研究所于1980年提出并实施了一个罗非鱼人工转性"三系"配套的方案。具体操作是利用雌激素（苯甲酸雌二醇）诱导使其性转化为功能上的"雌鱼",再与正常的雄鱼交配,获得部分超雄鱼。筛选出这种超雄鱼与正常鱼交配即可获得全雄后代。此法能够大批量地进行全雄鱼生产,省去了对逐批鱼种用激素处理的麻烦和成本消耗。

（2）鱼类不育技术。鱼类到了产卵繁殖期,生长停滞,大部分能量消耗在性腺发育上,雌性腹腔被卵巢充塞,卵巢达总体重的1/4左右。可食部分减少,商品鱼质量明显降低。

而鱼类不育技术可消除性成熟的不利影响,培育性腺发育受到抑制的不育鱼。而且利用不育技术可防止珍稀鱼类和良种随意增殖。

**5. 外科手术法**

（1）自身免疫阉割:用某种鱼的精卵巢组织液作抗原物质,注射到同种异体幼鱼体内,使幼体内产生抗体,抑制其性腺发育,产生自身免疫阉割现象,从而产生中性不育鱼。这一技术已在鲑鳟鱼类和鲤鱼的试验中获得成功。

（2）外科手术阉割:用外科手术摘除性腺,可产生中性不育鱼,并诱导产生性逆转。有人将150尾雌性搏鱼（*Betta splendens*）的卵巢割去,3个月后,有7尾已从残留的输卵管壁完全形成了能发挥功能的精巢。这种性逆转的雄鱼也是生理型雄鱼。由于这种方法操作不便,因而很难在生产上实际使用。

## 四、半滑舌鳎分子标记辅助性别控制

半滑舌鳎是我国近年来开发的重要海水养殖鱼类,该种鱼具有味道鲜美、生长快速等优点,深受养殖户和消费者的欢迎。半滑舌鳎雌雄个体生长差异较大,雌性比雄性生长快2～

4倍，在养殖期内雄鱼达不到上市规格，严重影响了半滑舌鳎苗种的推广和养殖产业的发展。半滑舌鳎性别特异分子标记筛选及其在性别控制中的应用如下：采用生物技术筛选性别特异分子标记、建立遗传性别鉴定技术、培育全雌或高雌性化率苗种，在国际上首次成功筛选 7 个雌性特异扩增片段长度多态性（AFLP）标记，获得 5 个雌性特异标记的序列；首次建立了遗传性别鉴定的 PCR 技术；利用雌核发育和染色体分析技术，发现雌性个体具有异型性染色体，雌核发育胚胎中存在 WW 超雌个体，揭示了半滑舌鳎性别决定机制为 ZZ/ZW 型，采用荧光原位杂交（FISH）技术将雌性特异标记定位在 W 染色体上；首次发现温度对舌鳎鱼苗性别分化具有影响，找到了可以诱导雌性转换为雄性的温度值，建立了大量生产伪雄鱼的技术方法；在国际上首次建立了半滑舌鳎分子标记辅助性别控制技术，将雌性鱼苗的比例提高到 73%左右。以上研究对开展半滑舌鳎等鱼类性别控制和全雌育种具有重大应用价值。

## 思考题

1. 海水鱼类基因转移的方法有哪些？比较各自优缺点。
2. 鱼类多倍体产生的机制是什么？
3. 海洋基因工程常用的质粒载体有哪些？
4. 举例说明转基因鱼的构建。

## 本章主要参考文献

邓宁. 2021. 动物细胞工程. 北京：科学出版社.

范兆廷. 2014. 水产动物育种学. 2 版. 北京：中国农业出版社.

李太武. 2013. 海洋生物学. 北京：海洋出版社.

王梁华，焦炳华. 2017. 生物技术在海洋生物资源开发中的应用. 北京：科学出版社.

毋梦茜，郭华荣. 2020. 昆虫杆状病毒基因转移与表达系统在海洋动物中的应用进展. 海洋科学前沿，7（2）：31-36.

Castro P，Huber ME. 2011. 海洋生物学. 6 版. 茅云翔，译. 北京：北京大学出版社.

Kim SK. 2015. Springer Handbook of Marine Biotechnology. Berlin：Springer.

Lv ZY，Lu QX，Dong B. 2019. Morphogenesis：a focus on marine invertebrates. Marine Life Science & Technology，1：28-40.

Nadal AL，Wakako IO，Detmer S，et al. 2020. Feed，microbiota，and gut immunity：using the zebrafish model to understand fish health. Frontiers in Immunology，11：114.

Xie YS，Zhang PC，Xue B，et al. 2020. Establishment of a marine nematode model for animal functional genomics，environmental adaptation and developmental evolution. BioRxiv Preprint，doi：https：//doi.org/10.1101/2020.03.06.980219.

# 第四章

## 海洋植物生物技术

## 第一节　海洋植物资源概述

海洋植物是海洋中利用叶绿素进行光合作用以生产有机物的自养型生物，属于初级生产者。海洋植物门类甚多，从低等的无真细胞核藻类（原核细胞的蓝藻门和原绿藻门），到具有真细胞核的红藻门、褐藻门和绿藻门，至高等的种子植物等13门，共 1 万多种。其中硅藻门种类最多，达 6000 种；原绿藻门种类最少，只有 1 种。海洋植物以藻类为主。海洋藻类是简单的光合营养有机体，其形态构造、生活样式和演化过程均较复杂，介于光合细菌和维管束植物之间，在生物的起源和进化上占很重要的地位。海洋种子植物的种类不多，已知有 130 种，都属于被子植物，可分为红树植物和海草两类。它们和栖居其中的其他生物，组成了海洋沿岸的生物群落。此外，海洋植物还包含海洋地衣，它是藻菌共生体。海洋地衣种类不多，见于潮汐带，尤其是潮上带。

海洋植物资源的代表有海藻、海草、红树林等。

### 一、海藻

海藻是生长在海洋中的藻类统称，是能利用光能把无机物合成有机物的自养植物。中国藻类学会编写的《中国藻类志》将藻类分为 12 个门类，其中除了轮藻门只能在淡水中生活外，其余 11 个门类都有能生活在海洋中的品种。海藻是地球上最原始的生物，大多数是单细胞生物，也有群体和多细胞生物，其中单细胞海藻大多个体微小，需要借助显微镜才能看到，而多细胞海藻一般肉眼可见，大的甚至达几十米。通常将需要借助显微镜才能辨别其形态的微小的藻类统称为微藻，也属于海洋微生物的一类，本书中已在海洋微生物生物技术（第二章）中有所涉及。

海藻是最早的放氧光合生物，在海藻的进化过程中，通过光合作用将水体中的无机碳源转变成为有机物及动物生存所需的氧气，为海洋生态系统提供生产力和进化动力，而且可以调节大气中二氧化碳的浓度，减少温室效应。除了光合作用外，一部分海藻还通过异养作用吸收碳、氮、磷等有机物来维持海洋生态系统的物质循环和能量传递。海藻生长速度快，适应能力强，藻体含有大量生物活性物质，代谢产物包括类胡萝卜素、多糖、蛋白质等，可以广泛应用于食品、医药等领域。海洋微藻不仅在海洋生态系统发挥重要作用，而且其组成成分和分泌物是巨大的可开发来用的海洋资源。

如今，海藻在许多国家被用于不同的目的，包括直接用作食物，提取藻胶体，提取具有抗病毒、抗细菌或抗肿瘤活性的化合物及用作生物肥料。全世界每年大约收获 400 万吨海藻，主要生产国是中国和日本，其次是美国和挪威。西方对从海藻角叉菜胶、琼脂和藻酸盐（分别为 E407、E406 和 E400）中提取的水状胶体的增稠剂和胶凝特性更感兴趣。

## 二、海草

海草是能够开花的单子叶草本植物，分布在温带、亚热带和热带浅水域的沙湾、泥滩等区域，一般在潮下带 6m 以上，少数可达 50m。全球海草面积大约为 31.9 万 km$^2$，中国现有海草场的总面积约为 8765.1hm$^2$，主要分布在南海和黄渤海海草分布区，其中南海海草分布区主要在海南东部、广东湛江市、广西北海市、台湾东沙岛沿岸，黄渤海海草区主要在山东荣成市和辽宁长海县沿海区域。喜盐草、泰来藻和海菖蒲是南海海草分布区的代表品种，大叶藻是黄渤海海草分布区的优势种。海草可以通过光合作用，释放氧气，补充水体溶解氧，减少二氧化碳的排放。海草还是鱼、虾、蛤、牡蛎等海洋生物的食物来源。海草中含有藻胶酸和多糖等物质，这些物质在水肿、脚气等疾病治疗中有所应用。由于海洋资源的无序和过度开发，全球海草生态系统退化严重，生物多样性降低，因此亟须人类采取有效措施改变现状。

## 三、红树林

红树林是以红树植物为主的木本植物群落，通常生长在热带、亚热带地区的海岸潮间带或河流入海口，包括木本植物、藤本植物和草本植物。红树林在全球的分布集中在南、北回归线之间的印度洋和西太平洋沿岸。世界上红树林面积较大的国家有印度尼西亚、巴西、澳大利亚等。我国的红树林主要分布在海南、广东、广西、福建、台湾、香港、澳门等地。其中，海南东北部的东寨港、清澜港，南部的三亚港，西部的新英港是国内红树种类最多、分布最广、面积最大的区域之一。广东红树林主要分布在湛江、深圳、珠海等地，以秋茄、白骨壤、桐花树等为优势种。广西红树林主要分布在英罗港、铁山港、防城港等地区，以白骨壤、红海榄、秋茄等为优势种。

红树林不仅在生态系统中有重要的地位，而且具有很大的自然价值和社会价值。红树林的许多植物树皮中含有单宁，可作染料、提炼橡胶，是墨水、制革等行业的原料，而且单宁可以结合重金属离子，使红树植物具有抗重金属污染、净化水体的作用。红树林生态系统生物种类非常丰富，水生物的多样性也高于其他海岸带水域。红树林的凋谢物可以作为生态系统中动物的食物来源，其被微生物分解的产物又变成红树林植物的养料。红树林的滩涂资源为海洋鸟类觅食、栖息提供场所，是海洋鸟类理想的栖息地。红树林在净化水体、防风消浪、维持海岸生物多样性、提供栖息地等方面发挥着不可低估的作用，但近几十年来的毁林造田、围海造陆等不合理的开发，导致红树林面积大幅度减少，功能性减弱。

# 第二节　海藻生物技术

藻类是水生环境中氧气的主要生产者。这些微生物广泛分布在海洋系统中，在大小、形态、生命周期、色素和代谢方面具有很大的多样性。除了在水产养殖中用作食品和活饲料的悠久历史外，微藻还被认为是制药、化妆品和其他工业应用［如 β-胡萝卜素、虾青素、多不饱和脂肪酸（PUFA）］的高附加值产品的有希望的来源。在过去的 20 年中，利用微藻生产可持续生物燃料受到了全世界的关注。通常，微藻三酰甘油、碳氢化合物和多糖被视为生物燃料的前体。另外，随着微藻多糖的降解和发酵，生成的乙醇可用作汽油的替代燃料。与高等植物相比，微藻产生的生物燃料具有两个优点：①相对较高的生产率；②对农业没有竞争。

越来越多的关于微藻全基因组序列数据的报告极大地促进了人们更好地了解其进化谱系和微藻代谢途径的物种特异性。此外，已经在 18 个微藻属中实现了基因转化。

## 一、微藻基因组

集胞藻 *Synechocystis* sp. PCC6803 是第一个确定整个基因组序列的光合生物。目前，GenBank 中列出了 72 个已完成的蓝藻基因组序列，并且正在进行许多其他的基因组分析。大多数蓝藻具有环状染色体和少量质粒。基因组大小从海洋蓝藻 UCYN-A 的最小 1.44Mb 到眉藻 *Calothrix* sp. PCC7103 的最大 11.58Mb。原核生物通常仅包含其染色体的单个拷贝，如大肠杆菌（*Escherichia coli*），而蓝藻与其他原核生物之间的染色体拷贝数差异很大。一些蓝藻是多倍体的，如 *Synechocystis* sp. PCC6803 是高度多倍体，运动野生型菌株在指数期包含 218 个基因组拷贝，在线性和固定期包含 58 个基因组拷贝。

最近，一种基于比较基因组学的方法被用于筛选蓝藻靶基因，以直接生产烷烃，即汽油、柴油和喷气燃料的主要碳氢化合物。通过比较产生烷烃和不产生烷烃生物的基因组序列可以鉴定负责烷烃合成的基因。研究人员培养了 11 种具有可用基因组序列的蓝藻，并对其培养提取物的烃生品进行了评估。结果，这些菌株中有 10 种产生了烷烃。来自这 10 个蓝藻基因组的预测蛋白质与第 11 个蓝藻基因组进行序列比对，最终发现了两个假设的蛋白质，作为烷烃生物合成的候选。这个发现首次描述了负责烷烃生物合成的基因，以及通过工程微生物将糖单步转化为燃料级烷烃。

在真核微藻基因组学中，下一代测序技术极大地增加了每次测序获得的碱基数量，同时降低了每个碱基的测定成本。2004 年确定了红藻（*Cyanidioschyzon merolae*）的第一个完整基因组序列，这是第一个鉴定的真核微藻基因组。截止到 2012 年 11 月，已经对 12 株微藻的全基因组序列进行了测序，包括 2 个硅藻（*Thalassiosira pseudonana* 和 *Phaeodactylum tricornutum*）、1 个红藻（*Cyanidioschyzon merolae*）和 9 个绿藻［莱茵衣藻（*Chlamydomonas reinhardtii*）、绿色鞭毛藻（*Ostreococcus lucimarinus*）、海洋微藻（*Ostreococcus tauri*）、小球藻（*Chlorella variabilis*）、团藻（*Volvox carteri*）、胶球藻（*Coccomyxa subellipsoidea*）、细小微胞藻（*Micromonas pusilla*）、微单胞藻（*Micromonas* sp.）和小球藻（*Chlorella vulgaris*）］，见表 4-1。此外，可以在 GenBank

数据库中找到 17 个微藻菌株的基因组序列草案。借助下一代测序技术，还鉴定了生产生物柴油的微藻 *Nannochloropsis gaditana* CCMP526 的基因组序列。鉴定出的微藻全基因组序列为发现基因和代谢途径提供了强大的工具。即使大多数预测的微藻途径已被证明与高等植物中的相应途径相似，但从硅藻基因组中鉴定出的尿素循环在高等植物中不存在，而存在于动物中。

表 4-1　微藻的全基因组序列

| 微藻种 | 基因组长度/Mbp | 参考文献 |
|---|---|---|
| 硅藻门 | | |
| *Phaeodactylum tricornutum* | 27.4 | Armbrust et al.，2004 |
| *Thalassiosira pseudonana* | 32.4 | Bowler et al.，2008 |
| 红藻门 | | |
| *Cyanidioschyzon merolae* | 16.5 | Matsuzaki et al.，2004 |
| 绿藻门 | | |
| *Chlamydomonas reinhardtii* | 121 | Merchant et al.，2007 |
| *Chlorella variabilis* | 46.2 | Blanc et al.，2010 |
| *Micromonas pusilla* | 21.9 | Worden et al.，2009 |
| *Micromonas* sp. | 20.9 | Worden et al.，2009 |
| *Volvox carteri* | 138 | Prochnik et al.，2010 |
| *Ostreococcus lucimarinus* | 13.2 | Palenik et al.，2007 |
| *Ostreococcus tauri* | 12.6 | Derelle et al.，2006 |
| *Coccomyxa subellipsoidea* | 48.8 | Blanc et al.，2012 |
| *Chlorella vulgaris* | 40.4 | Cecchin et al.，2019 |

## 二、微藻的遗传转化

对微藻的遗传研究主要集中在光合作用和代谢途径的分析。目前已有蓝藻等有限数量的微藻应用于海洋生物技术产业中。开发用于生理分析和增强生物技术应用的分子技术是促进微藻生物技术产业发展的关键。在真核和原核微藻中进行了许多基因转移的尝试。在揭示了几种可转化的单细胞菌株之后，对蓝藻的遗传操作进行了广泛的研究。首先，据报道蓝藻 *Synechococcus* sp. PCC7942 具有吸收 DNA 的能力。随后，发现了其他一些自然可转化的淡水菌株。遗传转化主要在淡水菌株聚球藻属（*Synechococcus*）、集胞藻属（*Synechocystis*）、鱼腥藻属（*Anabaena*）和念珠藻属（*Nostoc*）中进行。集胞藻属的几种海洋蓝藻菌株也已用于异源基因表达和其他遗传应用。

目前共有两种常用的基因转移程序：使用天然存在的或人工感受态的细胞进行转化，如与大肠杆菌结合，或通过物理方法进行基因导入，如电穿孔和粒子轰击。已经报道了 *Synechococcus* sp. PCC7002 的自然转化；其他菌株已通过电穿孔或结合成功转化。此外，从几种海洋微藻物种中分离的质粒已被用作基因转移的载体 DNA。已经在 *Synechococcus* sp. NKBG042902 中发现海洋质粒，其藻蓝蛋白含量高且生长速度快。该菌株包含三个以上的隐性内胚层质粒，其中一个质粒 pSY10 具有独特的复制特性，即在高盐度条件下其拷贝数会增加。质粒在蓝藻中保持高拷贝数，这表明它们有可能充当蓝藻和大肠杆菌之间的穿梭载体。

实际上，已经使用 pSY10 构建了带有大肠杆菌的穿梭载体。使用大宿主范围载体 pKT230 进行接合型基因转移成功地实现了海洋蓝藻 *Synechococcus* sp. NKBG15041C 的遗传转化，并且已经证明该质粒在蓝藻细胞中稳定存在。在海洋蓝藻中，除了质粒载体系统之外，还需要构建噬菌体载体系统以能够在特定的蓝藻宿主中克隆大的 DNA 片段。自从 Safferman 和 Morris 首次报道了噬菌体以来，已经在海水中发现了各种类型的噬菌体，并根据它们的遗传多样性和系统发生亲缘关系对其进行了表征分析。

由于微藻的基因组、蛋白质组和代谢组学分析的发展，人们进行了许多将基因转移到真核微藻的尝试，以提高有用化合物和生物活性物质的产量。但是，由于微藻细胞壁坚硬，将外源基因导入微藻细胞具有挑战性。事实证明，针对每种特定物种优化基因转化方法非常重要。根据微藻细胞的生理特性，可灵活使用电穿孔法、玻璃珠介导的转化、农杆菌介导的转化和基因枪等。而且，靶蛋白的水平由于多次插入、随机整合和/或基因沉默而变化。表 4-2 总结了已经报道的稳定转化的微藻菌株。

表 4-2　实现稳定转化的微藻菌株

| 微藻种 | 细胞器 | 遗传转化方法 | 基因敲除 |
| --- | --- | --- | --- |
| 硅藻门 | | | |
| *Cyclotella cryptica* | 细胞核 | 基因枪 | 否 |
| *Cylindrotheca fusiformis* | 细胞核 | 基因枪 | 否 |
| *Chaetoceros* sp. | 细胞核 | 基因枪 | 否 |
| *Navicula saprophila* | 细胞核 | 基因枪 | 否 |
| *Phaeodactylum tricornutum* | 细胞核 | 基因枪 | 是 |
| *Thalassiosira pseudonana* | 细胞核 | 基因枪 | 否 |
| *Fistulifera* sp. | 细胞核 | 基因枪 | 是 |
| 绿藻门 | | | |
| *Chlamydomonas reinhardtii* | 细胞核 | 基因枪、电穿孔、玻璃珠法、农杆菌介导 | 是 |
| | 叶绿体 | 基因枪 | 否 |
| | 线粒体 | 基因枪 | 否 |
| *Chlorella* spp. | 细胞核 | 基因枪、电穿孔、农杆菌介导 | 否 |
| *Dunaliella* spp. | 细胞核 | 基因枪、电穿孔、玻璃珠法 | 是 |
| *Haematococcus pluvialis* | 细胞核 | 基因枪、农杆菌介导 | 否 |
| *Volvox carteri* | 细胞核 | 基因枪 | 否 |
| 鞭毛藻类 | | | |
| *Amphidinium* sp. | 细胞核 | 玻璃珠法 | 否 |
| *Symbiodinium microadriaticum* | 细胞核 | 玻璃珠法 | 否 |
| *Euglena gracilis* | 叶绿体 | 基因枪 | 否 |
| 红藻门 | | | |
| *Cyanidioschyzon merolae* | 细胞核 | 玻璃珠法 | 是 |
| *Porphyridium* spp. | 叶绿体 | 基因枪、农杆菌介导 | 否 |
| 黄绿藻门 | | | |
| *Nannochloropsis* spp. | 细胞核 | 电穿孔 | 否 |

目前微藻常用的遗传转化方式有以下几类。

**1. 基因枪**　　基因枪也称为生物弹药（biolistics），最初设计用于通过完整的植物细胞的细胞壁传递核酸，现在已经被广泛用于微藻基因转化。该系统中的有效载荷是一个涂有质粒 DNA 的钨微粒（粒径为 0.6～1.6μm），可以用氦气发射。轰击后，钨粒子被击落到植物有机体或培养皿上进行细胞培养。一些未被发射破坏的细胞可能包裹着 DNA 的钨颗粒，然后 DNA 可以迁移到植物染色体并整合到其中。该方法的转化效率与宿主细胞的物理性质无关，但受焙烧点的气压强度控制。因此，从理论上讲，尽管有坚硬的细胞壁，但当气压足够高时仍可实现基因转化。

**2. 电穿孔（electroporation）**　　发生的前提条件是外部施加的电场使细胞膜的电导率和渗透率增加。基于电穿孔的基因转化方法已普遍用于用质粒转化哺乳动物细胞，由于植物细胞壁厚，转化效率明显降低。基于电穿孔的基因转化目前已在细胞壁缺陷突变型莱茵衣藻（*Chlamydomonas reinhardtii*）和没有细胞壁的杜氏盐藻（*Dunaliella salina*）中取得成功。

尽管该方法受限于细胞壁的存在，但其转化效率比基因枪法高 10 倍左右。

**3. 玻璃珠法**　　该法是一种相对简单的转化方法，相较基因枪法具有更高的转化效率，但仅能转化无细胞壁的细胞。据报道，通过玻璃珠法成功转化了细胞壁缺陷突变型莱茵衣藻（*C. reinhardtii*）和没有细胞壁的杜氏盐藻（*D. salina*），其转化效率比基因枪法更高。

**4. 农杆菌介导的转化**　　农杆菌介导的转化是基于土壤细菌根癌土壤杆菌的特性，自然地将其基因转移并插入植物染色体。外源基因可使用插入有目标基因的农杆菌转移 DNA（T-DNA），通过农杆菌转化转移到植物细胞中。

在通过上述方法产生的转化子中，由于目标基因已插入细胞器基因组中，因此在叶绿体和/或线粒体中发现目标基因的连续表达并不罕见。通过使用在细胞器基因组中包含同源序列的特定载体，可以预期稳定的叶绿体和/或线粒体转化。另外，通常发现目标基因随机插入核酸基因组中，甚至发生同源重组。因此，几乎不可能控制插入位点和插入基因组中的靶基因的数目。进一步考虑微藻生命周期的双重性质，即单倍体或二倍体，在二倍体细胞中完全敲除的可能性大大降低。同源重组已应用于莱茵衣藻（*C. reinhardtii*）和团藻（*Volvox carteri*）的转化，它们在生命周期中维持无性单倍体游动孢子。但是，它们的重组效率较差。

最近，报道了在微拟球藻（*Nannochloropsis* sp.）中高效的同源重组，这表明其可能在微藻基因功能分析中使用。对于那些二倍体微藻，已经报道了通过 RNAi 敲除靶基因并被认为是基因敲除的替代方案。

到目前为止，6 种微藻（*Phaeodactylum tricornutum*、*Thalassiosira pseudonana*、*Chlamydomonas reinhardtii*、*Chlorella vulgaris*、*Volvox carteri* 和 *Cyanidioschyzon merolae*）不仅获得了稳定的转化体，而且获得了整个基因组序列。三角褐指藻（*Phacodactylum tricornutum*）已被广泛用于代谢工程研究，以增强脂质的产生。然而，该领域中的大多数研究都集中在已建立的稳定转化体上，而不是在尚未确定转化方法的高产油菌株上。

## 三、微藻的代谢工程

通过高密度培养和/或基因操作的应用，可以提高微藻中有价值的一级或二级代谢产物的产量。已知几种真核微藻会产生高度不饱和脂肪酸，如 EPA 和 DHA，它们是有价值的食用成分。基因工程已被用于在海洋蓝藻 *Synechococcus* sp. 中生产 EPA。使用宽宿主黏粒载体，将从海洋细菌腐败希瓦氏菌（*Shewanella putrefaciens* SCRC-2738）中分离出的 EPA 合成基因簇（约 38kb）克隆到海洋蓝藻中。在 17℃孵育 24h 后，在 2℃下产生的 EPA 含量增加至 0.64mg/g 干细胞。此外，通过部分缺失 EPA 基因簇并使其在宿主蓝藻细胞中的稳定表达，可以提高 EPA 的产量。

已经在淡水蓝藻中进行了用于工业目的的微藻基因工程，如通过从绿藻（*Haematococcus*）中引入 β-c-4-oxygenase 基因（*crtO*）合成了虾青素（一种非常有效的抗氧化剂）。通过在染色体上插入乙烯合成酶，在细长聚球藻（*Synechococcus elongates* PCC7942）中也可以实现乙烯的生产。

## 四、微藻的光生物反应器

自 20 世纪 50 年代以来，用于生产有用化合物的微藻大规模培养已被广泛讨论。尽管已经实现了从微藻类大规模生产虾青素、DHA 和 EPA，但微藻类生物燃料的工业生产仍在发展中。与目前的生物反应器相比，低成本、高生产率和高效率是必需的，因为与那些高附加值的微藻产品相比，生物柴油的最终价格极低。

微藻大规模培养的生物学特性和经济性都受到光生物反应器设计的强烈影响。光合微藻可以在光生物反应器中作为开放式培养系统或封闭式系统进行培养。根据它们的定位，这些光生物反应器可分为室外培养系统或室内培养系统。

室外露天养殖系统是最简单的藻类养殖方法，因为其建造成本低且操作简便。但是，这些系统的生产率很容易受到多种环境因素的影响，如其他污染物的污染、微生物、天气条件的变化及转基因微藻培养的障碍。为了实现更高的生产率并维持藻类的单一培养，封闭式光生物反应器的发展得以促进。尽管实现了更高的生物量浓度和更好的培养参数控制，这些封闭式光生物反应器中的 $CO_2$ 回收效率、能量利润比、能量回收时间和生产成本并不比在开放系统中更好。

微藻菌株的生长速率和最大生物量产量受培养参数（光照、温度和 pH）和营养状况（$CO_2$、氮和磷酸盐浓度）的影响。另外，增加培养物的密度会降低单个细胞的光利用率。微藻培养物的光渗透性很差，尤其是在高细胞密度的情况下，这种差的光利用率会降低比生长速率。如果在高密度微藻培养物中提供足够的光照，则有望获得更高的生物量产量。封闭系统通常使用两种主要类型的生物反应器（平板或管状），如图 4-1 所示。

目前，这些封闭式光生物反应器已用于工业化生产生物柴油，如 Solix Biofuels Inc.使用的室外封闭式培养系统和 SolazymeInc.使用的室内封闭式培养系统。此外，使用间歇光代替连续照明可以减少光抑制作用，并通过闪光效应提高光利用的效率。另外，光生物反应器内部的培养基需要保持流动，以混合藻类和其他营养物质。一个新开发的平板式光生物反应器

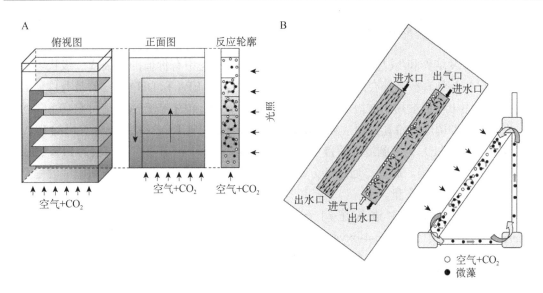

图 4-1　各种光生物反应器示意图

A. 平板式生物反应器；B. 管状生物反应器

通过应用来自生物反应器一侧的间歇光，并从生物反应器底部引入气泡，从而使小球藻的生物量产量增加了 1.7 倍。基于闪光效应，由二个管状生物反应器和斜边的气泡鼓起的三角形生物反应器实现了目前最高的容积生产率。

## 五、海藻的生物活性

像大多数蔬菜一样，藻类的细胞带有色素，可以进行光合作用。这些生物具有广泛的地理分布，定居在各个地点，但始终与水的存在联系在一起。可以发现它们漂浮在水中，潮湿的岩石、墙壁上，或者与其他生物体，如地衣、真菌等结合在一起。自 17 世纪以来，亚洲人一直将海藻用作食物。如今，海藻已在许多国家用于多种用途，如直接用作食品，在制药、化妆品和食品工业中使用藻胶提取物（角叉菜胶、琼脂和藻酸盐）。藻类还用于提取抗病毒、抗细菌化合物和生物肥料。较大的或宏观的藻类，称为大型藻类或海藻，主要存在于三个藻类门类中，分别是绿藻（green alga）、红藻（red algae）和褐藻（brown algae）。

近年来，已经证实几种海藻是重要的新化合物来源，这些新化合物可能对化学治疗剂的开发有用。先前对水生生物产生的抗微生物物质的研究表明，它们是多种多样的抗细菌和抗真菌剂。海藻被认为是生物活性化合物的重要来源，因为它们能够产生多种具有广泛生物活性的次级代谢产物。在褐藻、红藻和绿藻中已检测到具有抗氧化、抗病毒和抗菌活性的化合物。

海藻或海洋大型藻类是可再生的生物资源，在世界许多地方也被用作食品和肥料。海藻热量低但富含维生素、矿物质和膳食纤维，因此具有较高的营养价值。除了维生素和矿物质外，海藻还是蛋白质、多糖和纤维的潜在良好来源。海藻中的脂质含量非常低，而且是不饱和的脂质，可以预防心血管疾病。

这里介绍几种主要的海藻及其生物活性研究。

## （一）绿藻门

**1. 总状蕨藻（*Caulerpa racemosa*）**　　这是一种鲜绿色的海藻，类似于细长的垂直串成的细小葡萄。它的外观与花椰菜、小扁豆很相似。总状蕨藻在形态上有很大差异，并且已经鉴定并命名为许多不同的生长形式。通过下降的根茎附着在沉积物（通常是沙子）上的水平茎导致每隔几厘米竖起树枝。这些分枝的高度可达 30cm，并产生大量茎状小枝，形状从球形到卵形到盘状，有时在顶部变平或形成圆锥形。这些植物是先天性的，这意味着整个植物是由一个巨大的细胞组成的，该细胞具有许多核，没有交叉壁。正是由于这一特性，总状蕨藻的任何部分破碎，即使是很小的组织碎片也可以再生形成全新的植物。总状蕨藻主要分布在地中海东部、加勒比海、印度洋、西北太平洋、太平洋群岛、澳大利亚和新西兰等地。

总状蕨藻已在南太平洋实现商业化种植，并可在其他地区收获野生藻体。作为可食用的海藻，在波利尼西亚和马克萨斯群岛等地多作为沙拉食用。它通常以新鲜和生鲜的形式用作蔬菜沙拉，并因其胡椒味而广受欢迎，这也使其非常适合用作调味料。这种海藻在泰国的普吉岛市场很常见。

总状蕨藻还含有具有轻度麻醉作用的化合物，这使该海藻具有较高的临床价值。菲律宾的传统医学使用总状蕨藻来降低血压和治疗风湿病。也有研究表明总状蕨藻提取的多糖具有抗菌、抗病毒和抗肿瘤等活性（吉宏武等，2007）。

**2. 松刺藻（*Codium fragile*）**　　深绿色藻类，高 10～40cm，由直径 0.5～1.0cm 的重复分枝的圆柱段组成，其分枝可以像铅笔一样粗。这些圆柱段看起来像深绿色的手指。它的固定力是一种宽阔的海绵状组织垫。圆柱段的尖端变钝，表面柔软，因此有时会被误认为是海绵。它的身体由交织的丝状细胞组成，这些细胞具有不完整的横壁，形成分枝的内部。松刺藻多分布在多岩石的海岸上，从上潮间带岩石区一直到下潮间带。松刺藻原产于日本海（太平洋西北部海域），从美国阿拉斯加州到墨西哥北下加利福尼亚州。它的范围已向南扩展到智利和阿根廷沿海的南美洲。从加拿大的圣劳伦斯湾到美国北卡罗来纳州，它几乎遍布北美洲东部的整个海岸线。

松刺藻在东亚各国和智利也被用作食品。此外，也有研究报道，松刺藻的提取物也有抗氧化剂、抗菌、消炎、抗肿瘤等活性（王培胜等，2010）。松刺藻的生物修复潜力已在综合多营养水产养殖（integrated multitrophic aquaculture，IMTA）中进行了测试。

**3. 软毛松藻（*Codium tomentosum*）**　　软毛松藻属于个体较小的绿藻（最长 30cm），带有二叉状的圆柱形叶状体。叶呈实心海绵状，具有类似毛毡的触感，并且具有许多无色的毛发，当将植物浸入水中时可以看到它们。软毛松藻原产于东北大西洋，从不列颠群岛向南至亚速尔群岛和佛得角。在非洲沿岸和世界其他地区也有记录，主要在下岸的岩石上。

软毛松藻是亚洲某些地区的流行食品。研究表明，该物种具有抗蠕虫和原虫、抗氧化剂、反抗原毒性、抗肿瘤、抗凝剂和抗菌等作用（Lopes et al.，2020）。美国、德国、法国和英国的很多美容产品中都使用了软毛松藻，如修复保湿霜、身体乳霜、沐浴露等。

## （二）红藻门

**1. 白紫菜（*Porphyra leucosticta* Thuret）**　　微妙的膜质单相红褐色叶状体，干燥后变为粉红色，长至 150mm，基部固定时有非常短的柄。通常附生于较大的藻类，从沿海到浅海，春季到秋季，广泛分布，常见。在东北大西洋（挪威至葡萄牙）、地中海、西北大西洋（加拿大和美国）、西南大西洋（巴西）、东南大西洋（安哥拉）等地均有分布。

其具有高百分比的维生素 C 和天然类胡萝卜素，因此可能成为获得此类化合物的有价值的原料，这些化合物已在制药、化妆品和食品工业中使用。*P. leucosticta* 也可用于食品和 IMTA。此外，*P. leucosticta* 提取物具有较高的抗氧化性和较低的抗原生动物、抗分枝杆菌和细胞毒性活性。

**2. 脐形紫菜（*Porphyra umbilicalis*）**　　叶片圆形，宽叶状，膜质但坚韧，最宽达 40cm。该植物通过微小的盘状固着物附着在岩石上，并具有类似聚乙烯的质地。在沿岸至飞溅区的岩石、贻贝等上广泛分布，尤其是在裸露的沿海地区。在东部发现于冰岛，从挪威到葡萄牙和西地中海都有记载。在西部，从加拿大的拉布拉多到美国的大西洋中部海岸均有发现。

脐形紫菜富含蛋白质、维生素，以及微量矿物质，还富含 omega-3 多不饱和脂肪酸（EPA和 DHA）。它包含名为类菌胞素氨基酸（mycosporine-like amino acid，MAA）的特殊化合物，可用于某些类型的个人护理产品。来自脐形紫菜的化合物还具有以下特性：充当天然生物保护剂，抵抗紫外线诱导的伤害；防止晒伤细胞的形成和过早的光老化；保护细胞结构，尤其是膜脂和 DNA 免受紫外线诱导的自由基的破坏；帮助脂质不足的皮肤重新均衡；增加表皮水合作用；防止表皮水分流失；改善细胞间黏附力；增强皮肤屏障功能；刺激性损伤后恢复细胞膜结构；具有充氧特性，可帮助恢复压力和疲劳的皮肤；能够减少细纹和皱纹的出现（Haartmann et al.，2017）。因此，它可被用于许多不同的产品中，如抗氧化剂、防晒霜、护肤品、护唇膏等。脐形紫菜以片状和整叶形式出售，作为食品，被认为是紫菜替代品，并可用作多种零食混合物和调味品的成分。此外，它也被用作宠物营养补充品。

**3. 拟石花菜（*Gelidiella acerosa*）**　　具有黄褐色、簇状、纠缠、直立的圆柱形塔藻，高 6cm。叶状体的末端呈羽状分开，给人以羽毛般的外观。拟石花菜的分枝末端终止于单个顶细胞。短而粗的分枝被根茎附着在基底上，沿着浅礁形成密集的垫层。在沿海中部和下半部的海浪和适度波遮挡的岩石和礁石中均有发现。主要分布在大西洋群岛、亚速尔群岛和佛得角。拟石花菜是琼脂生产的重要商业品种。它用于制备琼脂形成的硬质果冻，或新鲜食用，也可制成色拉蔬菜或煮熟并与大米混合食用。然而，近年来，拟石花菜已成为众多产品中的关键成分。它可用于近 150 种头发用品，包括染发剂和漂白剂、洗发水和护发素、造型慕斯、头发松弛剂和缠结剂等。此外，其提取具有抗氧化、抗菌和抗肿瘤活性（Fmb et al.，2018）。

## （三）褐藻门

**1. 网地藻（*Dictyota dichotoma*）**　　茎扁平，均一黄棕色至暗褐色，有相当规则的二分枝，侧面平行，长 30cm，尖端通常两裂；分枝 3~12mm 宽，膜质，无中肋。生活在坚硬的地下层浅水中（深度＞50m），在全球均有分布。从网地藻中分离出了一种含氯的环杂双氮杂菊酯 J146，以及两种已知的二萜类 dictyolactone 和 sanadaol。这三种代谢物均对形成水华的物种赤潮异弯藻（*Heterosigma akashiwo*）和米氏凯伦藻（*Karenia mikimotoi*）具有杀藻作用。其还对链状亚历山大藻（*Alexandrium catenella*）表现出中等的活性。网地藻的提取物还具有抗凝剂、细胞毒性，以及消炎、抗真菌、抗幼虫和防污活性（EI-Shaibang et al.，2020）。此外，其提取物也已用于液态肥料。

**2. 泡叶藻（*Ascophyllum nodosum*）**　　泡叶藻是多年生的棕色潮间带海藻种类，在北大西洋中潮间带遮蔽的岩石海岸上最为丰富。橄榄绿色的泡叶藻通常会在水柱中向上生长，并使用圆盘状的固定剂固定在坚硬的基质上。叶片的宽度可在 30～60cm，并且可以灵活地减少强波浪作用可能导致的破裂。它的带状叶长而厚，为皮革状、分枝状，通常长 0.5～2m，并沿其长度方向有规律地间隔着大的蛋形气囊，使植物保持垂直漂浮。大的气囊使其朝向光，以实现光合作用最大化。叶状体没有中脉。它终年生长，并且没有休息期。该物种生长缓慢，可以在温带海域的避风港中生存几十年，并且具有在低温下生存的能力。它最终可以增长到 3～4m。

泡叶藻分布仅限于北大西洋盆地，分布在北冰洋、波罗的海、北欧、缅因湾等地，主要生活在沿海中部至下部沿海地区的岩石上。

泡叶藻在从周围海水中积累营养和矿物质方面非常有效，这使它们成为人类的宝贵资源。该物种被收获用于食品、肥料、土壤改良剂、动物饲料、皮肤和头发护理用品、清洁剂、脱脂剂、马术用品和营养品。泡叶藻在美容和海水疗法中也很流行。泡叶藻的提取物具有抗凝、抗病毒、抗炎、抗细菌、抗氧化剂、防污作用（Shukla et al.，2019）。

**3. 掌状海带（*Laminaria digitata*）**　　掌状海带为大型海带，可长至 2m，主要生长在多岩石的海岸。叶状体宽而厚，颜色有光泽，为深棕色，没有中脉。该藻柄的横截面为椭圆形，光滑且有弹性，通常没有附生植物，已经变粗糙的旧叶柄可能支持一些附生植物，特别是棕榈。掌状海带分布于北大西洋沿岸，在北太平洋不存在。它可以在英吉利海峡的两个海岸找到。该物种在欧洲水域中最南端的发生在布列塔尼南部海岸。

掌状海带含有矿物质、维生素等，包括碘、钙、钾、铁、胡萝卜素、海藻酸、岩藻多糖、甘露醇、蛋白质、烟酸、磷、维生素 C 等。该物种储存增强风味的谷氨酸或谷氨酸钠，使菜肴具有圆润柔滑的味道。轻微的甜味来自甘露醇，其是一种天然糖。该物种的提取物具有抗菌和抗氧化剂活性（Purcell-Meyerink et al.，2021）。

# 第三节　大型海藻育种技术

## 一、选择育种

选择育种简称选种，即根据育种目标，在现有品种或育种材料内出现的自然变异类型中，经比较鉴定，通过多种选择方法，选优去劣，选出优良的变异个体，培育新品种的方法。选择育种的方法有个体选择、家系选择、后裔测定，其原理基于遗传变异。

## 二、杂交育种

杂交育种即以基因型不同的藻类进行交配或结合生长成为杂种，通过培育选择，获得新品种的方法。

杂交育种的过程为选择亲本，对已有待杂交亲本进行分类、编号、登记；编制杂交组合，根据亲缘关系、可结合性状及育种目标编制成一定的组合；亲本杂交，对不同品系藻类进行交合；采种和育苗，收集杂交顺利的藻种，进行苗种培育。

## 三、细胞杂交育种

### （一）原生质体的制备

**1. 定义**　　除去植物细胞壁的裸露细胞，称为原生质体。

**2. 原生质体在植物学研究中的意义**　　原生质体由于除去了细胞壁，为细胞融合研究提供了可能。原生质体中细胞的 DNA 酶活性偏低，从而有助于外源 DNA 的进入，为再生成具有新性状的植物体提供有利条件，有可能产生异源杂交新品种。植物原生质体具有全能性，可再生为完整植株，是开展遗传理论研究的材料。

**3. 原生质体的分离**　　通常可使用机械分离的物理方法或酶解处理的生物方法进行细胞壁的去除，从而获得仅有细胞膜包裹的植物原生质体。

（1）机械分离法。先将细胞放在高渗溶液中预处理，待细胞发生轻微质壁分离，原体质体收缩成球形时，再用机械法磨碎细胞，从伤口处释放出完整的原生质体。

优点：该方法可避免酶制剂对原生质体的破坏作用。

缺点：获得完整的原生质体的数量比较少。

（2）酶解分离法。常用于细胞壁降解的酶有纤维素酶、半纤维素酶、果胶酶、果酸酶等。

优点：可以获得大量的原生质体，而且几乎所有的植物或它们的器官、组织或细胞均可用酶解法获得原生质体。

缺点：酶制剂中均含有核酸酶、蛋白酶、过氧化物酶及酚类物质，影响所获原生质体的活力。

**4. 原生质体的纯化**　　已进行质壁分离处理的原生质体原料中仍含有大量杂质，不利于后续操作，需要进一步去除破碎的原生质体、未去壁的细胞、细胞器及其他碎片等杂质。分离纯化流程如图 4-2 所示。

（1）沉降法：是最常用的方法，将过滤和离心相结合。首先将混合物置于离心管离心，原生质体沉于离心管底部，残液碎屑悬浮于上清液。去上清液后，再把沉淀物重新悬浮于清洗培养基中反复 3 次。

（2）漂浮法：根据原生质体来源不同，利用相对密度大于原生质体的高渗蔗糖溶液，离心后使原生质体漂浮其上，残渣碎屑沉到管底。

（3）界面法：利用两种相对密度不同的溶液，使健康和完整的原生质体处于两液相的界面之中。

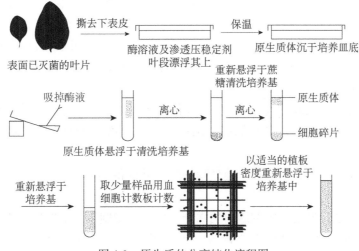

图 4-2　原生质体分离纯化流程图

## （二）原生质体融合成杂种细胞

不同亲本（种间或属间等）的原生质体，在人工诱导下，相互接触，从而发生膜融合、胞质融合、核融合并形成杂种细胞，经过培养进一步发育成杂种植株。这一过程称为原生质体融合或细胞杂交。

原生质体融合的重要进展如下：1960 年，Kocking 用酶法制备高等植物原生质体首次获得成功；1971 年，Takebe 首次从离体烟草原生质体培养中获得再生完整植株；1972 年，Carlson 首次获得粉蓝烟草和郎氏烟草的细胞杂种，这是第一个植物体细胞杂种；1974 年，Kao 将聚乙二醇（PEG）诱导融合法应用于植物细胞融合并建立了相应的融合技术；1978 年，Melchers 获得第一个属间体细胞杂种（番茄＋马铃薯）；1981 年，Zimmerman 发明了电融合仪，并首次提出了电融合概念；1987 年，Schweiger 建立了单对原生质体电融合技术程序。

利用原生质体融合可以进行异核体杂种的培育；海藻的优良性状受多基因控制，基因工程难以实现多基因转移，而原生质体融合可以；利用原生质体融合既可以实现近缘杂交也可以实现远缘杂交；利用原生质体融合可以获得细胞质杂种。

诱导原生质体融合的方法有以下几种。

### 1. 物理学方法

（1）电融合法：指利用改变电场诱导原生质体彼此相连成串，再施以瞬间强脉冲电压促使质膜发生可逆性电击穿，达到原生质体融合的方法。

电融合法的优点包括效率高、无残留毒性、融合细胞数易于控制、可在显微镜下观察融合过程。

电融合法的缺点是采用高压电脉冲处理，使细胞内部某些低电离电位分子可能发生离解而造成"电损伤"，影响融合细胞的存活。

微电极法：指利用改变电场诱导原生质体彼此相连成串，再施以瞬间强脉冲电压促使质膜发生可逆性电击穿，达到原生质体融合的方法。

双向电泳法：通过电泳使两细胞膜紧密接触，且膜表面的蛋白质分子分离，产生了无蛋白质的类脂区。

（2）飞秒激光诱导融合：利用激光微束破坏相邻细胞的接触区，从而诱导细胞融合的方法。1987 年，Wiegand 等用激光成功地诱导离体的植物原生质体融合及哺乳动物 B 淋巴细胞和骨髓瘤细胞的融合。

激光融合的优点包括高度选择性，能选择任意的两个细胞进行融合；仅在两个细胞的接触点照射激光，作用于细胞的应力和障碍小；可进行非接触、安全且远距离的操作；能适时观察融合过程。

激光融合的不足之处是只能逐一地处理细胞，且设备昂贵。

**2. 化学方法**

（1）聚乙二醇法：通过去除细胞内的水分，作用于细胞膜，引发原生质体融合。

优点是成本低、不需要特殊的设备，融合子产生的异核率高，融合过程不受物种限制；缺点是融合过程烦琐，PEG 可能对细胞造成毒害。

（2）盐类融合法：硝酸盐类如 $NaNO_3$、$KNO_3$、$Ca(NO_3)_2$；氯化物类如 NaCl、$CaCl_2$、$MgCl_2$、$BaCl_2$；葡聚糖硫酸盐类如葡聚糖硫酸钾、葡聚糖硫酸钠。

优点是盐类融合剂对原生质体的活力破坏力小；缺点是融合频率低，对液泡发达的原生质体不易诱发融合。

（3）高 $Ca^{2+}$ 和高 pH 融合法：$Ca^{2+}$ 浓度为 0.05mol/L，pH 9.5～10.5。

取分离、纯化好的两种亲本原生质体以 1∶1 的比例混合；加入 0.05mol/L $CaCl_2 \cdot 2H_2O$ 和 0.4mol/L 甘露醇；再用甘氨酸钠缓冲液调节 pH 到 9.5～10.5，成为融合液，同时在 37℃ 下保温 0.5h；用 0.4mol/L 甘露醇洗净高 $CaCl_2$ 和高 pH，两种原生质体的融合率达到 10%。

**3. 生物学方法**　　仙台病毒是一类被膜病毒，属于附黏液病毒族，它是多形性颗粒，直径为 50～60nm，由两层磷脂组成的外膜包裹着 RNA 和蛋白质复合体，外膜上有两种糖蛋白，一种是 HANA 蛋白，一种是 F 蛋白，前者具有神经氨酸酶和血凝活性（分子质量较大），后者具有融合和溶血作用（分子质量较小）。

诱导细胞融合的机制：病毒被膜上的两种糖蛋白可和细胞膜表面的糖蛋白发生相互作用，从而使两个细胞可以互相接触，在电镜下观察到在相接触的相邻细胞表面之间将产生一些微小的细胞质桥。随着时间的推移，细胞质桥数量和桥的体积也在增加，最后相邻细胞的细胞质就结合在了一起，形成细胞凝集块再通过膜上蛋白质分子的重新排列，使膜中脂类分子重排而打开质膜，最后导致细胞融合。

该方法的优点是各种动物细胞都适宜；缺点是不稳定，制备烦琐，且在保存过程中活性会下降。

（三）杂种细胞的筛选

**1. 互补选择**　　利用两个亲本具有不同遗传和生理特性，在特定培养条件下，只有发生互补作用的杂种细胞才能生长的选择方法。

互补选择方法包括：白化互补选择法，即利用生长条件与颜色的区别进行选择；营养缺陷型互补选择，即利用不同细胞对营养条件要求的区别进行选择；抗性互补选择，即利用不同细胞对药物敏感性的区别进行细胞筛选；代谢互补抑制选择，原生质体融合后可引起基因互补，从而产生可利用表型进行筛选。

**2. 机械选择法**　　利用天然存在或是人为造成的两个亲本在物理特性上的差异即可见标记，进行筛选。具体做法是在倒置显微镜下，用微管将融合细胞吸取出来进行培养。

**3. 双荧光标记选择法**　　使用两种不同的荧光染料给双亲原生质体染上不同的颜色，然后借助不同的荧光标记，在显微镜下进行筛选。

（四）原生质体再生

植物细胞由原生质体重新形成细胞壁，直至形成菌或植株的过程，如图 4-3 所示。

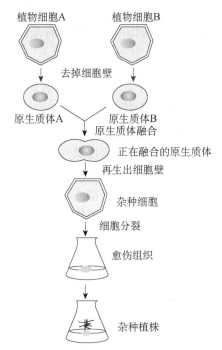

图 4-3　植物原生质体融合及再生植株过程

杂种植株的鉴定方法：①杂种植物形态特征、特性鉴定；②杂种植物的核型分析；③同工酶分析；④分子标记鉴定，如限制性酶切片段长度多态性（restriction fragment length polymorphism，RFLP）、扩增片段长度多态性（amplified fragment length polymorphism，AFLP）、简单重复序列（simple sequence repeat，SSR）、简单重复序列区间（inter-simple sequence repeat，ISSR）、随机扩增多态性 DNA（random amplified polymorphic DNA，RAPD）标记鉴定。

## 四、突变育种

藻类细胞突变研究实例如下。

抗 NaCl 突变株：莱茵衣藻野生型品系 CC-124 和 CC-125 对 NaCl 的抗性达到 260mmol/L，其中叶绿素 b 缺失的 cbn1-48mt$^+$和 cbn1-48mt$^-$基因突变株品系对 NaCl 最为敏感，即对 100mmol/L 以上浓度的 NaCl 表现敏感。

色素突变株：紫外线（UV）与 1-甲基-3-硝基-亚硝基胍（NTG）诱变处理杜氏盐藻得到高产玉米黄素突变株，相同条件下，突变株玉米黄素积累量显著高于野生型。

营养丰富性突变体：鱼腥藻经自发或 N-甲基-N'-硝基-N-亚硝基胍（MNNG）诱变产生抗 6-氟色氨酸（6FT）突变体，相比野生型可分泌更多量的色氨酸。

光合作用突变体：光合作用研究的模式藻种莱茵衣藻利用质粒随机插入方法获得光合突变体，其中一个突变体的突变基因编码一个含有三次跨膜结构域的捕光色素类似（LHC-like）蛋白，是一个在光系统 I（PS I）生物发生过程中起重要调控作用的蛋白质，该基因的缺失特异性地影响 PS I 的累积和稳定。

氮代谢突变体：利用乙酰基亚硝基脲（ENU）对杜氏盐藻进行诱变，获得硝酸盐还原酶（NR）缺陷型突变株。NR 可催化硝酸盐还原为亚硝酸盐，在植物氮代谢中处于关键地位，因此 NR 的编码基因可作为选择性标记基因用于植物学研究。

## 五、多倍体育种

多倍体育种是指利用人工诱变或自然变异等，通过细胞染色体组加倍获得多倍体育种材料，用以选育符合人们需要的优良品种。

多倍体育种技术方法：自然多倍体挖掘、物理诱导加倍技术、化学诱导加倍技术、组织培养加倍技术、原生质体培养及体细胞融合的染色体加倍方法。

多倍体鉴定：可采用间接和直接的方法。间接方法包括形态学和细胞学的观察，直接方法是直接检测试材染色体的数目。

多倍体育种的重要应用：四倍体黑麦具有籽粒大、发芽率强、耐肥、秆硬、蛋白质含量高和烘烤面包质量好等特点，而且产量比二倍体高约 30%，德国、荷兰、芬兰和瑞典等国家先后推广和种植。水果中四倍体葡萄如'巨峰''先锋'等果大、籽少，在我国和日本等国家栽培。

多倍体植株普遍具有育性下降的特点。育性下降对于收获籽实为目的的农作物来说是个致命的缺点，而对于收获全草类、根茎类、叶类、花类的植物来说影响不大。

由于细胞分裂的不同步，多倍体育种过程中不可避免地会出现嵌合体，但是通过组织培养诱导不定芽和单细胞培养技术的成熟，有望解决这一难题。

不同的植物种类在倍性水平上的反应不同，同一种内的不同品种，不同基因型对染色体的加倍反应不一样，有的植株染色体加倍后表现良好，各部分都趋向巨大性，而另一些植株则不然，当其被诱导成多倍体后，植株变得矮小、生活力降低甚至不能繁育后代。

目前缺乏有效的多倍体诱导方法和诱变剂来进一步提高诱变率，缺乏有效的早期快速鉴定出群体倍性的方法。因此，应加强多倍体诱导方法和快速鉴定等方面的研究。植物多倍体的研究本身就是对植物种质资源的创新，通过对植物多倍体的诱导，可能出现新变异，既可选育优良的植物新品种，又丰富了植物种质资源。由此可见，在人工诱导植物多倍体的基础上，如能结合其他育种手段，可以培育出高产优质新品种，大有潜力可挖。

## 六、分子育种

### （一）转基因育种

具体过程如下：目的基因的分离和克隆；目的（外源）基因的导入；转化体的筛选和鉴定；根据连锁图谱克隆目的基因。

图位克隆（map-based cloning）技术于 1986 年首先由剑桥大学的 Alan Coulson 提出。根据功能基因在基因组中都有相对稳定的基因座，在利用分子标记技术对目的基因进行精确定位的基础上，用与目的基因紧密连锁的分子标记筛选已构建的 DNA 文库（如 YAC、BAC等），构建出目的基因区域的遗传图谱和物理图谱，再利用此物理图谱通过染色体步移、跳跃或登陆等方式获得含有目的基因的克隆，最后通过遗传转化和功能互补试验验证所获得的目的基因。用该方法分离基因是根据目的基因在染色体上的位置进行的，不需要预先知道基因的 DNA 序列，也不需要预先知道其表达产物的有关信息。它是通过分析突变位点与已知分子标记的连锁关系来确定突变表型的遗传基础。

近几年来，随着拟南芥基因组测序工作的完成，各种分子标记的日趋丰富和各种数据库的完善，在拟南芥中克隆一个基因的困难已经大大减小。

### （二）分子标记辅助选择育种

分子标记辅助选择育种（MAS）是指把分子标记技术应用于育种过程之中，通过分析与目的基因紧密连锁的分子标记的基因型来进行育种，从而达到提高育种效率的目的。

分子标记是可以稳定遗传的，易于识别的特殊遗传多态性形式。在经典遗传学中，遗传多态性是指等位基因的变（差）异；在现代遗传学中，遗传多态性是指基因组中任何座位上的相对差异或者是 DNA 序列的差异。

**1. 形态标记（morphological markers）**　　指植物的外部形态特征，如矮秆、白化、黄化、变态叶、雄性不育等。

不足是数量有限，而人工培育形态标记材料的周期长；一些形态标记的多态性差，易受环境因素的影响；一些形态标记对植株的表型影响太大，与不良性状连锁。

**2. 细胞学标记（cytological markers）**　　细胞内染色体的变化，包括染色体数目或结构的变异，可通过染色体核型（染色体数目、大小、随体有无、着丝粒位置等）和带型（C 带、N 带、G 带等）分析来测定基因所在的染色体及相对位置，或通过染色体代换等遗传操作来进行基因定位。

不足是细胞学标记材料的选育需要花费大量的人力和较长的时间；某些物种对染色体数目和结构变异反应敏感或适应变异的能力差而难以获得这类标记；一些不涉及染色体数目、结构变异或带型变异的性状则难以用细胞学方法检测。

**3. 生化标记（biochemical markers）**　　利用基因的表达产物，主要包括贮藏蛋白、同工酶（具有同一底物专一性的不同分子形式的酶）和等位酶（由一个位点的不同等位基因编码的同种酶的不同类型，其功能相同但氨基酸序列不同）等来标记，可以直接反映基因表达产物的差异，受环境的影响较小。

不足是标记数量远远不能满足实际的需要；存在组织和器官特异性。

**4. 分子标记**　　其特点是直接以 DNA 的形式表现，表现稳定；数量多（理论上遍及整个基因组）；多态性高；表现为中性，不影响目标性状的表达；许多标记表现为共显性的特点，能区别纯合体和杂合体；成本不太高。

常规的育种是根据基因的表型来进行选择，表型容易受到外界干扰，不能真实地反映基因型，造成周期长、工作量大、效率低、预见性差。分子标记辅助育种可以清除同一座位等位基因或不同座位互作干扰，清除环境影响；在幼苗阶段就可以对在成熟期表达的性状进行鉴定；可有效鉴定鉴定起来十分困难的性状；共显性标记可以区分纯合体和杂合体，不需要下代鉴定；可同时对多个性状进行选择，开展聚合育种，快速完成对多个目标的同时改良；加速回交育种进展，兑服不良性状连锁，有利于导入远缘基因。

## 七、育种案例

### （一）海带育种

**1. 诱变育种**　　20 世纪 70 年代初期，吴超元等以诱变育种技术培育出 '860''1170' 高碘海带。

**2. 杂交育种**　　欧毓麟等利用海带中国地理种群与日本地理种群杂交培育出 '单杂 10 号' 海带，建立了海带杂交育种技术；20 世纪 90 年代初，郭占明等利用中国海带（*Laminaria japonica*）与日本长叶海带（*L. longissima*）杂交培育出 '901' 海带，并获国家水产原种和良种审定委员会审定；崔竞进等利用太平洋物种海带（*L. japonica*）与大西洋物种海带（*L. saccharina*）培育出 '远杂 10 号' 海带。

**3. 单倍体育种**　　海带配子体克隆，也叫无性繁殖系，来自一个亲本，通过无性繁殖的方式进行繁殖，个体之间遗传性一致。

**4. 分子标记育种**　　应用分子标记进行海带分类，以用于育种。

**5. 配子体克隆技术路线**　　建立优良品系海带的配子体克隆无性系；进行多组合杂交，筛选具有优良性状的 $F_1$ 代孢子体；培养具有优良性状孢子体的亲代的雌雄配子体克隆；利用大量的雌雄配子体克隆进行种苗生产。

### （二）紫菜育种

**1. 杂交育种**　　有性杂交：紫菜的种内和种间杂交可能表现出杂种优势。

原生质体融合：紫菜的色泽主要由藻红蛋白（R-phycoerythrin，RpE）、藻蓝蛋白（R-phyeocyanin，RpC）和叶绿素 a（chlorophyll a）含量决定，3 种色素含量的高低是决定紫菜品质好坏的一个重要因素，因此可以通过原生质体融合改变紫菜色泽提高品质。

**2. 诱变育种**　　常用的物理诱变剂有 γ 射线、X 射线、紫外线、宇宙射线、热中子等；常用的化学诱变剂有秋水仙素、甲基磺酸乙酯（EMS）、异基磺酸乙酯（EEs）、乙基半氨酸（AEc）、*N*-甲基-*N*′-硝基-*N*-亚硝基胍（MNNG）等，MNNG 被认为是紫菜诱变中效果最好的诱变剂。

较常用的诱变材料有原生质体和丝状体。

**3. 分子育种**　　杨官品等（2003）构建了条斑紫菜 cDNA 文库，并进行了表达序列标签（expressed sequence tag，EST）分析，得到 6 条抗病相关基因序列，这些序列可用于研制抗病单核苷酸多态性标记，辅助紫菜抗病性遗传改良。

**4. 基因工程育种**　　1991 年测定完成了条斑紫菜中长约 185kb 的叶绿体基因组图谱；以海洋真核藻类中发现的质粒，构建真核海藻基因工程载体，成为另一研究热点。目前对二十余种红藻进行了研究，在 14 种红藻中发现了质粒的存在。紫菜非内源性质粒载体 pBI121 作为直接基因转化的表达载体应用于瞬时表达的研究。

## 思考题

1. 影响微藻原生质体分离的因素有哪些？
2. 原生质体融合技术有何应用价值？
3. 种间原生质体细胞融合后，杂交细胞的遗传组成与性状表现有何变化？
4. 比较海带和紫菜生长发育的异同。

## 本章主要参考文献

陈百灵，白凤武，赵心清. 2017. 微藻代谢工程改造研究进展及展望. 中国科学，47（5）：554-562.

董哲卿，张新爽，肖光焰，等. 2020. 海藻糖酶产生菌的选育、鉴定及其酶学特性初探. 微生物学杂志，40（5）：51-57.

范道春，张红兵，刘垒. 2019. 富油脂微藻育种技术研究进展. 微生物学杂志，39（1）：115-121.

吉宏武，邵海艳，章超桦，等. 2007. 总状蕨藻 Caulerpa racemosa 多糖抗肿瘤和免疫增强活性. 食品与生物技术学报，26（4）：67-72.

刘志媛，陈国福，汪文俊，等. 2015. 海藻生物技术. 北京：海洋出版社.

王梁华，焦炳华. 2017. 生物技术在海洋生物资源开发中的应用. 北京：科学出版社.

王培胜，刘宪丽，刘东颖，等. 2010. 刺松藻多糖对肝癌 Hca-F 荷瘤小鼠的抑瘤作用. 中国海洋药物，29（5）：40-43.

徐睿航，张国庚. 2018. 大型海藻组织培养研究进展. 乡村科技，（5）：89-90，93.

赵素芬. 2012. 海藻与海藻栽培学. 北京：国防工业出版社.

Lee RE. 2012. 藻类学. 4 版. 段德麟，胡自民，胡征宇等，译. 北京：科学出版社.

Cecchin M，Marcolungo L，Rossato M，et al. 2019. Chlorella vulgaris genome assembly and annotation reveals the molecular basis for metabolic acclimation to high light conditions. Plant Journal，100（6）：1289-1305.

Fmb SM，Chitra K，Joseph B，et al. 2018. Gelidiella acerosa inhibits lung cancer proliferation. BMC Complementary and Alternative Medicine，18（1）：104.

Gan SY，Lim PE，Phang SM. 2016. Genetic and Metabolic Engineering of Microalgae. Berlin：Springer.

Gimpel JA，Vitalia H，Mayfield SP. 2015. In metabolic engineering of eukaryotic microalgae：potential and challenges come with great diversity. Frontiers in Microbiology，6：376.

Haartmann A，Murauer A，Ganzera M. 2017. Quantitative analysis of mycosporine-like amino acids in marine algae by capillary electrophoresis with diode-array detection. Journal of Pharmaceutical and Biomedical Analysis，138：153-157.

Hasan M. 2020. High-throughput proteomics and metabolomic studies guide re-engineering of metabolic pathways in eukaryotic microalgae: a review. Bioresource Technology, 321: 124495.

Kim SK. 2015. Springer Handbook of Marine Biotechnology. Berlin: Springer.

Lopes D, Melo T, Rey F, et al. 2020. Valuing bioactive lipids from green, red and brown macroalgae from aquaculture, to foster functionality and biotechnological applications. Molecules, 25 (17): 3883.

Pires J, Alvim-Ferraz M, Martins FG, et al. 2012. Carbon dioxide capture from flue gases using microalgae: engineering aspects and biorefinery concept. Renewable & Sustainable Energy Reviews, 16 (5): 3043-3053.

Purcell-Meyerink D, Packer MA, Wheeler TT, et al. 2021. Aquaculture production of the brown seaweeds laminaria digitata and macrocystis pyrifera: applications in food and pharmaceuticals. Molecules, 26 (5): 1306.

Shukla PS, Mantin EG, Adil M, et al. 2019. Ascophyllum nodosum-based biostimulants: sustainable applications in agriculture for the stimulation of plant growth, stress tolerance, and disease management. Frontiers in Plant Science, 10: 655.

Zheng Y, Wang ZP, Jiang ZX, et al. 2019. Advance in metabolic engineering of microalgae for biofuels and high-value compounds. Scientia Sinica Vitae, 49 (6): 717-726.

# 第五章

## 海洋生物资源保护技术

## 第一节　海洋生物资源保护概述

### 一、海洋生物资源与人类的关系

**1. 食品、药物和工业原料**　　海洋为人类提供的食物总量仅占人类消费总量的 2%，但人类消费的高质量蛋白质约有 20% 来自海洋。大型海藻（如海带、紫菜、石花菜等）也是重要的食物品种。海洋生物可能是一个潜在的药材宝库，开发利用前景十分广阔，不过必须注意保护和管理。另外，江蓠、石花菜是生产琼脂和鹿角胶的原料。

**2. 保护人类生存环境**　　海洋可以调节大气 $CO_2$ 水平、维持全球气体平衡、减轻温室效应等。海洋草场、红树林和珊瑚礁等生态系统有保护海岸的作用。此外，红树林也有清除溶解营养物质和净化水质的作用。

海洋生物泵与海-气碳通量如图 5-1 所示。

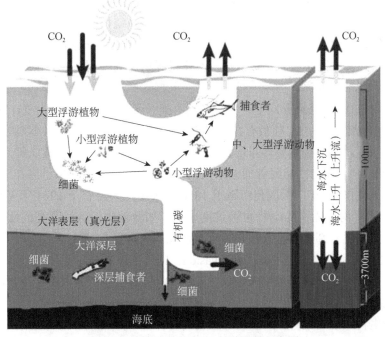

图 5-1　海洋生物泵与海-气碳通量示意图

**3. 海洋生物多样性的其他功能**　　休闲旅游：生态旅游业的基础，具美学、娱乐价值。科研：可以进行从基因到生态系统的各个层次的研究。教育：涉及伦理道德的范畴，呼唤人类天性及教育人类与自然和谐相处。

## 二、海洋生物资源面临的问题

**1. 人类活动的影响**　　人类对海洋的开发和利用历史悠久，从早期的渔业、盐业逐步向外海、远洋发展，到现在已有几千年的历史。近年来随着现代工农业发展所带来的污染物的无序排放，环境恶化加重。能源、粮食和水资源的危机使海洋资源的开发被许多国家列入发展计划。随着海洋资源无节制的开采，海洋资源和环境正在加速退化。世界资源研究所的最新研究表明，世界上51%的近海生态环境因为污染和富营养化处于退化危险之中，其中欧洲和亚洲是退化最严重的地区。《2020年中国海洋生态环境状况公报》发布的信息显示，全国193个入海河流流水状况总体为轻度污染，较2019年无明显变化。193个入海河流检测断面中，无Ⅰ类水质断面；Ⅱ类水质断面43个，占比为22.3%；Ⅲ类水质断面88个，占比为45.6%，Ⅳ类水质断面48个，占比为24.9%；Ⅴ类水质断面13个，占比为6.7%。主要超标指标为化学需氧量、高锰酸钾指数、五日生化需氧量、总磷和氨氮，部分断面溶解氧、氟化物、砷和石油类超标。此外，微塑料在海洋中的污染占比不断升高。2020年塑料类垃圾占海面漂浮垃圾的85.7%，占海底垃圾的83.1%。

人类破坏海洋生态的主要方式有底层拖网对海床环境的破坏，人为改变沿岸区的自然环境，砍伐红树林和改造盐沼滩，采挖珊瑚礁，旅游业的恶性循环，港工建设对生境的破坏污染，现代工农业的发展、沿海人口剧增和海上活动频繁。

**2. 海洋生物资源的过度利用**　　由于海洋环境污染和人为过度捕捞，海洋生物资源衰退、鱼类种群结构呈现小型化和低质化趋势。海洋生态系统也遭受严重破坏，珊瑚礁分布面积大幅减少，红树林生物多样性降低，海草床呈现老化甚至消失趋势。天然渔业由于外来品种的引入，原有的食物链平衡状态被破坏，渔业资源也受到不利影响。传统的优质鱼类资源大幅度下降，不能形成渔汛。

我国东、黄海在20世纪五六十年代以底层鱼类（带鱼、小黄鱼）为主，70年代初以中上层鱼类（太平洋鲱鱼）为主，随后有蓝点马鲛和鲐鱼，至八九十年代以小型中上层鱼类（如黄鲫、鳀鱼）为主。目前鳀鱼资源量已出现下降迹象，小型鱼类（如玉筋鱼）明显增加。

1940～1986年，商业性捕鲸者捕杀了大约50万头鲸；无齿海牛已经在1767年灭绝，从它被发现到灭绝仅26年；缅因州海鼬于1880年灭绝；大海雀于1944年灭绝；僧海豹于1958年灭绝；很多海洋无脊椎动物也被过度采捕，如珊瑚礁的各种漂亮的珊瑚及一些腹足类软体动物（如法螺）都被大量采捕作为观赏商品出售。

**3. 生物入侵**　　生物入侵（exotics invasion）或称生态入侵、生物污染，是指由人类活动有意或无意引入历史上该区域尚未出现过的物种，从而可能造成入侵地生物群落结构与生态功能的巨大变化。

外来海洋生物入侵的危害：严重破坏生物的多样性，并加速本土物种的灭绝；破坏遗传多样性，造成遗传污染；引发赤潮等。

生物入侵的途径如下。

自然入侵：指外来物种是由于自身的力量或借助自然的力量为媒介，转移并扩散到原分布区域以外的领域，并通过繁殖建立种群，改变当地原有自然景观或给当地生物种群造成破坏的外来物种入侵方式。

无意引进：指某个物种借助人类或人类交通运输工具，转移并扩散到其原分布区域以外的地方，造成非有意引进。这种引进虽然是由人的行为造成的，但并没有主观意愿，只是无意识地借助人类活动而被引进。

有意引进：人类基于自身某种需要或其他目的，将某个物种转移到其原分布范围以外的区域。例如，为发展水产养殖业，优化养殖品种，满足渔业生产需要和提高经济效益，以及为了观赏、娱乐或者生物防治等，从国外或外地引入了大量物种，由于管理不善或事前缺乏相应的风险评估，有的物种变成了入侵种。

**4. 全球环境变化**　　　人类活动排放的二氧化碳影响全球气候和环境。海洋作为一个重要的碳汇，对调节大气中二氧化碳含量起着重要的作用。然而，由于吸收人类排放的二氧化碳，海水的酸性不断增强，威胁海洋生态系统。海洋酸化可称为全球气候的化学危机。除了全球变暖外，海洋酸化也会使海洋生物遭遇灾难性的影响。自工业化以来，海洋表层水的酸化程度提高了几乎 30%。如果不尽快采取行动，珊瑚礁将是气候变化最为直接的受害者之一。珊瑚礁虽然只占海洋表面的 1%，但维系着多达 25% 的海洋物种的生存。珊瑚礁生态系统的破坏也将对沿海地区、渔业和旅游业的保护产生影响。二氧化碳的排放量若无显著减少，到 2050 年，世界上几乎所有的珊瑚礁都可能受到这种酸性条件的影响。

海洋温度升高会使物种大规模迁移，从而导致全球生物多样性下降，温暖水域中的物种数量将会减少，而极地周围较冷地区的物种数量则会急剧增加，这种变化可能对全球渔业和水产养殖业产生非常严重的影响。

气候变化也以两种不同的方式威胁着海洋中的氧气供应。首先，温水容纳氧气的能力没有冷水强，所以随着海洋升温，含氧量将会下降。其次，温度较高的水密度较低，靠近水面含氧丰富的水难以下沉和循环。因此，深海氧气耗尽的风险尤其巨大，依赖氧气的鱼类将出现生长速度变慢、尺寸变小且繁殖能力降低的情况。氧气依赖性高的较大型鱼类如金枪鱼、箭鱼和鲨鱼，都将被迫浮到氧气更丰富的表层水域，而它们的大部分猎物也将如此，这将导致食物竞争加剧。原来生活在海底或海床上的生物也需要寻找较浅的水域。由于更多的海洋生物将栖息在更小、更容易到达的区域，因此海洋捕捞变得更加容易，过度捕捞现象频发。

## 三、海洋生物资源保护措施

海洋生物资源面临的种种问题警醒我们，在开发和利用海洋生物资源的同时，做到合理有效地保护，实现可持续发展及人类和海洋的和谐共处，是我们必须承担的社会责任。

目前对海洋生物资源的保护主要在两个方面：一是通过立法的形式如《联合国海洋法公约》及各个临海国家颁布的各种生物资源保护法对海洋生物资源加以保护；二是利用现代技术手段对海洋生物资源合理开发、利用、管理。

《联合国海洋法公约》是一部现代国际海洋法律秩序的框架性协议，1982 年通过，1994

年生效，已获得 150 多个国家的批准，我国于 1996 年成为《联合国海洋法公约》缔约国。这部公约是国际上第一部以法典化的形式建立的海洋法法律框架，较全面地提供了国际海洋生物资源养护利用、环境保护、生态保护的法律依据。此后，各个临海国家也以此为依据颁布了相关的捕捞和保护措施。在《联合国海洋法公约》之后，于 1992 年 6 月颁布的《生物多样性公约》是一项有法律约束力的公约，旨在保护濒临灭绝的动植物，最大限度地保护生物多样性。这些法律的颁布是对海洋生物资源保护非常有效的方法。

目前，我国还没有专门的海洋生物资源保护法，只是在一些相关的法律法规，如《中华人民共和国海洋环境保护法》《中华人民共和国渔业法实施细则》等内容中有所体现。

根据现有的海洋生物资源管理模式，我们需要做的是进一步完善法律法规，建立更有针对性的海洋生物资源保护法，同时借鉴其他国家成熟的管理措施保护海洋渔业资源，保护海岸带与海岸湿地、海岸红树林区、珊瑚礁、海藻场等。此外，还需对已经遭受破坏的海域做好治理和修复工作。建立海洋自然保护区，用以保护珍稀、濒危海洋生物物种、经济生物物种及其栖息地、有重大科学文化价值和景观价值的海洋自然景观、自然生态系统，维持并发展生物多样性。对于海洋生物资源的发展规划，可以通过建立多渠道的融资体系和产业技术联盟，实现成果转化、形成产业化。

# 第二节　海洋微生物资源概述与保护

## 一、海洋微生物资源概述

海洋微生物资源包括海洋细菌资源、海洋古菌资源、海洋真菌资源及海洋病毒资源等。

**1. 海洋细菌资源**　　由于海洋细菌有独特的理化和代谢特征，在工农业、医药等领域有广泛的应用。海洋细菌能够产生优质的蛋白酶、脂肪酶、纤维素酶、几丁质酶等。*Pseudoalteromonas*、*Shewanella*、*Vibrio* 等分泌的蛋白酶耐盐、耐低温，对大分子蛋白质有较高的催化效率，是目前报道较多的海洋细菌蛋白酶的来源。*Vibrio fluvialis*、*Vibrio parahaemolyticus*、*Vibrio mimicus* 被报道是几丁质酶的来源。从深海嗜冷假交替单胞菌中分离到水解糖苷第五家族纤维素酶 CelX，从 *Bacillus*、*Photobacterium* 等菌中得到低温脂肪酶。海洋细菌在降解污染物和环境修复方面也有应用，与物理或化学方法处理重金属污染相比，此方法高效且产生副产物无毒。据报道，哈维弧菌具备很好的重金属镉的富集能力，达到 23.3mg 镉/g 细胞干重。另外，一些紫色非硫海洋细菌 *Rhodobium marinum*、*Rhodobacter sphaeroides* 具有通过生物吸附和转化的方式处理铜、锌、镉、铅等重金属能力。Andrady 等发现 *Rhodococcus ruber* 在富集培养基中 30d 内 8%的降解率。短小芽孢杆菌、枯草芽孢杆菌、藤黄微球菌等在塑料降解过程中通过产生生物表面活性剂而起到辅助降解作用。不动杆菌属（*Acinetobacter*）、芽孢杆菌属（*Bacillus*）、海杆菌属（*Marinobacter*）等超过 500 个海洋细菌能够处理油轮沉没、输油管道损坏等造成的水域污染。尽管海洋细菌资源在环境治理、污染物降解等方面有广泛的应用，但是它的存在也有一定的危害性。海洋细菌在船舶、浮标、水下缆线和管道等材料表面产生大量分泌物，形成生物被膜，造成生物污损。海洋细菌尤其是

弧菌属使有肝脏疾病的人更易受到感染，甚至一些免疫功能正常的人群也会受到创伤弧菌
（*Vibrio vulnificus*）感染。如果海洋细菌感染鱼类、贝类也会给海水养殖业带来极大损失。因
此，对海洋细菌资源合理利用的同时，也要考虑可能存在的负面影响。

**2. 海洋古菌资源**　　1951 年 Stadtman Barker 从海泥中分离获得万氏甲烷球菌
（*Methanococcus vannielii*），开启了对海洋古菌的研究。1992 年 Delong 和 Furhman 研究组首
次通过免培养方法在太平洋及近岸海洋环境检测到未知古菌的存在，随着分子生物学技术的
成熟，Karner 等发现古菌在某些海洋环境中占比达到 20%甚至更高。Karner 等统计了亚热带
太平洋海水中的古菌，发现泉古菌门在深海海水中普遍存在，0～1000m 深的海水中古菌细
胞数量达到 $5 \times 10^4$/mL，而且受季节和深度的影响呈规律性变化。在沉积环境中发现能耐受
85℃生长的深海热液古菌 *Methanocaldococcus jannaschii*；泉古菌海葡萄嗜热菌（*Staphylothermus
marinus*）能耐受 98℃；更有能耐受 110℃且耐高盐的坎德勒氏甲烷嗜热菌（*Methanopyrus
kandleri*）。不仅在海洋高温环境中古菌普遍存在，低温环境也有。南极海洋夏季水温只有 0℃
左右，盐度为 3.3%～3.47%，古菌也很丰富，且随季节和深度变化，冬末春初较夏季丰富，
500m 水深环境较表层更丰富。古菌类群虽然能够用分子生物学的手段检测，目前能获得纯
培养的较少。

**3. 海洋真菌资源**　　海洋真菌是海洋微生物的一个主要分支，是指从海洋环境或相关
环境中分离得到的真菌的总称。关于海洋真菌的界定问题有较多争议，一种观点认为来源于
海洋并能在海洋生境中生长与繁殖的真菌称为专性海洋真菌，来源于陆地或淡水，也能在海
洋生境中生长与繁育者称为兼性海洋真菌。Schaumann 估计海洋环境的真菌物种达 6000 个，
而在文献中有报道的大约有 1500 个。海洋真菌的分布很广，甚至在盐度为 50～100ng/L 的
死海也能存在。根据海洋真菌的生长习性主要分为以下几类：来源于漂浮木和潮间带木的木
生真菌；寄生在褐藻、红藻等的附生藻体真菌；寄生在珊瑚、贝类等的寄生动物体真菌；红
树林内生真菌。

**4. 海洋病毒资源**　　海洋病毒是海洋生态系统中丰度最高的一类生物体，据估算其数
量可达到 $10^{30}$。根据病毒侵染宿主的不同，海洋病毒分为海洋动物病毒、海洋植物病毒、真
核藻类病毒、原核藻类病毒（噬藻体）、噬菌体等，其中以海洋噬菌体最为丰富。大多数海
洋噬菌体具有头和尾结构的复合形态，核酸为线型双链 DNA。根据噬菌体尾部特征的不同，
可以分为肌病毒科（*Myoviridae*）、长尾病毒科（*Siphoviridae*）、短尾病毒科（*Podoviridae*）。
海洋病毒还可以原核生物蓝藻为宿主增殖，称为噬藻体。已报道的噬藻体大多为双链 DNA 病
毒，根据形态不同也分为三科：肌病毒科、长尾病毒科和短尾病毒科。由于真核藻类含有的
病毒少而且很多不具传染性，所以对于真核藻类的病毒研究得较少。

除了海洋 DNA 病毒，对海洋 RNA 病毒也有所研究。目前已经分离鉴定的病毒有单链
RNA 病毒，如赤潮异弯藻（*Heterosigma akashiwo*）病毒、圆鳞异囊藻（*Heterocapsa
circularisquama*）病毒等；双链 RNA 病毒，如细小微单胞藻（*Micromonas pusilla*）病毒、地
中海岸蟹（Mediterranean shore crab）病毒等。海洋病毒侵染宿主引起疾病和死亡，从而调
节生物种群的大小。病毒的裂解作用影响宿主的丰度使种群结构发生改变，导致生物群落的
演替。在病毒与宿主长期共存的过程中，参与并介导遗传物质的转移。近年的研究发现，海
洋病毒甚至间接参与气候调控。海洋病毒裂解宿主细胞产生二甲基硫丙酸（DMSP）释放到

水体，被由细菌产生的 DMSP 降解酶降解产生二甲基硫（DMS），DMS 进入大气层后参与气候调节。

## 二、海洋微生物资源保护

### （一）就地保护

海洋原核微生物是海洋生态系统的重要组成部分，参与海洋生态系统的物质能量交换、转换，维持海洋生态系统平衡。在海洋的天然极端环境下，生存着特殊的微生物物种，这些生物对海洋资源的开发利用和研究有重要价值。一旦海洋资源环境遭受盲目开发破坏，有些生物还没有被发现就已经灭亡了。所以，对海洋资源的"就地保护"必须与自然生态保护同步，在保护海洋生态系统的同时也保护了微生物资源。例如，在一些红树林、海草床、珊瑚礁等生态系统建立自然保护区。

### （二）迁地保护

对海洋原核微生物资源的保护除了就地保护外，还有迁地保护。迁地保护主要依赖专门的微生物资源保护机构，并在此机构的统一规划下，组合微生物学、生态学、信息学等学科，运用先进的方法和技术手段进行物种的调查、收集、鉴定、保存，然后整理、编撰成册，建立资源库。

**1. 海洋原核微生物菌种的保藏方法**　　菌种保藏的目的是使菌种被保藏后不死亡、不变异、不被杂菌污染，保持优良性状，因此必须降低菌种变异率。而导致菌种变异的主要因素在于微生物的生长繁殖，要使微生物的生长繁殖不活跃必须保持低温干燥、隔绝空气的环境。根据不同菌种的特性，目前常用的菌种保藏方法有斜面低温保藏法、液体石蜡保藏法、甘油保藏法、冷冻干燥保藏法、滤纸保藏法、沙土保藏法、液氮冷冻保藏法等。

（1）斜面低温保藏法。将菌种接种在适宜的斜面培养基上，待菌生长充分移至 $0 \sim 4$℃冰箱低温保藏。保藏时间和温度由菌种决定。霉菌、放线菌及芽孢菌保存 $2 \sim 4$ 个月，移种一次；酵母菌 2 个月移种一次，细菌一般每月移种一次。此法操作简单，不需要特殊设备，能随时检查菌株污染、变异情况；缺点是菌株易变异，传代过程污染杂菌的机会多，因此此法适宜菌种的短期保存。

（2）液体石蜡保藏法。液体石蜡保藏法利用液体石蜡覆盖在培养基表面，阻止氧的供给，控制菌丝的物质代谢，阻止培养基水分蒸发。无菌条件下，用试管斜面培养基接入需保藏的菌种，待菌丝长满斜面时，注入液体石蜡，液面高度高出斜面顶端 1cm 左右，塞好试管口或用固体石蜡封口，置于 $0 \sim 4$℃或低温干燥处保藏。此法不需要特殊设备，不需要经常移种，保藏效果好，保藏时间较长，可达一年以上。保藏过程需及时补充无菌液体石蜡，保证其覆盖培养基。

（3）甘油保藏法。30%甘油与种子液按体积比 1∶1 的量加入菌种保存管，灭菌，然后加入待保藏菌种，于−70℃或−20℃保藏。此法适用于中长期菌种保藏，时长一般为 $2 \sim 4$ 年。

（4）冷冻干燥保藏法。将安瓿瓶洗干净 121℃灭菌 30min，备用。已培养好的菌种加入灭菌脱脂牛奶制成浓菌液，每支安瓿瓶装约 0.2mL 菌液。将装有菌液的安瓿瓶放在−80～−70℃的低温冰箱中冷冻。冷冻过的安瓿瓶放入真空干燥仪，真空干燥，封口抽真空，一般真空度达到 26.7Pa，以煤气喷灯的细火焰在安瓿瓶颈中央封口，封口以后保存于冰箱或低温环境。此法适于长期保存，可达数年。

（5）滤纸保藏法。待保存菌种接种于适宜培养基，长好后，加入已灭菌的脱脂牛奶 2mL 左右到斜面培养基，混匀制成菌悬液。无菌操作下取事先已灭菌好的滤纸条浸入菌悬液，吸饱后放至已灭菌的安瓿瓶中，塞上棉花。将安瓿瓶放入真空干燥器，快速干燥，火焰封口后保存于冰箱。此法可保存菌种 2 年左右。

（6）沙土保藏法。取河沙加入 10%盐酸，加热煮沸 30min，以除去有机杂质，水洗至中性，烘干过 40 目筛，除去粗颗粒，待用。另取不含腐殖质黄土或红土，水洗至中性、烘干、碾碎、过 100 目筛。将前述的河沙和土以 3∶1 的比例混匀装入安瓿管，每管 1g，塞上棉塞，灭菌、烘干。按 1/10 的概率抽样进行无菌检查，将沙土倒入肉汤培养基中，37℃培养 48h，若有杂菌，需全部重新灭菌再做无菌实验，直至检测证明无菌为止。取培养好的菌种，无菌水制成菌悬液，每支沙土管加入 0.5mL 左右菌悬液，置于真空干燥器，快速干燥。按照 1/10 的比例抽取沙土管，用接种环取出少量沙粒，接种于适宜培养基，观察生长情况和有无杂菌生长，若出现杂菌或菌落数很少，须进一步抽样检查；若检查没问题，火焰封口，置于冰箱保存。此法适宜保藏能产生孢子的微生物如放线菌，效果较好。菌种可保存两年，对营养细胞保存效果不佳。

（7）液氮冷冻保藏法。将菌种用 10%的无菌甘油制成菌悬液，装入已灭菌的用硼硅酸盐制造的安培管（0.1mL 左右），旋紧管盖，以每分钟下降 1℃的速度预冻至−30℃；然后将预冻管置于液氮保存。恢复培养保藏的菌种时，取出安培管，立即放入 38～40℃的水浴急剧解冻，直至完全融化后取菌体于适宜培养基培养。此法不仅适宜保藏一般微生物，对于一些冷冻干燥法都难以保藏的微生物如支原体、衣原体等都可以长期保存，且不易发生变异。缺点是需要特殊设备。

**2. 海洋真菌菌种保藏法**　　目前真菌资源保藏技术大致分三类。第一种通过不断将菌株移植到新鲜培养基上，让真菌连续生长，然后置于低温环境，包括斜面移植法、隔绝空气法、蒸馏水保藏法等。第二种是通过脱水降低细胞水分从而抑制菌株代谢活性，包括冷冻干燥保藏法、超低温保藏法、固定化保藏法等。第三种是利用干燥的载体吸附菌株的休眠体技术。

（1）斜面移植法。斜面移植法是将菌种定期接种到适宜培养基上，放入 4℃保藏。由于此法需要耗费大量的时间和人力，所以适用于少量菌株的短期保存。该方法在保藏过程中易发生基因突变、菌株污染等现象。一般在转接过程都要检查菌种是否发生变异。不使用同一种培养基连续转接，选择营养贫瘠的培养基更替使用以减少菌种的定向选择。

（2）隔绝空气法。此法是将琼脂斜面或液体培养物浸泡于灭菌的矿物油、甘油或液体石蜡，液面高度在培养物上 1cm 左右，塞上塞子，竖直放于 4℃保藏。培养过程中观察液面高度变化，若液面不能覆盖培养基，要及时补充矿物油或甘油。对基质敏感或可以利用基质的菌种不适宜用此种方法保藏，对难以冷冻干燥的丝状真菌或难以在固体培养基上形成孢子的担子菌等的保藏较有效。

（3）蒸馏水保藏法。将大约 4mL 无菌蒸馏水加入培养好的菌落，用无菌棉签洗下菌落，形成均匀的菌悬液，倒入已灭菌的瓶子，无菌条件下加盖密封，做好标记，室温保藏。此法适于大部分真菌的保藏，技术简单，成本低，保藏年限可达 20 年之久。

（4）冷冻干燥保藏法。该法是在减压条件下利用真空干燥过程的升华原理除去冷冻的培养物或孢子悬液中的水分，使真菌在温和不损伤的情况下处于干燥缺氧状态，减缓细胞新陈代谢，达到长期保存目的。此法操作的关键是在减压干燥时控制温度在−15℃以下，培养物的水分为 5%左右。在冷冻干燥过程中加入保护剂减少细胞损伤。保护剂的选择由菌株决定。目前用得较多的包括血清、脱脂乳、肌糖、海藻糖及蛋白胨等。此方法适用于一些产孢子尤其是产生子囊孢子和分生孢子的真菌，保藏周期可达 40 年，不过对于菌丝体细胞的保藏成活率较低。

（5）超低温保藏法。超低温保藏法通过冷冻使真菌体内水分凝结，延缓代谢，实现长期保存。根据温度的不同，分为低温冰箱保存（−20℃，−40℃，−80℃）、干冰保存（−70℃）、液氮保存（−196℃）。冷冻温度、复活过程升温速度、保护剂的选择会影响真菌保藏效果。一般而言，保藏前控制降温速率，以 1℃/min 速度为宜，温度越低越好，复活的时候快速置于 40℃左右的水浴 2min。

（6）固定化保藏法。固定化保藏法需要先制备真菌的孢子或菌丝的藻酸盐悬浮液，然后加入藻酸钙的溶液，形成的藻酸钙微小球体将孢子或菌丝包裹其中，静置一会儿，将藻酸钙小球放置高渗溶液脱水，最后按真菌的常规保藏法保藏。

（7）载体吸附保藏法。载体吸附保藏法是将真菌吸附在土壤、沙子、滤纸等载体上，干燥处理后保藏菌种的方法。适于产孢子或芽孢微生物的保藏。不过对双相真菌用沙土保藏法的研究发现其活性、形态都受到影响，表明双相真菌不适于沙土中长期保存。

**3. 海洋病毒的保护**　　海洋病毒需要借助宿主完成自己的生命周期，而且海洋病毒有专一性的特点，因此为了维持海洋病毒多样性，保护好海洋生态系统，保护宿主成为保护海洋病毒的一种方式。对海洋病毒的保护，可以实行就地保护，也可以通过建立病毒保藏机构实行迁地保护。目前，国内的病毒保藏机构有中国科学院武汉病毒研究所微生物菌（毒）种保藏中心、中国典型培养物保藏中心等。由于海洋病毒的分离、传代技术难度高，对海洋病毒的保护处于初级阶段。

# 第三节　海洋动物资源概述与保护

## 一、海洋动物资源概述

我国从北向南有渤海、黄海、东海和南海四大海域，纵跨温带、亚热带、热带三个气候带，分布着鱼类、虾蟹类、头足类和哺乳类等海洋动物资源。四大海域的鱼类种类丰富，主要以暖温性和暖水性鱼类为主，中上层的经济鱼类主要有鳀、鲉、蓝点马鲛、银鲳、蓝圆鲹、竹笺鱼、黄鲫、青鳞小沙丁鱼等，底层鱼类有带鱼、小黄鱼、绿鳍马面鲀、黄鳍马面鲀、白姑鱼、鲆鲽类、黄鲷、蛇鲻类。虾蟹类种类繁多，包括暖水性、暖温性、冷温性和冷水性种类，主要有对虾、鹰爪虾、高脊管鞭虾、毛虾、三疣梭子蟹、细点圆趾蟹、红黄双斑蟳、口虾蛄等。头足类种类较少，主要有暖水性和暖温性种类，主要包括日本枪乌贼、火枪乌贼、曼氏无针乌贼、神户枪乌贼、中国枪乌贼、太平洋褶柔鱼、短蛸和长蛸等。我国常见的哺乳类海洋动物主要有江豚、中华白海豚、小须鲸、灰鲸、瓶鼻海豚、斑海豹等。尽管海洋动物资源种类丰富，但也不是取之不尽、用之不竭的。

有文献显示，1949 年以来，在经济建设快速发展的同时，自然环境也遭受不同程度的破坏，天然海岸线减少，受污染的海域面积增加，海洋动物的生活环境恶化，捕捞量过大，在提高人们物质生活水平的同时也破坏了海洋物种资源的平衡。黄海、渤海海域鱼类的年产量在 20 世纪七八十年代为 50 万～70 万吨，90 年代增长迅速，1999 年达到 300 万吨，此后呈下降趋势；虾蟹类年产量 1974 年以前在 10 万～20 万吨，此后 10 多年间维持在 20 万～30 万吨，1988 年超过 30 万吨，之后进入快速增长期，到 2000 年达到 90 多万吨，近几年对虾产量大幅下降；头足类产量比例较低，一般年产量在 3 万吨以下，2000 年创新高达到 7 万吨。东海中上层鱼类产量在 20 世纪 90 年代比 80 年代增长 2 倍多，而底层种类（包含虾蟹和乌贼类）的年产量占东海捕捞量的比例从 80 年代到 90 年代有所下降，说明东海区底层鱼类资源的衰退较严重。面对生态系统退化、环境污染严重导致海洋鱼类，虾蟹类产量下降的现状，党的十八大提出"推进生态文明建设"，为了我们的子孙后代，我们要坚持资源利用与生态保护结合，保护海洋渔业资源和生态环境，促进海洋渔业资源可持续发展。

## 二、海洋动物资源保护

**1. 海洋动物种质资源保护**　　种质资源又称遗传资源、基因资源，是指某一物种的栽培或驯化品种、野生种、近缘野生种可利用和研究的遗传材料。水产种质资源保护区就是在有较高经济价值和育种价值的种质资源的主要生长繁育区域划定的用于保护水产种质资源生长环境的水域、滩涂、陆域。该区域受到特殊的保护和管理，未经批准，任何单位和个人不能在此区域从事捕捞活动。水产种质资源保护区分国家级和省级。国家级的保护区有辽东湾渤海湾莱州湾国家级水产种质资源保护区、东海带鱼国家级水产种质资源保护区、黄河口半滑舌鳎国家级水产种质资源保护区等。辽东湾渤海湾莱州湾国家级水产种质资源保护区是小黄鱼、中国对虾、三疣梭子蟹等经济鱼虾的主要产卵场、育苗场。东海带鱼国家级水产种质资源保护区主要保护带鱼、马鲛、鲳鱼、大黄鱼等产卵亲体和幼体，这些保护区的建立修复了各海域的渔业资源，促进渔业可持续发展。

对于珍稀濒危动物，调研其自然种群的数量、濒危程度、分布状况等现状，通过驯养繁殖或人工繁殖实施种群的保护。目前中华鲟、达氏鲟、秦岭细鳞蛙等在我国已形成一定的人工养殖规模。

**2. 渔业资源增殖放流**　　增殖放流是人为地将鱼虾等的卵子、幼体或成体投放到海洋、滩涂、湖泊、水库等天然水域，增加种群数量，改善水域生物群落结构。有数据显示，近年来我国增殖放流数量、投入资金持续增加，放流种苗数量从 2006 年的 40 亿尾左右到 2011 年的 150 亿尾，投入资金从 2006 年的 1 亿元左右到 2012 年的 10 亿元。移殖是增殖放流的另一种方式，不过要重视移殖造成的生物入侵现象。例如，新疆博斯腾湖的大头鱼由于河鲈的移殖惨遭灭种，云南滇池由于引入太湖银鱼导致本地种群数量骤减。所以 2009 年农业部颁布了《水生生物增殖放流管理规定》，"禁止使用外来种、杂交种、转基因种以及其他不符合生态要求的水生生物物种进行增殖放流"。一些科研专项"黄渤海生物资源调查与养护技术研究""海洋重要生物资源的养护与环境修复技术研究与示范"等的立项、实施使增殖放流技术取得突破进展，促进渔业健康可持续发展。

**3. 建设海洋牧场**　　早在 1965 年，我国的海洋牧场奠基人曾呈奎院士等就提到了运用人工种植和养殖海洋生物的技术在海洋中建设"牧场"的战略想法。1971 年日本作为国际上最早进行海洋牧场研究的国家正式提出了"海洋牧场"概念。1978～1987 年，日本在全国范围推进"栽培渔业"计划，并于 1977 年成功建成世界上第一个海洋牧场——黑潮海洋牧场。我国海洋与渔业工作者经过多年的探索实践，同时借鉴国际上其他国家的经验，提出建设现代海洋牧场的新理念。建设现代海洋牧场，就是通过人工鱼礁投放、藻礁和藻场建设、资源增殖放流、音响投饵驯化、海域生态化管理等方式，使生态效益、经济效益与社会效益三者能够持续协调发展。人工鱼礁是海洋牧场建设的基础工程，在我国的发展历史久远，1979 年广西水产厅在我国北部湾放置了首个混凝土制的人工鱼礁，标志着我国海洋牧场建设的开始。此后由于某些原因，人工鱼礁的建设中止，到 21 世纪随着渔业产业结构调整和环保意识的增强，人工鱼礁建设得到迅速发展。如今，我国海洋牧场的建设发展了几十年，规模化生产逐渐成熟，有关资料表明截止到 2016 年全国海洋牧场建设资金已投入超 55.8 亿元，已建成海洋牧场 200 多个，涵盖海域面积超过 850km$^2$，国家级海洋牧场示范区共 64 个，典型代表有大连獐子岛海洋牧场、秦皇岛海洋牧场、长岛海洋牧场、海州湾海洋牧场等多个以人工鱼礁投放和增殖放流为主的海洋牧场。目前，国内对于人工鱼礁的相关项目多限于研究某些单项技术，而海洋牧场建设需要考虑更为复杂的海洋生态系统，注重工程和生物的和谐。今后海洋牧场的建设和发展趋势将更加注重海洋牧场生境建造和栖息地保护，运用现代化的技术监测和管理牧场，人工鱼礁向深海域发展。

**4. 建立规范制度加强海洋动物资源的管理**　　党的十九大做出了设立国有自然资源资产管理和自然生态监管机构的重要部署，党的十九届三中全会通过了深化党和国家机构改革的方案，设立自然资源部，将海洋资源纳入国家自然资源管理体系进行统一管理。"十三五"期间，我国全面实施海洋渔业资源总量管理制度，实现内陆七大流域、四大海域休禁渔制度全覆盖。压减海洋捕捞渔船超过 4 万艘、150 万 kW，创建国家级海洋牧场示范区 136 个，增殖放流各类苗种超过 1500 亿单位；实施国家海洋渔业生物种质资源库、南极磷虾捕捞船、渔业资源调查船、渔港锚地、大型深远海养殖设施装备等渔业重大项目，为 11 万余艘渔船配备了安全和通导装备。渔业科技进步贡献率从 58% 提升到 63%，获得国家科学技术进步奖 9 项，培育新品种 61 个，制定渔业国家和行业标准 268 项。"十四五"期间，我国将进一步完善休禁渔制度，有序推进海洋渔业资源总量管理和限额捕捞制度。全国海洋捕捞机动渔船数量与 2020 年相比实现负增长。建设一批国家级海洋牧场示范区，增殖放流各类水产苗种及珍贵濒危物种 1500 亿单位以上。

# 第四节　海洋植物资源概述与保护

## 一、海洋植物资源概述

海洋植物资源的代表有海藻、海草、红树林等，详见第四章第一节。

## 二、海洋植物资源保护

（一）海藻资源的保护

海藻的光合作用可以调控温室气体含量，异养作用可以维持生态系统的物质能量传递。海藻中的生物活性物质具有抗氧化活性、抗肿瘤活性、抗糖尿病活性等，使其在医药、保健、食品等领域有极大的开发利用空间。规模化养殖海藻可以缓解水体富营养状况，除去海洋有毒污染物。为了充分挖掘海藻的利用价值，保护海藻资源迫在眉睫。

**1. 海藻藻种的分离、纯化与保藏**　　在采样点取约 2L 的海水，通过乙酸纤维滤膜过滤收集浮游植物，滤膜放入已预装 5mL f2 培养基的采样瓶，补加约 15mL 海水，此法适宜微藻浓度较低的样品采集，然后直接转入培养架预培养；对于藻浓度较大的海水样品，用搅、刮等方法从水底的礁石、岸堤等采集藻种加入现场海水，加入培养基后预培养。对预培养的藻株用稀释涂布法或划线法进行分离和纯化，数量少或颜色、形态特别的藻种在倒置显微镜下用毛细管法挑出在 96 孔板分离。形成"藻落"后，从固体培养基挑选单藻落转入液体培养基，待液体培养物繁殖后观察是否为单种，若是单种，则进行第一轮纯化，即用无菌培养基稀释成多个浓度梯度，找出最适宜的细胞浓度涂布平板。第一轮纯化的培养物重复上述操作进行第二轮纯化，然后将纯培养物或单株藻种编号，长期继代保藏；如不是单种则需重复藻株的分离直至获得单种培养物后再纯化。

**2. 海藻的保藏**

（1）继代法保存。此法适宜一切藻种。在常温（25℃左右）或常低温（0～15℃）、弱光条件下用液体、固体斜面或平板 3 种方式培养，常用培养基有 f2、SE、琼脂培养基等。在继代保存过程中要求严格无菌操作以防止污染和变异。

（2）固定化保存法。该法适用于多数微藻。在常温或低温条件下，将游离细胞固定在多糖或多聚物形成的网格中，延缓代谢，抑制细胞生长与分裂。

（3）超低温保存法。先将微藻慢速降温，冷适应后放入液氮（-196℃），超低温度下微藻的代谢和生长几乎停止，室温下又会复活。

（4）冷冻真空干燥法。在-70℃左右的极低温度将藻种快速冷冻，然后真空干燥，使其新陈代谢高度静止。此法保存的细胞复苏效果好。

（5）包埋-脱水法。将藻种用褐藻胶固定，脱水到一定程度后低温保存。常用硅胶吸附脱水或干燥脱水。

（6）玻璃化法。通过玻璃化法降温，将藻类转变成玻璃态。由于整个操作时间短，细胞内外的水不形成结晶，可减少细胞结构因冰晶形成的损伤，细胞存活率高。

（二）海草资源的保护

近年来海草资源受到养殖业、捕捞渔业、围海填海、港口修建、沿岸排污、旅游业等人为因素的破坏，同时自然灾害、物种入侵、全球气候变化也使海草遭受严重退化。海草资源的保护还没有引起足够重视。目前，对于海草保护的各项技术还较欠缺。对海草资源的保护首先要保护海草生境，禁止非法捕捞和养殖，污水排放前要处理，禁止非法的围海活动，合理开发海洋生态旅游。对于已经遭受破坏的海草生态系统，通过移植和修复技术再造海洋生境。近年来高光谱遥感技术在海草的分布、识别检测方面有广泛的应用。移植海草时可以把底质和根茎一起移植（草皮法和草块法），也可以移植根茎（根茎法）。草块法能够规模化移植，所以适宜港口、填海造田的海草床移植。另外，还可以在修复区播种海草种子。

### （三）红树林资源的保护

红树林是以红树植物为主的木本植物群落，包括木本植物、藤本植物和草本植物，主要生长在南、北回归线之间的热带、亚热带的海河湾口潮间带，与周围的水体、土壤组成红树林生态系统。红树植物群落通过土壤中的根系吸收重金属，降低土壤污染，通过光合作用吸收二氧化碳调节大气温度。红树林还可以在恶劣天气防御台风。因此，红树林生态系统称得上热带、亚热带浅海环境的"海岸卫士"。然而沿海城市的发展，全球的气候变化，城市生活污水、工业废水未经处理就排入海水，外来物种的入侵等因素使红树林资源面积剧减，生态功能退化。对红树林资源的保护势在必行。一方面依靠政府制定相应的保护政策，另一方面尝试探究红树林造林技术。根据红树林适宜的生长环境选择多树种混合造林，以当地树种为主，引进树种为辅，并且探索引进树种原产地和引种地的气候、土壤等环境的差异，对引进树种进行驯化。

## 思考题

1. 我国海洋生物资源保护存在的主要问题与制约因素有哪些？
2. 什么是海洋牧场？其发展现状如何？
3. 渔业资源增殖放流的方法主要有哪些？
4. 海藻的保藏方法有哪些？优缺点各是什么？

## 本章主要参考文献

陈集双，欧江涛. 2017. 生物资源学导论. 北京：高等教育出版社.

范作卿，吴昊，顾寅钰，等. 2017. 海洋植物与耐盐植物研究与开发利用现状. 山东农业科学，2：168-172.

顾金刚，李世贵，姜瑞波. 2007. 真菌保藏技术研究进展. 生命科学，24：526-530.

黄小平，黄良民. 2008. 中国南海海草研究. 广州：广东经济出版社：3-131.

焦念志. 2006. 海洋微型生物生态学. 北京：科学出版社.

金显仕. 2006. 黄渤海渔业资源综合研究与评价. 北京：海洋出版社.

李太武. 2013. 海洋生物学. 北京：海洋出版社.

林鹏. 2006. 海洋高等植物生态学. 北京：科学出版社.

桑军军，邓淑文，郭凯，等. 2014. 医学真菌菌株保藏方法概述. 中国真菌学杂志，9：107-110.

唐启升. 2006. 中国专属经济区海洋生物资源与栖息环境. 北京：科学出版社.

唐启升. 2014. 中国海洋工程与科技发展战略研究：海洋生物资源工程卷. 北京：中国农业出版社：177-280.

滕玲. 2019. "珍惜海洋资源保护海洋生物多样性"善待"蓝色未来". 地球，（6）：10-17.

王慧，柏仕杰，蔡雯蔚，等. 2009. 海洋病毒——海洋生态系统结构与功能的重要调控者. 微生物学报，49：551-559.

王梁华，焦炳华. 2016. 生物技术在海洋生物资源开发中的应用. 北京：科学出版社.

王文卿，王瑁. 2007. 中国红树林. 北京：科学出版社.

王友绍. 2013. 红树林生态系统评价与修复技术. 北京：科学出版社.

吴文惠，许剑锋，刘克海，等. 2009. 海洋生物资源的新内涵及其研究与利用. 科技创新导报，29：98-99.

徐少琨，向文洲，张峰，等. 2011. 微藻应用于煤炭烟气减排的研究进展. 地球科学进展，26（9）：8-17.

薛山，王淼. 2013. 基于可持续发展的海洋资源保护与开发. 中国渔业经济，(6)：152-156.

杨云. 2018. 我国海洋牧场示范区建设管理比较研究. 大连：大连海洋大学硕士学位论文.

岳昂. 2012. 海洋资源保护方法研究. 学理论，(32)：126-127.

张偲，金显仕，杨红生. 2016. 海洋生物资源评价与保护. 北京：科学出版社.

张偲. 2013. 中国海洋微生物多样性. 北京：科学出版社.

张涛，奉杰，宋浩. 2021. 海洋牧场生物资源养护原理与技术. 科技促发展，(2)：206-212.

郑凤英，邱广龙，范航清，等. 2013. 中国海草的多样性、分布及保护. 生物多样性，21（5）：517-526.

Castro P，Huber ME. 2011. 海洋生物学. 6 版. 茅云翔，译. 北京：北京大学出版社.

Abd-Elnaby H，Abou-Elela GM，EI-Sersy NA. 2011. Cadmium resisting bacteria in Alexandria Eastern Harbor （Egypt)and optimlzation of cadmium bioaccumulation by *Vibrio harveyi*. African Journal of Biotechnology，10：3412-3423.

Andrady AL. 2011. Microplastics in the marine environment. Mar Poll Bull，62：1596-1605.

Chakraborty K，Vijayagopal P，Chakraborty RD，et al. 2010. Preparation of eicosapentaenoic acid concentrates from sardine oil by *Bacillus circulans* lipase. Food Chem，120：433-442.

Kim SK. 2015. Springer Handbook of Marine Biotechnology. Berlin：Springer.

Lang AS，Rise ML，Culley AI，et al. 2009. RNA viruses in the sea. FEMS Microbiol Rev，33：295-323.

# 第六章

## 海洋环境保护生物技术

## 第一节　海洋环境污染现状

### 一、海洋污染概念

海洋污染是由于人类活动，直接或间接地把物质或能量引入海洋环境，造成或可能造成损害海洋生物资源、危害人类健康、妨碍海洋活动（包括渔业）、损坏海水和海洋环境质量等有害的影响。

### 二、海洋污染物质分类

**1. 石油及其产品**　　包括原油和从原油中分馏出来的溶剂油、汽油、煤油、柴油、润滑油、石蜡、沥青等，以及经过裂化、催化而成的各种产品。

海上石油及其产品污染是最重要的生态灾难性污染之一，石油进入海洋后，石油中的一些成分可直接挥发而进入空气；一小部分海洋表面的石油受紫外线作用可发生光化学分解，但速度极慢；而绝大部分石油要通过微生物的降解作用得到净化。进入海洋中的石油存在形式主要有 3 种：漂浮在海面的油膜；溶解分散态，包括溶解和乳化状态；凝聚态残留物，包括海面漂浮的焦油球和沉积物中的残留物。

石油给海洋环境和海洋生态系统均带来了严重的危害，石油在海面会形成一层油膜，隔绝大气与海水的气流交换，并减弱太阳光透入海水的能量。这种耗氧和隔绝会导致海水严重缺氧，并影响海洋光合生物的光合作用，破坏生物生理动能，导致鱼贝藻类死亡、海滨生物结构破坏、海鸟饲饵消失，使近海渔业年产量逐年下降（图 6-1）。另外，据研究，在石油污染严重的海区，赤潮的发生频率增加，这可能与石油烃类污染有关。

图 6-1　2010 年墨西哥湾石油泄漏（曲晴，2010）

**2. 农药**　　　主要由径流带入海洋，对海洋生物有危害。在实际的农业生产生活中，农药利用率很低，一般仅占使用量的 10%，剩下未被利用的 90%残留在生态环境中。这些残留农药直接暴露在自然环境中，严重破坏了水生生态系统的平衡。常见的有害农药有乙草胺、扑草净、有机磷农药、无机铜制剂、三唑类剂、杀螨剂等。在海洋养殖业方面，农药的大量流入加快了海洋中的赤潮生物的生长，造成水体的富营养化，使大量海洋生物死亡。

**3. 有机物**　　　海洋有机物污染是指进入河口近海的生活污水、工业废水、农牧业排水和地面径流污水中过量有机物质（碳水化合物、蛋白质、油脂、氨基酸、脂肪酸、酯类等）和营养盐（氮、磷等）造成的污染。和有色金属、农药污染不同，有机物不会在生物体内积累，但是分解后的有机物会使海水富营养化，造成微生物或者浮游植物生长过盛，使得生态失衡（图 6-2）。可被生物降解的有机物在海水中的浓度，常用在 20℃时五日生化需氧量（$BOD_5$）来表示，有机物在水体中的浓度也可用化学需氧量（COD）或总有机碳（TOC）表示。适度的有机物和营养盐含量，有利于生物的生长，可是近年来的过量排放会造成溶解氧含量锐减或者浮游生物快速繁殖。

图 6-2　污染引起的水体富营养化（赵放，2020）

**4. 放射性物质**　　　主要来自核武器爆炸产生的裂变产物、活化产物和残余物，核动力舰船活动及核设施在正常工况下和事故情况时的排放，中低水平放射性废物的投放，核医学、科学研究来源的放射性核素。日本福岛核事故造成全球重大核污染事件，如北太平洋及美国西海岸的鱼类中检测到高含量的放射性元素铯。

**5. 热污染和固体废物**　　　主要包括工业冷却水和工程残土、垃圾及疏浚泥等。热污染入海后能提高局部海区的水温，使溶解氧的含量降低，影响生物的新陈代谢，甚至使生物群落发生改变（图 6-3）。固体污染可破坏海滨环境和海洋生物的栖息环境（图 6-4）。

**6. 金属和酸、碱**　　　包括铬、锰、铁、铜、锌、银、镉、锑、汞、铅等金属，磷、砷等非金属，以及酸和碱等。它们直接危害海洋生物的生存和影响其利用价值。同时由于海水含有丰富的矿物质，在海洋化学资源开发的过程中也使用了大量的吸附剂，如硫酸铅、方铅矿、碱式碳酸锌等，都会通过化学反应替换海水中的有用物质。显而易见，这些吸附剂本身就含有金属元素，排入海水也会造成金属污染。

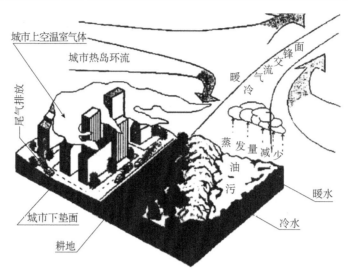

图 6-3　热污染（徐振东，2003）

图 6-4　固体废物（张磊，2007）

**7. 海水养殖污染**　　　海水养殖是利用沿海的浅海滩涂养殖海洋水生经济动植物的生产活动，包括浅海养殖、滩涂养殖、港湾养殖等，可从不同角度进行分类。

（1）按养殖对象可分为鱼类、虾类、蟹类、贝类、藻类、海珍养殖等，而以贝类、藻类养殖最为普遍，虾类次之。

（2）按集约化程度可分为粗养、半精养、精养。

（3）按生产方式可分为单养、混养（如鱼虾）和间养（如海带和贻贝）。

近 20 年来我国渔业持续快速增长，连续 10 年居世界第一（联合国粮食及农业组织，2022）。根据调查显示，现阶段我国海水养殖业对渔业水域环境和近岸海域产生了一定的影响，尤其过度开发的养殖区和海域对水域环境污染十分严重。渔业投入品的大量使用和养殖品种自身代谢产物，污染养殖水体日趋加重，严重破坏了养殖环境生态平衡系统，氮、磷严重失衡，致使养殖水体氨氮（$NH_3$-N）、亚硝酸盐（$NO_2$-N）、硫化氢（$H_2S$）、甲烷（$CH_4$）等有毒有害物质严重超标，特别是养殖中后期，这些有毒有害物质对鱼虾产生应激并导致免疫低下，致使养殖病害和水生动物疫病的发病率连年攀升，给水产养殖业造成了巨大的经济损失。养殖废水、生活污水和工业废水的排放，直接导致近海水域和大型湖泊水质富营养化，枯水期经常形成大规模湖靛、蓝藻或近海赤潮，破坏了鱼虾贝的生活环境，使大型湖泊和近海水生动植物自然数量急剧减少，也严重制约了近海渔业和湖泊渔业的健康持续发展。

**8. 船舶污染**　　包括船舶运输石油时造成的油污染、散装化学品运输造成的有毒液体物质污染、包装危险货物运输造成的有害物质污染、船舶生活污水造成的污染、船舶垃圾造成的污染、船舶压载水和沉积物污染、海洋石油开发引发的污染等。

## 三、海洋污染的特点

**1. 污染源广**　　除人类在海洋的活动外，人类在陆地和其他活动方面所产生的各种污染物，也将通过江河径流入海或通过大气扩散和雨雪等降水过程，最终都汇入海洋。人类的海洋活动主要是航海、捕鱼和海底石油开发，目前全世界各国有近 8 万艘远洋商船穿梭于全球各港口，总吨位达 5 亿，它们在航行期间都要向海洋排出含有油性的机舱污水，仅这项估计向海洋排放的油污染每年可达百万吨。通过江河径流入海含有各种污染物的污水量更是大得惊人。

**2. 持续性强、危害大**　　海洋是地球上地势最低的区域，它不可能像大气和江河那样，通过一次暴雨或一个汛期使污染得以减轻，甚至消除。一旦污染物进入海洋，很难再转移出去，不能溶解和不易分解的物质在海洋中越积越多，它们可以通过生物的浓缩作用和食物链传递，对人类造成潜在威胁。美国向海洋排放的工业废物占全球总量的 1/5，每年因水生物污染或人们误食有毒海产品造成的污染中毒事件达 1 万起以上。

**3. 扩散范围广**　　全球海洋是相互连通的一个整体，一个海域出现污染，往往会扩散到周边海域，甚至扩大到邻近大洋，有的后期效应还会波及全球。例如，海洋遭受石油污染后，海面会被大面积的油膜所覆盖，阻碍了正常的海洋和大气间的交换，有可能影响全球或局部地区的气候异常。此外，石油进入海洋，经过种种物理化学变化，最后形成黑色的沥青球，可以长期漂浮在海上，通过风浪流的扩散传播，在一些非污染海域里也能发现这种漂浮的沥青球。

**4. 防治困难**　　海洋污染有很长的积累过程，不易及时发现，一旦形成污染，需要长期治理才能消除影响，且治理费用较大，造成的危害会波及各个方面，特别是对人体产生的毒害更是难以彻底清除。20 世纪 50 年代中期，日本水俣病就是直接由汞这种重金属对海洋环境污染造成的公害病，通过几十年的治理，直到现在也还没有完全消除其影响。"污染易、治理难"，它严肃告诫人们，保护海洋就是保护人类自己。

## 四、海洋污染的危害

（一）温室效应

温室效应，又称"花房效应"，是大气效应的俗称，是指透射阳光的密闭空间由于与外界缺乏热对流而形成的保温效应。地球大气中起温室作用的气体称为温室气体，主要有二氧化碳、甲烷、臭氧、一氧化二氮、氟利昂及水汽等。大气中的二氧化碳就像一层厚厚的玻璃，使地球变成了一个大暖房。统计数据显示，地球上 45%的碳都来自陆地，而剩下的 55%则集中在海洋，也就是"蓝碳"。由此可见，海洋作为地球上最大的碳库，在全球的碳循环中发挥举足轻重的作用。

海洋作为地球上最大的碳吸收剂载体，大约吸收了人类碳排放量的 1/3，对大气中二氧化碳的变化起到了缓冲作用，其中海洋生物固碳尤为重要，也是控制温室效应的有效途径。海洋生物固碳包括海洋微生物固定的碳、浮游植物初级生产固定的碳、海岸带植物群落固定的碳、贝类和珊瑚礁通过碳酸钙分泌固定的碳等。但是近年来海洋污染愈发严重，热污染、农药污染、生活污水等造成海水中的浮游生物以及各类植物发生大面积死亡，进而降低了海洋吸收二氧化碳的能力，加速温室效应，将会给环境带来严重危害。

（1）全球变暖，冰川消融，北极熊、企鹅等动物失去家园。

（2）海平面上升，对岛屿国家和沿海低洼地区带来显而易见的伤害，淹没土地、侵蚀海岸。

（3）全球变暖加剧气候的变化，进入恶性循环，久而久之，土地呈现荒漠化。

（4）沿海沼泽地区消失，鱼类、贝类数量大幅度减少。

（5）全球降雨量增加，但是地区性降雨量的变化犹未可知，温度的升高加快水分的蒸发，又给地面上水源的运用带来压力。

（二）生境破坏

生境（habitat）通常是指某类生物或生物群落的栖息地环境。

生境破坏（habitat destruction）是指人类活动或自然灾害引起自然生境发生功能性改变，从而无法满足生活于该生境的原有物种生存的过程或现象。

生境破碎化（habitat fragmentation）是由于人为因素或环境变化导致的景观中面积较大的自然栖息地被不断分隔破碎或生态功能降低。

生物多样性的基础是生境的多样性。在一定的地域范围内，生境及其构成要素的丰富与否，很大程度上影响甚至决定着生物的多样性。生境破碎化是对生境的破坏，是生物多样性最主要的威胁之一，表现为生境丧失和生境分割两个方面，既包括生境被彻底破坏，也包括原本连成一片的大面积生境被分割成小片的生境碎片，对生物多样性有着很大的负效应。

测度一个景观中生境的空间分布格局及生境总量的减少、生境斑块的增加、生境斑块面积下降和斑块之间隔离程度加剧 4 个方面可以衡量生境破碎程度，并形成生境破碎四大效益：①生境丧失，生境从一个连续的景观中消失的方式不同，最后剩下的生境空间分布格局也有差异；②生境斑块的数量增加；③平均斑块面积减小；④平均隔离度减小。这四大效益导致了不同的生境格局。

生境破坏已被普遍认为是导致物种灭绝的最主要原因之一。

（三）资源枯竭

目前海洋捕捞渔业已成为沿海国家的一项重要产业，除了深海海底，几乎直接影响着海洋的每一个地方。即使实行了渔业管理，捕捞渔业仍是影响海洋环境如水质污染、资源破坏、遗传改变、食物链变化等的最主要因子。从原产地捕捞大量野生物种的商业性捕鱼现已成为渔业活动对海洋生物多样性的最主要冲击。随着海洋捕捞能力的增强，一些重要的经济鱼类由于被过量捕捞，利用量大大超过资源更新量，使资源渐趋枯竭，无法形成渔汛。目前，人们对于渔捞对海洋生物多样性所造成的影响认识仅限于渔业资源的急剧衰减或枯竭，而捕鱼所引起的深层次的生态学变化并未引起足够重视。

**1. 珊瑚礁的破坏**　　世界上 10%的珊瑚礁由于污染和毁灭性的捕鱼方法已经被彻底摧毁，以现在的毁灭速度继续下去，在今后的 20～40 年，余下的也将遭到毁灭。珊瑚礁作为海洋生物不可缺少的繁殖场，为繁殖提供掩护物，并在生长期提供栖息条件，珊瑚礁的毁坏对海洋生物是致命的打击。某些珊瑚礁的损坏是由污染引起的，某些是由于海港和航道清淤造成的，在几米深的潮间带和浅水系，沉积也严重破坏了某些珊瑚礁，如图 6-5 所示。

图 6-5　珊瑚礁的破坏（张善举，2019）

**2. 红树林的破坏**　　红树林生长区有丰富的物种多样性，生物资源丰富，又能有效地防止海岸侵蚀。然而，近年来红树林区生态系统的破坏日益严重，世界上已有一半的红树林被毁，导致全世界渔民年渔获量的潜在损失约 470 万吨。

（四）影响健康

（1）重金属污染。海洋中的重金属主要在沉积物和生物体中富集。受污染的海洋生物体中的重金属元素主要有镉、砷、铅和汞，这些元素均可对人体产生危害。以镉为例，正常新生儿体内不含镉，镉在人体生长过程中通过食物等途径进入人体内，主要积累在肾和肝中，可导致肾肝损伤、骨骼代谢受阻、呼吸系统病症。砷也是一种毒性很强的污染物质，主要来自化工厂、农药厂排放的污水。它的毒害作用是累积性的，会在人体的肝、肾、肺、骨骼、肌肉、子宫等部位积蓄，引起人的慢性中毒，导致神经系统、血液系统、消化系统等损伤，诱发皮肤、肺等器官病变，潜伏期可长达几年至几十年。

（2）放射性污染。海洋中的放射性污染物释放出来的放射性辐射，通过改变海水中的营养成分来改变生物的细胞结构，从而影响海洋生物的生长发育和繁殖。

（3）微生物污染。在近海沿岸的生物体中，还存在着一定程度的微生物污染，在海洋监测中发现异养菌和弧菌有较高含量。海洋弧菌有些种类如副溶血弧菌是人体致病菌。若被污染的海产品在加工食用过程中处理不当，未能将致病菌彻底杀灭，将会导致疾病。许多沿海人群有喜食不经过充分加热或不完全煮熟的海鲜的习惯，如"生腌海蟹"等，这很容易使人患病。

（4）微塑料污染。微塑料粒径较小，极易被以浮游生物为食的海洋生物误当成食物而摄取。微塑料会影响海洋生物的生长发育及代谢系统、神经系统、氧化应激和内分泌系统，从而导致其存活率降低，并且还会导致生物组织发生病变和炎症反应。而且微塑料可沿食物链传递，较高营养级的海洋生物可通过捕食低营养级生物而间接地摄入微塑料。所以人类如果食入含有微塑料的海洋生物，则微塑料就会通过食物链的传递而对人类的身体健康产生危害。2022年，首次在人体血液中发现了微塑料。

### 五、我国海洋污染的防治措施

#### （一）完善法律法规

政府作为主体颁布相应的法律法规，要以法律的监管来促进海洋污染的防治，通过法律手段全面推行海洋污染物排放的总量控制，做到"执法必严、违法必究"。通过法律形式，将海洋环境保护放在重点位置。

#### （二）加强科技保护

利用遥感技术和计算机信息系统，综合利用多种手段，加强对海洋环境的实时监管，系统地对海洋环境进行综合调查分析。通过对比分析为海洋污染管控提供科学技术理论支持。

#### （三）改革产业结构

沿海地区进行供给侧结构性改革，对沿海地区进行合理布局，严格控制生活污水，农业、工业废水的随意排放。改善沿海地区工业布局，加强入海排污口的污水处理建设，综合利用海洋自净能力和人为作用改善海洋环境。

## 第二节　海洋环境质量生物监测技术

### 一、概念

利用生物的组分、个体、种群或群落对环境污染或环境变化所产生的反应，从生物学的角度，为环境质量的监测和评价提供依据，称为生物监测。生物监测更能确切反映污染因子对人和生物的危害及环境污染综合影响；环境污染物比较低的情况下，可以利用有些生物对特定污染物很敏感，在危害人体之前进行"早期诊断"。

生物监测的理论基础是生态系统理论。生态系统是包括生物部分（生产者、消费者、分解者）和非生物（环境）部分的综合体。生物部分从低级到高级，包含有生物分子→细胞→器官→

个体→种群→群落→生态系统等不同的生物学水平。污染物进入环境后，会对生态系统在各级生物学水平上产生影响，引起生态系统固有结构和功能的变化。

生物监测正是利用生命有机体对污染物的种种反应，来直接地表征环境质量的好坏及所受污染的程度。由于环境变化的效应从根本上是对以人为主体的生物系统的影响，因此生物监测对环境的优劣更具有直接和指示作用。但由于生物监测对象（生态系统）的复杂性，生物监测的操作面临许多问题，其灵敏性、快速性和精确性等都需进一步提高。

生物监测工作是 20 世纪初在一些国家开展起来的。20 世纪 70 年代以来，水污染的生物监测成为活跃的研究领域。1977 年美国材料与试验协会（ASTM）出版了《水和废水质量的生物监测会议论文集》，内容包括利用各类水生生物进行监测和生物测试技术，概括了这方面的成就和进展。同年非洲的尼日利亚科学技术学院用远距离电报记录甲壳动物的活动电位监测烃类、油类及其他污染物的室内试验也取得初步结果。还有人提出以鱼的呼吸和活动频度为指标的、设在厂内和河流中的自动监测系统。中国近年来在环境污染调查中，也开展了生物监测工作，如对北京官厅水库、湖北鸭儿湖、辽宁浑河等水体的生物监测，利用鱼血酶活力的变化反映水体污染，用底栖动物监测农药污染等，都取得一定成果。在利用植物监测大气污染方面，也进行了大量研究。

1976 年，美国国家环境保护局曾提出一项"贻贝监测"计划，主张以贻贝为指示生物监测全球规模海洋沿岸水域微量金属和其他污染物的浓度。1979 年联合国教科文组织政府间海洋学委员会提出了一项利用贻贝监测西太平洋沿岸水域重金属污染物的研究计划。这项计划是全球海洋污染研究的一个组成部分。

生物监测在国内外正受到越来越多的重视，我国应着重开展发挥生物监测在污染源排放监测中的先导作用、建立生物监测预警系统、研究生物监测与理化监测的关系、制定生物监测指标的环境标准等多方面工作。

（1）实时监测岸基海洋环境装置。实时监测岸基海洋环境装置是一种实时采集地区海洋环境预报数据的系统，它的主要作用是对岸基海洋的环境进行实时监测，有利于人们及时了解岸基海洋的环境状况。

（2）海洋污染监测技术。目前，许多先进的海洋国家都是通过海洋调查进行水质、污染物、沉积物及生物等项目的监测。实施海洋污染监测主要依靠高灵敏度的分析仪器，检测出污染物能够精确到微克量级或皮克量级。海洋生物污染监测包含生态系统梯度分析法、指示生物法及群落结构法等。现阶段，利用这些海洋污染检测法，探清了河口和海洋生物体内所含毒性物质的结构、痕量元素、蛋白质的解毒功能等；另外探测贝类、鱼类缺氧相关的碳循环和营养盐循环等，并根据监测结果建立了以某些贝类生物作为水质达标的标准。由于近年来，海洋污染越来越严重，所以海洋污染监测技术得以广泛应用。尤其是对沉积物的监测技术，备受重视。因为沉积物通常处于海底，其稳定性较好，污染物的含量及成分可以准确地反映出海洋被污染的程度，检测数据还可以供海洋质量评价作为参考材料。

（3）卫星遥感监测技术。随着计算机卫星技术的发展，卫星遥感监测技术已经广泛应用于海洋环境监测，并取得良好成效。应用的技术配置具体包含多光扫描仪、海洋水色成像仪、沿岸带水色扫描仪和合成孔径雷达等。一般陆地卫星的多光扫描仪用于沿海悬浮泥沙含量和其扩散状态的监测及工业排污与生活污水的监测。

（4）航空油污监测技术。近十年来，随着石油工业的发展，海上石油运输行业也形成了一定规模，由此也引发了石油、原油泄露等问题，针对这种情况，航空油污监测技术的应用逐渐成熟起来。这项技术具有反应快速等优点，在海洋环境监测及执法取证等方面成效显著。

## 二、选择生物学变量的原则

### 1. 评价环境变化的生物学影响

（1）生态学重要性。各种生物对环境因素的变化都有一定的适应范围和反应特点，生物的适应范围越小，反应越典型，对环境因素变化的指示越有意义。但是指示生物对环境因素的改变有一定的忍耐和适应范围，单凭有无指示生物评价污染是不太可靠的。

（2）与其他影响的关联。环境对于我们每个人的影响都非常大，无论是生存，还是生活、心理等，这种变化也会对人类的生产、生活和健康产生影响。

（3）特异性。急性作用，如有害物 24h 内多次接触机体后，在短时间内使机体发生急剧的毒性损害。慢性作用，如有害物浓度较低时，长期反复对机体作用时所产生的危害，由毒物在体内的蓄积或对机体微小损害的累积所致。远期作用，如致突作用、致癌作用、致畸作用等。

（4）可逆性。环境变化过程中的物质循环是具有可逆性的，可以实现局部的恢复，但不能彻底回到原来的状态。

### 2. 生物学测量的效率及作为指标的实用价值

（1）定量：能够准确定义、精确衡量并能设定监测目标，反映结果的关键监测指标。

（2）灵敏度：是指某方法对单位浓度或单位量待测物质变化所致的响应量变化程度，它可以用仪器的响应量或其他指示量与对应的待测物质的浓度或量之比来描述。

（3）精确度：精确度也称准确度，是指被测量的测得值之间的一致程度及与"真值"的接近程度，即精密度和准确度的综合概念。从测量误差的角度来说，精确度（准确度）是测得值的随机误差和系统误差的综合反映。

### 3. 经营管理角度

（1）费用。用比较优厚的使用费用，让人产生完成组织活动的意愿，最终使得费用成本效益得到最大化。

（2）应用性。能够具体深入环境监测方面的主要领域，寻求解决问题的最优方法等实质问题，这也是环境监测技术发展的动力。

## 三、生物测试技术分类

### （一）生物标记技术

生物标记物，是指通过测定体液、组织或整个生物体，能够表征对一种或多种化学污染物的暴露和其效应的生化、细胞、生理、行为及能量上的变化。也就是说，生物标记物是衡量环境污染物的暴露及效应的生物反应。

目前，聚合酶链反应（PCR）技术和核酸探针技术是常用于水环境中微生物监测的技术。PCR技术是一种在体外模拟自然DNA复制过程的核酸扩增技术，常用于监测海洋环境中存在的微生物。标记的核酸探针可以用于待测核酸样本中特定基因序列，如监测饮用水中病毒的含量。PCR技术和核酸探针技术可能取代常规的水质分析，发展成为一种快速可靠监测水体微生物的检测技术，并将在细菌、病毒及其他毒物检测中得以迅速的应用发展。

### （二）生理生化指标监测

**1. 生理学指标**

（1）摄食率：鱼类自由取食时，个体每天摄入的食物量称为最大摄食量，其单位体重的最大摄食量称为最大摄食率。鱼类最大摄食率受体重、鱼群密度、活动和生理状态，以及水温、光周期、盐度、pH等很多因素的影响。

（2）代谢速度：新陈代谢包括物质代谢和能量代谢两个方面。新陈代谢是由同化作用和异化作用这两个相反而又同时进行的过程组成的。

（3）生长及繁殖行为：是指动物产生与培育下一代的行为。动物通过生殖行为将其基因转输给下一代，许多动物还培育幼体直至能独立生存。在引诱异性、交配、育幼等过程中，动物利用视、听、嗅、味及触角信号来传递信息。在生殖形式、交配制度、受精后的行为等方面，不同的动物采取了不同的策略。

（4）生长潜力：生物所具有的潜在的而尚未实现的能力，需要人们不断地去发现。

**2. 生化指标**

（1）氨基酸：是含有碱性氨基和酸性羧基的有机化合物。在人体内通过代谢可以发挥下列一些作用：合成组织蛋白质；变成抗体、肌酸等含氮物质；氧化成二氧化碳和水及尿素，产生能量。

（2）混合功能氧化酶：又称多功能氧化酶，它存在于人体和动物的肝、肺细胞的微粒中。它并不是一种单一的酶，而是一组酶。经其氧化代谢可产生两种反应：一是降解反应，可使原化学物质变为低毒的或无毒的物质从体内排出。二是激活反应，可使原化学物质转化为具有亲电子性质，导致毒性增强，成为致突变物或终致癌物。对混合功能氧化酶系与外源性化学物质相互作用的深入研究，对于从分子生物学水平上进一步了解外源性化学物质的毒性作用具有重要意义。

（3）金属硫蛋白（metallothionein，MT）：一类普遍存在于生物体内的金属结合蛋白。金属硫蛋白是具有结合金属能力和高诱导特性的低分子质量蛋白质。富含半胱氨酸的短肽，分子质量较低，半胱氨酸残基和金属含量极高对多种重金属有高度亲和性。与其结合的金属主要是镉、铜和锌，广泛地存在于从微生物到人类各种生物中，其结构高度保守。

**3. 行为指标**　　生物发光法是结合生命有机体的生物物理和生物化学过程，检测的是处于环境中的生物，提供的是一个综合的整体指标，因此比传统的检验方法更迅速，直接反映环境污染对生物的影响。

当发光细菌与水样毒性组分接触时，可影响或干扰细菌的新陈代谢，使细菌的发光强度下降或不发光。在一定毒物浓度范围内，有毒物质浓度与发光强度呈负相关线性关系，因而可使用生物发光光度计测定水样的相对发光强度来监测有毒物质的浓度。

### （三）遗传和病理生理学指标监测

诱变试验：通过某些物理或化学因素来诱发基因产生突变或（和）染色体畸变。在海洋环境检测的方面，有研究采用胸腺激酶基因突变实验来评价三种海洋生物肽（包括胶原肽、骨原肽和蛋白肽）的抗诱变作用。

病理生理学指标：通过对肝、消化腺结构等进行监测，也可监测机体的配子发生、肿瘤及粒细胞早期畸变。

### （四）生态学监测技术

**1. 生物指数（BI）**　　生物指数是指运用数学公式计算出的反映生物种群或群落结构的变化，以评价环境质量的数值，分为贝克生物指数和贝克-津田生物指数。

（1）贝克生物指数。由贝克于 1955 年首次提出：将从采样点采到的底栖大型无脊椎动物分成两类，一类是不耐有机污染物的敏感种，另一类为耐有机污染物的耐污种，通过公式进行简单计算。

$$BI = 2A + B$$

式中，$A$ 为敏感底栖动物种类数；$B$ 为耐污底栖动物种类数。

计算数值与水质的关系为：BI>10 为清洁水；BI=1～6 为中等污染水；BI=0 为严重污染水域。

贝克生物指数应用于从采样点采到的底栖大型无脊椎动物。

（2）贝克-津田生物指数。1974 年，津田松苗在贝克的基础上发展起来的用生多样性评价水质的方法，其方法是尽量将评价区或评价河段的所有底栖大型无脊椎动物采到，再用贝克公式进行计算，所得数值与水质的关系为 BI≥20 为清洁水区；10<BI<20 为轻度污染水区；6<BI≤10 为中等污染水区；0<BI≤6 为严重污染水区。

贝克-津田生物指数应用于所有拟评价或监测的河段各种底栖大型无脊椎动物。

**2. 多样性指数**　　多样性指数法是应用数理统计方法来表示生物群落的种类和个体数量的比值，从而评价环境质量的一种方法。其工作原理是利用不同的生物对污染的敏感性和耐受性不同，敏感的种类在不利的条件下死亡，抗性强的种类在新的条件下可大量发现。利用群落中个体数与种类数的比值在不同污染区的不同，从而反映环境污染的状况。一些常用多样性指数有种丰富度（species richness）、香农多样性指数（Shannon's diversity index）、物种均一度（species evenness）、集中度指数（concentration ratio）、辛普森多样性指数（Simpson's diversity index）等，下面主要讲解香农多样性指数、辛普森多样性指数和硅藻生物指数。

（1）香农多样性指数。香农多样性指数用来估算群落多样性的高低，也叫作香农-维纳（Shannon-Wiener）多样性指数，公式如下。

$$H' = -\sum_{i=1}^{S} p_i \ln p_i$$

式中，$S$ 为物种总数；$p_i$ 为属于种 $i$ 的个体在全部个体中的比例；$H'$ 为物种的多样性指数。

动物种类越多，指数越大，水质越好；反之，种类越少，指数越小，水体污染越严重。

（2）辛普森多样性指数。辛普森在 1949 年提出过这样的问题：在无限大小的群落中，随机取样得到同样的两个标本，它们的概率是什么呢？例如，在加拿大北部森林中，随机采取两株树标本，属同一种的概率就很高。相反，如在热带雨林随机取样，两株树同一种的概率很低，他从这个想法出发得出多样性指数，用公式表示为

辛普森多样性指数＝随机取样的两个个体属于不同种的概率

＝1-随机取样的两个个体属于同种的概率

设种 $i$ 的个体数占群落中总个体数的比例为 $p_i$，那么，随机取种 $i$ 两个个体的联合概率就为 $p_i^2$。如果我们将群落中全部种的概率合起来，就可到辛普森多样性指数 $D$，即

$$D = 1 - \sum_{i=1}^{S} p_i^2$$

式中，$S$ 为物种总数。辛普森多样性指数的最低值是 0，最高值是 $\left(1 - \dfrac{1}{S}\right)$。前一种情况是全部个体均属于一种的时候，后一种情况在每个个体分别属于不同种的时候。

（3）硅藻生物指数。硅藻生物指数是利用水中浮游藻类不同种类的相对多少来评价水质的好坏。其公式为

$$硅藻生物指数 = \frac{2A + B - 2C}{A + B - C} \times 100$$

式中，$A$ 为不耐污染的藻类的种类数；$B$ 为光谱性藻类的种类数；$C$ 为仅在污染水域中才出现的藻类种类数。

硅藻生物指数在 0～50 为多污带，50～150 为中污带，150～200 为轻污带。

# 第三节　赤潮监测方法及治理技术

## 一、赤潮的概念及成因

赤潮是水体中某些微小的浮游植物、原生动物或细菌，在一定的环境条件下突发性地增殖和聚集，引起一定范围内一段时间中水体变色现象。通常水体颜色因赤潮生物的数量、种类而呈红、黄、绿和褐色等。

根据大量调查研究发现，赤潮发生必须具备以下条件。

**1. 海域水体富营养化**　　海域水体富营养化是赤潮发生的水体物质基础。赤潮发生时，水体几乎都会出现富营养化。富营养化的水体中含有丰富的营养盐，为赤潮生物藻类的大量

繁殖提供了物质基础。

这些营养盐、有机质主要来自沿海地区陆地，随着沿海地区工农业发展和城市化进程加快，大量的工农业废水与生活污水未加处理而饱含有机质与各种营养盐直接排入海，造成近岸海域的水体富营养化。

我国海水富营养化的阈值：无机氮为 $0.2 \sim 0.3 mg/L$；无机磷为 $0.045 mg/L$；叶绿素 a 为 $1 \sim 10 mg/L$；初级生产力为 $1 \sim 10 mg\ C/（L \cdot h）$。

**2. 海域中存在赤潮生物种源**　　这是赤潮发生的重要物质基础。一般来说，藻类孢囊在冬季时进入休眠，在翌年春季遇有合适的条件（温度、盐度）便可散发，加上富营养化水体中大量有机质与营养盐的提供，赤潮生物大量繁殖，产生赤潮。发生赤潮的生物类型主要为藻类，目前已发现 63 种浮游生物，硅藻有 24 种、甲藻 32 种、蓝藻 3 种、金藻 1 种、隐藻 2 种、原生动物 1 种。

**3. 合适的海流作用与天气形势**　　通过对赤潮发生过程中的天气形势与海潮流记录结果表明，潮流、风等对赤潮生物的聚集作用，以及水流作用造成的底部营养物质上翻到表层，使表层赤潮生物得以增殖，导致赤潮的发生。

**4. 适宜的水温与盐度**　　赤潮生物生长发育与水温和盐度密切相关，从赤潮生物孢囊的萌发到大量的繁殖均要有适宜的水温与盐度。

**5. 其他因素**　　根据近年的调查研究，赤潮的发生往往与某些特殊的微量物质的参与相关，甚至起决定作用。例如，铁离子能直接刺激某些赤潮生物种类的生长，它的存在量对于浮游植物有效利用碳和氮、叶绿素的生物合成和光合作用等都起着重要的作用，故有人认为铁可诱发赤潮的发生。目前已知的还有维生素 $B_1$、维生素 $B_{12}$、重金属锰等。

## 二、赤潮的危害

从 20 世纪 60 年代起赤潮现象开始在全球蔓延，至今已成为世界性的海洋灾害之一，其产生危害的主要方式如下。

（1）当赤潮发生时，海水中高密度的赤潮生物覆盖或黏附在海洋动物的呼吸器官上，造成海洋动物呼吸困难和窒息死亡。

（2）大量赤潮生物的呼吸代谢（尤其在夜间，无光合作用产生氧气）和死亡细胞分解过程中消耗海水中大量溶解氧，使水体严重缺氧，导致海洋生物死亡。

（3）赤潮衰败过程中还会释放出大量有害气体（如 $H_2S$）和毒素，严重污染海洋环境，甚至导致海洋动物死亡。

（4）有的赤潮种类，如杀鱼费氏藻不但会释放毒素毒害鱼类，而且会直接接触鱼体噬食鱼肉。

（5）有些赤潮生物体内还有鱼毒或贝毒，虽然对摄食它们的鱼类和贝类无害，但会在摄食者体内积累，使取食这些鱼类和贝类的海洋捕食者和人类发生中毒。

## 三、赤潮的检测内容及方法

### （一）生理因素检测

**1. 赤潮生物种类的检测**　　能够大量繁殖并引发赤潮的生物称为赤潮生物，包括浮游生物、原生动物和细菌等。其中有毒、有害赤潮生物以甲藻居多，其次为硅藻、蓝藻、金藻、隐藻和原生动物等。

全世界的赤潮生物约有 300 种，隶属于 10 个门类。我国海域存在的赤潮生物约有 127 种，隶属于 8 个门类。我国沿海已发生赤潮的赤潮生物有 30 多种，主要是甲藻类（15 种），其次是硅藻类（7 种）和蓝藻类（4 种）。

赤潮可因形成赤潮的生物种类不同而呈现出不同的颜色。产生红色、粉红色赤潮的为夜光虫、红海束毛藻、红硫菌等；产生黄色、茶色、茶褐色赤潮的为裸甲藻；产生绿色赤潮的为绿色鞭毛藻；产生土黄、黄褐色、灰褐色赤潮的为硅藻类。

**2. 孢囊的检测**　　赤潮生物在不利环境条件下会形成休眠孢子或孢囊沉于海底，待环境条件适宜时萌发并大量增殖。因此若能查清赤潮生物孢囊（范围、种类、数量）并了解其萌发条件，也有助于赤潮的预测预报。

**3. 叶绿素 a 的检测**　　叶绿素 a 是藻类细胞生物量的一个指标，也是海区富营养化程度的一项指标。一般认为，当监测中发现叶绿素 a 含量超过 $10mg/m^3$ 并有继续增高的趋势时，就预示赤潮可能即将出现。目前大面积测定叶绿素 a 和水色的卫星和航空遥感技术已开始实际应用，将大大推进赤潮预测预报的进展。

**4. 微生物的检测**　　海洋微生物与赤潮的形成有密切关系。海洋微生物广泛存在于藻类生活的水体和沉积物中，是生物地球化学循环的一个重要环节。细菌为浮游生物提供无机盐、维生素类物质及微量有机成分，促进浮游生物的生长繁殖。

同时，有研究发现，部分赤潮是由细菌引发的。能够引起赤潮的细菌有红假单胞菌、红多球硫菌、着色细菌、褐杆状绿菌、囊硫菌等。主要是由于细菌大量繁殖，氧被消耗，产生了硫化氢，形成厌氧环境，厌氧细菌大量增殖，形成白色胶状硫，形成白潮，然后白潮消失，赤潮逐渐形成。

**5. 毒素的检测**　　由于海洋微藻毒素的发现多起源于贝类或鱼类，故又称为贝毒或鱼毒。有毒藻毒素的结构差别很大，既有复杂的多（聚）醚类化合物，也有简单的氨基酸。根据对人类的中毒症状和机理差异将赤潮毒素分为以下 5 种。

麻痹性贝毒（paralytic shellfish poisoning，PSP）：目前分布最广、危害最大的一种藻毒素，是由甲藻产生的一类四氢嘌呤化合物的总称。其毒理与河鲀毒素（TTX）相似，主要是通过对钠离子通道的影响而抑制神经的传导。麻痹性贝毒在许多种不同的贝毒中毒事件属最严重，因其强烈毒性，经常造成中毒死亡事件，并且具有广布性与高发性。

腹泻性贝毒（diarrhetic shellfish poisoning，DSP）：是一类热稳定的亲脂性聚醚化合物，积累在贝脂肪组织内。由于这类化合物会引起人的胃肠部疾病，如腹泻、呕吐、腹疼等，人们将这类毒素统称为腹泻性贝毒。

记忆缺失性贝毒（amnesia shellfish poisoning，ASP）：由一种海洋硅藻——拟菱形藻（*Pseudonitzschia* sp.）产生的强神经性生物毒素，化学名称为多莫酸（domoic acid，DA）。当硅藻大量繁殖时，双壳贝类等低等的海洋动物，能通过摄食藻类饵料而在体内积累大量的DA；一旦被其他动物摄食，就可能引起这些动物中毒或死亡。如果与人类中枢神经系统（大脑海马）的谷氨酸受体结合，会引起神经系统麻痹，并能导致大脑损伤而失去记忆。

神经性贝毒（neurotoxic shellfish poisoning，NSP）：主要是因贝类摄食短裸甲藻后在体内蓄积，被人类食用后产生以神经麻痹为主要特征的中毒。它的毒性较低，对小鼠的半致死量为 50μg/kg。该毒素引起人的中毒症状主要有恶心、呕吐、腹泻、盗汗、寒冷、血压过低、心律不齐、四肢与嘴唇有麻木感、支气管收缩、癫痫发作，严重者瘫痪，但未见有死亡和慢性中毒症状报道。

雪卡鱼毒（ciguatera fish poisoning，CFP）：是一种脂溶性高醚类物质，毒性非常强，比河鲀毒素强 100 倍，是已知的危害性较严重的赤潮生物毒素之一，无色无味，脂溶性，不溶于水，耐热，不易被胃酸破坏，主要存在于珊瑚鱼的内脏、肌肉中，尤以内脏中含量为高。

（二）非生理因素的检测

水色：海洋水色变化的原因是海洋藻类色素的光吸收和散射特征，根据影响海洋水色物质的光谱特性，利用卫星搭载光学传感器来探测水体的物质含量。

营养盐：水体中总磷和总氮等的含量可用于评价水体富营养化程度，包括硝酸盐、亚硝酸盐、铵盐、磷酸盐、硅酸盐等。

COD（化学需氧量）：是在一定的条件下，采用一定的强氧化剂处理水样时，所消耗的氧化剂量。它反映了水体受物质污染的程度，化学需氧量越大，说明水体受有机物的污染越严重。

pH：鱼类能够安全生活的 pH 是 6～9，而适宜的范围在鲤科鱼类为弱碱性，即 pH 为 7～8.5，在鲑科鱼类为中性附近，即 pH 为 7 左右。pH 为 9.5～10 或 4～5 会直接造成鱼的死亡。

微量元素（铁、锰）：海域富营养化给赤潮发生创造了物质条件，微量元素与赤潮生物生长、发育和繁殖具有密切关系，铁、锰是赤潮形成的诱发因子，也是诱发赤潮形成的关键。

特殊物质：某些特殊物质参与作为诱发因素，已知的有维生素 $B_1$、维生素 $B_{12}$、脱氧核糖核酸等。

理化（水温、盐度、溶解氧、磷酸盐、硝酸盐、微量金属 Fe 和 Mn 等）、气象（风速、风向、气温和气压）、海况（风浪和潮汐等）等各种环境因子与赤潮的发生密切相关，因此密切监视它们的变化，对于预测和研究赤潮至关重要。

（三）检测方法

**1. 赤潮生物**　　在赤潮发生期，水域中的浮游生物总量异常增多而种类数减少，某种或某几种赤潮优势种占据了绝对优势，因此有必要对浮游植物的种类和数量进行监测。

（1）传统赤潮生物监测方法主要有镜检法、光合活性法和适合潮汐作用的近海海域的潮汐预报法。

（2）分子探针法：近十年来发展起来的分子探针法具有快速、准确、专一性强等特点，特别是目标生物在生物群落中不占优势或者有大量背景噪声干扰情况下，分子探针技术优势尤显突出。主要的方法有寡核苷酸探针技术、免疫荧光探针技术和细胞凝集素探针技术。

寡核苷酸探针技术：寡核苷酸探针一般指基因探针。基因探针，即核酸探针，是一段带有检测标记，且序列已知的，与目的基因互补的核苷酸序列（DNA 或 RNA）。基因探针通过分子杂交与目的基因结合，产生杂交信号，能从浩瀚的基因组中把目的基因显示出来。

免疫荧光探针技术：在紫外可见近红外区有特征荧光，并且其荧光性质（激发和发射波长、强度、寿命、偏振等）可随所处环境的性质，如极性、折射率、黏度等改变而灵敏地改变的一类荧光性分子。

细胞凝集素探针技术：细胞凝集素（lectin）是一种非免疫原性的糖结合蛋白，有聚集细胞和沉淀糖复合物的特性，已发现其在从细菌到高等脊椎动物等生物中都普遍存在，作为细胞内、细胞间或机体之间相互识别的分子，其有着重要的生理活性和生理功能。细胞凝集素具有识别细胞表面特异性糖基结构及其生理活性的能力，因此在许多生物学研究领域中，可作为研究糖基结构的十分有用的探针工具。

**2. 环境因子**　　理化、气象、海况等各种环境因子与赤潮的发生有着密切的关系，因此监测它们的变化，对于预测和研究赤潮至关重要。

（1）营养盐（磷和氮等）：营养盐是赤潮监测的基本要素，大多采用分光光度法现场测定分析。

（2）溶解氧：赤潮发生前，溶解氧（DO）值往往高于正常平均值，赤潮发生过程中，DO 值急剧下降。所以，可用透气复膜电极法检测溶解氧值。

（3）pH：对于 pH 的测量，目前国内外均采用由敏感电极和参比电极组成的玻璃复合电极，它与被测水体组成化学电池，由此来测量 pH。

（4）叶绿素：叶绿素是估算初级生产力和生物量的基本指标，也是赤潮报警的重要项目，一般采用分光光度法，也可采用荧光法，荧光法获取的是藻类物在蓝光下的荧光特性，与分光光度法相比，其灵敏度高出约 100 倍。

（5）盐度：一般在测定海水电导率的同时引入温度值，按盐度标准公式由计算机计算而得。

（6）生物需氧量（BOD）和化学需氧量（COD）：生物需氧量检测方法主要有微生物膜法和生物需氧平衡法两种，后者更适合海洋现场的检测；化学需氧量的测量，目前采用较多的是在被测水样中加入特定催化剂，加速反应后用分光光度法测定。

（7）微量金属元素：微量金属元素测定多采用原子吸收光谱和分光光度法，国外研制成功一种痕量物质现场自动过滤萃取采样器，使测定更方便。

**3. 毒素**　　探索毒素的分析方法，分析赤潮毒素的来源、结构和种类是减小赤潮灾害的必要手段。毒素类型及检测侧重点不同，检测方法的选择也有所不同，应依据样品来源、数量及实验目的，选择适当的方法，相互验证和补充。赤潮毒素的检测方法主要有生物测试法和化学及生化检测法。

1）生物测试法　　传统的生物测试法是最早采用的常规方法，通常采用小白鼠实验法，它简便直观，但灵敏度和专一性不高，无法准确定量。因此，生物测试通常只作为毒素的最初筛选方法，要想准确地测定毒性，必须在毒素粗提后，利用化学或生化方法进行检测。

2）化学及生化检测法

（1）高效液相色谱法（HPLC）：是检测微囊藻毒素常用的手段，它准确灵敏，检测下限低，可达 ng/L 级，结果的重现性好。而且，定量检测的同时，还可分析出不同的毒素异构体,可分离和制备毒素。但 HPLC 法检测时必须依赖标准毒素样品,且耗时较长,成本高。

(2)酶联免疫吸附测定(ELISA):是一种固相测定法,它利用抗原、抗体和酶标二抗之间的特异性反应进行。ELISA 灵敏度极高,检测限低,定量检测水中总毒素,最低可至 pg级,需要的样品量少,前处理简单,但不能用于毒素异构体类型的鉴定,且易受多种干扰的影响,易产生假阳性结果。

(3)质谱法(MASS):是分析有机大分子的分子质量、分子式及其结构等的重要化学手段,灵敏度可达 pg 级。用于分离和鉴定的质谱方法主要有快速原子轰击质谱法(FABMS)和液体二次离子质谱法(LSIMS)等。质谱法灵敏、准确,但成本较高。

(4)酶抑制试验:优点是灵敏度高,检测限低,但是与 ELISA 法一样,也不能用于毒素种类的鉴定,而且其他海绵酸类物质对蛋白磷酸酶有同样的抑制作用。

(5)其他检测方法:除了以上较常用的方法,还有一些方法也可用于毒素检测与分析,如凝胶色谱法、薄层层析(TLC)、毛细管电泳(CE)、氨基酸分析及核磁共振(NMR)等。

3)赤潮预测分析系统

(1)卫星遥感法:运用气象卫星可以实时观测赤潮及其发展移动趋势,通过航空或航天技术,遥测海水表层温度和水色的变化,这些变化所导致的辐射差异可以从卫星遥感信息中获得,从而可以检测赤潮的动态及演变。可大范围宏观地对发生海区、面积大小和严重程度进行快速报告。

(2)人工智能(AI)技术监测:近几年,随着计算机软件技术、人工智能的迅猛发展,人们开始探索将其应用于赤潮预测上。主要方法有人工神经网络(ANN)、模糊逻辑(fuzzy logic,FL)和多种人工智能技术同时使用等。

## 四、赤潮的治理

### (一)物理法

**1. 机械搅动法**　　机械搅动法借助机械动力或其他外力搅动赤潮发生海域的底质,加速分解海底污染物,使底栖生物的生存环境得以恢复,同时提高周围海域的自净能力,进而减缓和控制赤潮的进一步发生,该方法对局部赤潮有效。

**2. 隔离法**　　是一种比较可行的应急措施,主要是通过使用一种不渗透的材料将养殖网箱与周围的赤潮水隔离以降低赤潮的危害。

**3. 增氧法**　　为防止因赤潮而导致养殖生物窒息死亡情况的发生,可通过机械装置进行增氧,从而降低赤潮对养殖生物的危害。

**4. 超声波法**　　是备受关注的新型除藻技术,不需要化学物质即可较快去除藻类。利用超声波细胞均质仪处理杜氏盐藻,首先出现抑制现象,后期超声波对杜氏藻类产生超补偿现象,抑制作用减弱。

**5. 吸附法**　　利用具有多孔性的固体吸附材料,将赤潮藻类吸附在其表面,以达到富集和分离的目的，目前使用的赤潮吸附材料主要有炉渣、碎稻草和活性炭。

**6. 气浮法**　　在赤潮水体中通入大量微细气泡，使之与藻类依附，由于其密度小于水，进而借助浮力上浮至水面后去除。目前使用的气浮工艺主要有压力溶气气浮（DAF）、散气气浮（DiAF）和涡凹气浮（CAF）。

传统的物理法不能较好地处理低密度或海水底部的藻类，且速度慢、花费高，难以大规模使用。同时，由于赤潮发生面积通常较大，物理法的实际可操作性不高，通常作为赤潮应急措施。

（二）生物法

**1. 植物克生防治**　　植物克生作用是通过产生并释放克生物质来抑制或清除微藻。克生物质大部分为植物的次生代谢产物，它们分布于植物的各个器官中，可以通过各种方式抑制细胞分裂，从而抑制细胞数量。目前研究的趋势是通过提取有效的植物浸出液代替植物的直接作用，如利用凤眼莲浸出液在低浓度下对三种赤潮藻——东海原甲藻、球形棕囊藻、锥状斯氏藻具有强烈抑制效应，来抑制赤潮的生长扩散。

**2. 抑藻细菌**　　国内外对抑藻细菌已有数十年的研究，这也是目前微生物防治中研究最多的一种。目前已报道的抑藻细菌主要有黏细菌、弧菌、蛭弧菌、假单胞菌、交替单胞菌、假交替单胞菌等。抑藻细菌主要通过直接或间接两种方式来抑制赤潮藻类生长或杀灭藻细胞。对其中的间接抑藻研究较多，主要包括细菌与藻类进行营养竞争或细菌分泌胞外物来抑制藻类。细菌分泌的胞外物主要有蛋白质、多肽、氨基酸、抗生素和羟胺等。

**3. 藻类病毒**　　在很多情况下，病毒粒子的数量超过细菌的 10 倍甚至更多，因此用病毒来控制赤潮应该是一项更具发展潜力的研究。藻类病毒一般包括原核藻类病毒（蓝藻病毒）、真核藻类病毒和一些尚未定性的病毒类似颗粒。

**4. 引入天敌**　　针对不同的赤潮生物，大量引进其"天敌"，通过它们的摄食，来达到消除赤潮的目的，如滤食性贝类和浮游动物等。

**5. 大型海藻的抑制**　　大型海藻是海洋环境中非常有效的生物过滤器。首先，一些人工栽培的大型海藻具有极高的生物生产力，在快速生长的同时能够从周围环境中大量吸收 N、P 和 $CO_2$，同时放出大量 $O_2$，从而净化水体。其次，大型海藻与微藻之间存在着拮抗关系，从而抑制微藻的生长，这样它们就会在降低局部海域的富营养化方面起到很好的作用。

**6. 保护红树林减少赤潮发生**　　红树林是全球热带海岸特有的湿地生态系统，对于富含 N、P 营养污染物的污水处理与再利用特别有效，被视为很多污染物廉价而有效的处理厂。研究表明，红树林对有机废水具有较大的净化潜力，底泥可作为废水污染物的沉积地。由于红树林具有减弱水体的富营养化程度、净化污水的功能，所以保护红树林有助于减少赤潮的发生。

**7. 化感技术**　　由于可利用原料多、经济成本低和不造成二次污染，利用化感技术进行赤潮治理具有重要意义和发展前景。早期研究发现，一些海洋藻类能互相抑制生长。有学者正致力于植物化感作用的机制研究，并提出一系列研究成果，如芦苇化感组分对羊角月牙藻和雷氏衣藻生长特性造成影响，可能的原因就是化感物质进入细胞后作用于蛋白核，阻止藻类似亲孢子的形成或释放，从而抑制藻类生长。

（三）化学法

**1. 无机药剂法**　　是指利用化学药物直接杀灭法。

（1）硫酸铜法：在治理淡水浮游植物时很成功，有研究表明，TB（载铜可溶性玻璃粉）杀藻率很高（浓度为 3.5mg/L 时杀藻率即达 96.2%），使用之后没有或只有很低的铜离子残留。然而使用硫酸铜进行赤潮防治依旧有如下缺点：使用硫酸铜对非赤潮生物具有毒性，破坏近岸生态系统，影响环境；控制赤潮是暂时的，不能够做到永久杜绝；使用硫酸铜成本高，经济效益不好。

（2）石灰消毒法：向海底撒布生石灰可以促进有机质的分解，改善底质微量元素状况，抑制氮磷的释放，灭菌消毒，可有效地抑制甲藻类生物的繁殖生长。

（3）二氧化氯法：二氧化氯是高效的新型杀藻剂，适用于 pH 为 6～10 的赤潮，不会产生三氯甲烷等有害物质和避免造成二次污染。

**2. 有机药剂法**　　目前研究的有机药剂主要包括有机胺、碘类消毒剂、有机溶剂、黄酮类和羟基自由基等。

（1）有机胺治理方法：日本学者研制 $C_8$～$C_{16}$ 脂肪胺用以灭杀藻类。利用 0.8mg/L 的双季铵盐处理球形棕囊藻，96h 后可有效灭杀该藻类，且更低浓度的双季铵盐（0.4mg/L）对亚历山大藻的灭杀效果较好。

（2）碘类消毒剂治理方法：其中除藻效果最明显的是四烷铵络合碘，其相对碘制剂更稳定，对碱性物质和阳光照射的耐受程度更高。

（3）有机溶剂治理方法：二氯异氰尿酸钠和三氯异氰尿酸均可有效去除藻类，当其有机氯浓度不小于 4.5mg/L 时，可去除 80% 的赤潮藻类。

（4）黄酮类治理方法：黄酮类物质可有效抑制赤潮藻类的生长代谢，黄芩素对海洋卡盾藻的灭杀效果优于黄芩苷，而木犀草素对于米氏凯伦藻灭杀效果较好。

（5）羟基自由基治理方法：羟基自由基可以使赤潮生物的氨基酸氧化分解，改变蛋白质的空间构象，导致蛋白质变性或酶失去活性，使赤潮生物死亡；另外，羟基自由基攻击赤潮生物的生物膜，导致膜破裂，使细胞内含物外泄；同时羟基自由基又使溶酶体、微粒体上的多种酶活性降低或失活而致死。羟基自由基具有极强的杀灭赤潮生物的能力，同时羟基自由基又具有除臭、脱色的特性。羟基自由基由海水和空气中的氧制成，经 20min 左右后又还原成水和氧气，所以该药剂是无毒、无残留物的理想药剂。

**3. 胶体絮凝沉淀法**　　利用胶体的化学性质进行絮凝沉淀是目前治理赤潮的重要手段之一。目前使用较多的絮凝剂主要包括无机絮凝剂、有机絮凝剂和天然矿物絮凝剂三类。

（1）无机絮凝法：传统的无机絮凝剂主要包括铝盐和铁盐两大类，其中铝盐具有一定的污染性，铁盐可促进赤潮生物的生长，二者在治理赤潮方面的应用具有局限性，因此新型无毒的高分子絮凝剂成为研究热点。近年来聚硅酸金属盐（PSMS）等无机高分子絮凝剂不断发展，其中聚硅酸硫酸铝（PSAS）相比铝盐絮凝效果更好，用量却低于铝盐约33%。

（2）有机絮凝法：良好的有机絮凝剂具有正电荷多、电荷密度大、水溶性好、具有一定链长和分子质量大等特点。

（3）天然矿物絮凝法：采用黏土矿物等对赤潮生物的絮凝作用和矿物中铝离子对赤潮生物细胞的破坏作用来消除赤潮。有研究发现，改性黏土可大大增加对赤潮生物的絮凝作用，且可以吸附水体中过剩的营养物质，如N、P、Fe、Mn等，破坏赤潮生物赖以生存、繁殖的物质基础，从而达到去除赤潮的效果。黏土矿物类消灭赤潮的方法还具有原料来源丰富、成本低、无污染、吸附力强等优点。

# 第四节　海水养殖水环境系统的优化处理

众所周知，良好的水环境是开展健康养殖的首要条件，其影响主要是养殖本身将对水环境造成各种理化因子的变化及底质环境的破坏，进而造成水环境及底质环境的恶化。分析原因，不外乎养殖过程的残饵、化学药物的累积（含陆源污染、药物残留），以及不合理的放养密度和养殖生物体本身的排泄物超过了水环境的承受能力，以致海水环境的自净化能力受到制约，部分未经净化处理的废水直接排入养殖区域，从而使养殖区中的氮、磷元素增加，透明度下降，水体的富营养化程度加重。海水养殖水环境系统可以通过以下方法优化处理。

## 一、海水杀菌消毒处理

臭氧：又称为超氧，是氧气（$O_2$）的同素异形体，在常温下，它是一种有特殊臭味的淡蓝色气体。臭氧分解后能产生氧气，既可改善食用水生生物的生存质量，又能对其生存场所进行杀菌消毒。不过臭氧浓度应避免高于0.1mg/L，因为浓度过高有害于水生生物。

紫外线：紫外线是指电磁波谱中波长为10～400nm辐射的总称。1801年德国物理学家发现在日光光谱的紫端外侧有一段能够使含有溴化银的照相底片感光的波长，因而发现了紫外线的存在。紫外线可以用来灭菌，穿透力弱。

含氯杀毒剂：目前市场上较为常用的一类消毒剂，一般用于医疗机构内环境和物体表面消毒及其他方面的消毒。此类消毒剂产品制剂主要有片剂、粉剂和液体等。

## 二、除氨氮

氨氮在水中以游离氨（$NH_3$）和铵离子（$NH_4^+$）形式存在。分子氨浓度越高对养殖动物毒性越大。

生物硝化氨氮：通过亚硝酸盐菌和硝酸盐菌的作用，将氨氮氧化成亚硝酸盐和硝酸盐的过程。

生物脱氮：生物脱氮是在微生物的作用下，将有机氮和 $NH_3\text{-}N$ 转化为 $N_2$ 和 $N_xO$ 气体的过程。

## 三、生物脱氮除磷

### （一）水体中氮磷过量的危害

生物脱氮除磷是指用生物处理法去除污水中氮和磷的工艺。当排放到水中的氮、磷超过一定含量会造成水质的富营养化，导致水藻因养分过足而迅速生长繁殖。一部分大量生长繁殖，另一部分大量死亡，使清澈碧绿的水质变得混浊不堪。有含氮化合物的水对鱼和人类有毒害，如水中氨氮含量超过 3mg/L，将会使金鱼等死亡；饮用水中 $NO_2$ 含量超过 10mg/L 时，可能引起婴幼儿高血红蛋白症；氨氮对金属管道和设备有腐蚀作用。因此，对污水进行脱氮除磷十分重要。

### （二）生物脱氮原理

生物脱氮是在微生物的作用下，将有机氮和 $NH_3\text{-}N$ 转化为 $N_2$ 和 $N_xO$ 气体的过程。废水中的氮以有机氮、氨氮、亚硝酸盐和硝酸盐 4 种形态存在。废水中的生物脱氮过程实际上和自然界中氮循环的基本原理是一致的。生物脱氮可以分为氨化作用、硝化作用、反硝化作用三个步骤，如图 6-6 所示。

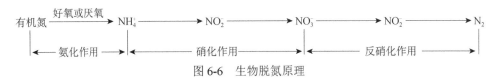

图 6-6　生物脱氮原理

**1. 氨化作用**　　有机氮通过酶和微生物的作用释放出氨氮的过程称为氨化作用或氮素矿化。氨化作用既可在好氧条件下，也可在厌氧条件下进行。进行氨化作用的微生物种类很多，除了细菌外，还有各种霉菌。参与氨化作用的细菌称为氨化细菌。

在好氧条件下，主要有两种降解方式，一种是氧化酶催化下的氧化脱氨，另一种是某些好氧菌在水解酶的催化作用下进行水解脱氮。

在厌氧或缺氧的条件下，厌氧微生物和兼性厌氧微生物对有机氮化合物进行还原脱氨、水解脱氨和脱水脱氨三种途径的氨化作用。

**2. 硝化作用**　　硝化作用是指微生物将 $NH_4^+$ 氧化成 $NO_2^-$，再进一步氧化成 $NO_3^-$ 的过程。硝化作用由亚硝酸菌（将 $NH_4^+$ 氧化成 $NO_2^-$）和硝酸菌（将 $NO_2^-$ 氧化成 $NO_3^-$）共同完成，包括亚硝化反应和硝化反应两个步骤。

硝化过程的三个重要特征：$NH_3$ 的生物氧化需要大量的氧，大约每去除 1g 的 $NH_3\text{-}N$ 需要 4.2g $O_2$；硝化过程细胞产率非常低，难以维持较高物质浓度，特别是在低温的冬季；硝化过程中产生大量的质子（$H^+$），为了使反应能顺利进行，需要大量的碱中和，理论上大约为每氧化 1g 的 $NH_3$-N 需要碱度 5.57g（以 $NaCO_3$ 计）。

**3. 反硝化作用**　　反硝化作用也称脱氮作用，是指反硝化菌在缺氧条件下，还原硝酸盐，释放出分子态氮（$N_2$）或一氧化二氮（$N_2O$）的过程。大多数反硝化菌都是异养的兼性厌氧细菌，其反应需在缺氧条件下进行。反应过程中的反硝化菌以各种有机物为电子供体，以 $NO_3^-$ 或 $NO_2^-$ 为电子受体进行厌氧呼吸，从 $NO_3^-$ 还原成 $N_2$ 需经历 4 步反应（图 6-7）。

$$NO_3^- \xrightarrow{\text{硝酸盐还原}} NO_2^- \xrightarrow{\text{亚硝酸盐还原}} NO \xrightarrow{\text{氧化还原}} N_2O$$
$$N_2 \xleftarrow[\text{氮还原}]{\text{氧化亚}}$$

图 6-7　反硝化作用

## （三）生物除磷原理

磷是引起水体富营养化的一种重要污染物。污水中磷的主要来源是各种洗涤剂、工业原料、化肥生产及人体排泄物等。废水中磷的存在形态与废水的种类有关，最常见的有磷酸盐、聚磷酸盐和有机磷。

磷是微生物生长的一种重要营养元素。传统的活性污泥法中，磷参与微生物菌体的合成，为菌体的一部分，并以剩余污泥的形式排出而去除污水处理系统中的磷。研究表明：常规的活性污泥系统，通过微生物正常生长仅能获得 10%～30%的除磷效果，但在厌氧、好氧交替运行的条件下，某些微生物种群能以比常规活性污泥高 3～7 倍的水平摄取积累或释放磷。其主要原因是在好氧、厌氧交替运行的条件下，活性污泥中产生了"聚磷菌"（图 6-8），通过聚 β-羟基丁酸酯（PHB）的形式形成"好氧聚磷"和"厌氧放磷"的机制去除废水中的磷。所以，磷的去除除一部分合成微生物细胞外，聚磷菌的超量累积也是一条重要途径。

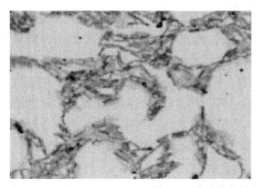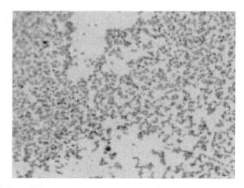

图 6-8　聚磷菌染色图片（李娜，2009）

**1. 厌氧放磷**　　在厌氧条件下，聚磷菌将其细胞内的有机态磷转化为无机态磷加以释放，并利用此过程中产生的能量摄取废水中的溶解性有机质以合成 PHB 颗粒。此时，聚磷菌体内的 ATP 进行水解，放出磷酸和能量，形成 ADP，即

$$ATP + H_2O \longrightarrow ADP + H_3PO_4 + 能量$$

研究表明，在厌氧条件下，微生物细胞内的 PHB 含量随时间呈线性增加，且其含量的增加与细胞中聚磷酸盐的减少也呈较明显的线性关系。Senior 等认为，在厌氧条件下，聚磷

菌贮存 PHB 的作用是减少葡萄糖在厌氧发酵时产生的氢离子和电子，将氢离子和电子储存起来，形成一个"氢的仓库"。

**2. 好氧聚磷**　　当聚磷菌在好氧条件下运行时，即开始进行有氧呼吸。此时，聚磷菌不断从外部取有机物，加以氧化分解，一部分合成细胞，另一部分产生能量，能量被 ADP 获取并结合磷酸合成 ATP，即

$$ADP+H_3PO_4+能量 \longrightarrow ATP+H_2O$$

大部分 $H_3PO_4$ 通过主动运输的方式从外部环境摄入，一部分用于合成 ATP，另一部分用于合成聚磷酸盐。

研究表明，在好氧条件下，微生物细胞内的 PHB 呈指数减少，且 PHB 的减少与聚磷酸盐的增加呈良好的线性关系。

### （四）生物脱氮除磷工艺

**1. 生物脱氮工艺**　　传统的氨氮生物脱除途径一般包括硝化和反硝化两个阶段。由于硝化菌和反硝化菌环境条件的要求不同，硝化和反硝化反应不能同时在同样条件下发生。由此发展起来的生物脱氮工艺大多将缺氧区与好氧区分开，形成分级硝化、反硝化工艺，以便使硝化、反硝化反应能够独立地进行。1932 年，Wuhrmann 利用内源反硝化建立了后置反硝化工艺。1962 年，Ludzack 和 Ettinger 提出了前置反硝化工艺。1973 年，Barnard 结合两种工艺又提出了 A/O 工艺。以后又出现了各种改进工艺，如 Bardenpho、Phoredox（$A^2$/O）、UCT 等工艺。

由于生物除磷过程与脱氮过程需要好氧、厌氧交替进行，生物脱氮工艺与生物除磷工艺可结合起来，进行同步生物除磷脱氮。因此，此处将只讨论传统的生物脱氮工艺，较新的工艺将与同步生物除磷工艺一起讨论，一些最新的技术与进展将单独介绍。

（1）传统生物脱氮工艺。内碳源生物脱氮工艺、后曝气生物脱氮工艺都是通过构造不同的反应器分别进行硝化和反硝化作用，从而实现氨氮向硝态氮的转变和硝态氮向氮气的转变。

（2）A/O 工艺。A/O 工艺是一种前置反硝化工艺，由 Barnard 为改进传统生物脱氮工艺而提出来的。其工艺特点是将缺氧池置于曝气池前部，并将曝气池的硝化液和二沉池的污泥回流至缺氧池。这样，脱氮过程能直接利用进水中的有机碳源作为电子供体而不需要外加碳源进行反硝化反应。另外，反硝化作用产生的碱度又可满足后置曝气池好氧去除 BOD 与硝化反应对碱度的需求。因此，A/O 工艺与传统生物脱氮工艺相比具有如下优点：①流程简单，省去了中间沉淀池，构筑物明显减少，这样占地面积小，大大节省基础建费用，且运行费用低；②将缺氧池前置，以原污水中的有机物为碳源，保证了反硝化反应的进行，节省了投加碳源的费用，有利于减轻好氧池的负荷，改善出水水质；③缺氧池前置，具有生物选择器的作用，可改善活性污泥的沉降性能，有利于控制污泥膨胀；④缺氧池前置，系统中微生物通过污泥回流交替处于好氧、厌氧状态，有利于碱度的产生、消耗与平衡，有利于生物除磷。

**2. 生物除磷工艺**　　生物除磷主要通过厌氧放磷和好氧聚磷两个过程进行。因此，在

工艺上构筑应该有好氧池（区）、厌氧池（区），操作方面应该使微生物处于厌氧与好氧交替状态。可见，生物除磷工艺与生物脱氮工艺相当类似，可以同时考虑。

（1）A/O 工艺。A/O 工艺的 A 段为严格的厌氧段，而非缺氧段，且该工艺只有污泥回流，而没有硝化液的回流。A/O 工艺是生物除磷的最基本工艺。在进水中磷与 BOD 之比较低的情况下，A/O 工艺有较好的除磷效果。当磷和 BOD 比值较高时，由于 BOD 负荷较低，剩余污泥量较少，难以达到稳定的运行效果，有时处理出水中细小的悬浮颗粒（SS）有增加的趋势，对于某些出水磷含量要求严格的情况（如总磷为 $1 \sim 0.5 mg/L$ 以下）难以达到排放标准。

（2）Phostrip 工艺。Phostrip 工艺是在传统活性污泥法的污泥回流管线上增设一个除磷池及混合反应池构成的。将生物除磷与化学除磷相结合，将富磷上清液引入化学沉淀池，投加石灰形成 $Ca_3(PO_4)_2$ 沉淀，通过排放磷污泥而除磷。

（五）废水同步除磷脱氮工艺

**1. A²/O 工艺**　A²/O 工艺是生物脱氮 A/O 工艺与生物除磷 A/O 工艺的有机结合，具有同步除磷脱氮的功能。A²/O 工艺流程如图 6-9 所示。

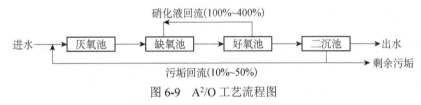

图 6-9　A²/O 工艺流程图

厌氧段，兼性厌氧菌可转化有机物，聚磷菌分解其体内的聚磷酸盐，释放的能量供好氧性聚磷菌在厌氧环境下维持生存，另一部分供聚磷菌吸收环境中的低分子有机物，并以 PHB 的形成储存起来。随后，污水进入缺氧池，反硝化菌利用好氧区回流的混合液中的硝酸盐及污水中可生物降解的有机物进行反硝化，达到同时去除 $BOD_5$ 和脱氮的目的之后，污水进入好氧池。此时聚磷菌通过释放体内的 PHB 维持其生长繁殖，并可吸收利用污水中残剩的可生物降解有机物，同时，聚磷菌进行好氧聚磷作用，过量摄取周围环境中的溶解磷在其体内聚积，使出水中溶解磷浓度达到最低。经过前面厌氧段聚磷菌和反硝化菌的作用后，进入好氧池中的有机物浓度已相当低，这样有利于自养硝化菌的生长。因此，A²/O 工艺有较好的同步除磷脱氮功能。

（1）Bardenpho 工艺。Bardenpho 工艺由两级 A/O 工艺组合而成。

（2）Phoredox 工艺。Phoredox 工艺厌氧池保证了磷的释放，也保证了好氧条件下有更强的聚磷能力，可以提高磷的去除效率。

**2. UCT 工艺**　UCT 工艺是目前比较流行的生物除磷脱氮工艺。它是在 A²/O 工艺的基础上对回流方式进行调整之后产生的工艺（图 6-10）。UCT 工艺与 A²/O 工艺的不同之处是，它的污泥回流是从沉淀池回流到缺氧池而非厌氧池，这样可以防止硝酸盐进入厌氧池而影响聚磷菌的厌氧放作用。此外，增加混合液从缺氧池到厌氧池的回流，由于混合液中含溶解性 BOD 量较多、$NO_3^--N$ 少，有利于厌氧段中的发酵作用。

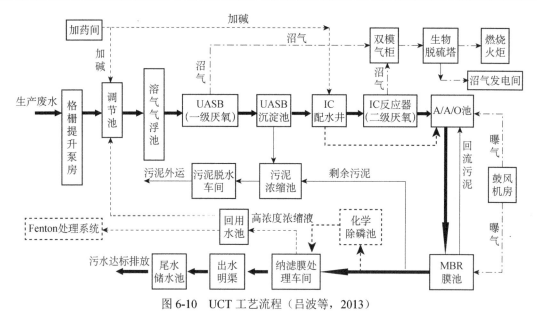

图 6-10　UCT 工艺流程（吕波等，2013）

UASB. 上流式厌氧污泥床；IC. 内循环；MBR. 膜生物反应器

## （六）生物脱氮新技术

**1. 短程硝化-反硝化**　　实现短程硝化-反硝化的关键在于将 $NH_4^+$ 氧化控制在 $NO_2^-$ 阶段，阻止 $NO_2^-$ 的进一步氧化，然后直接进行反硝化作用（图 6-11）。因此，如何持久稳定地维持较高浓度 $NO_2^-$ 的积累便成为研究的重点和热点。影响 $NO_2^-$ 积累的主要因素有温度、pH、游离氨（FA）、溶解氧（DO）、游离羟胺（FH）及水力负荷、有害物质和污泥龄等。

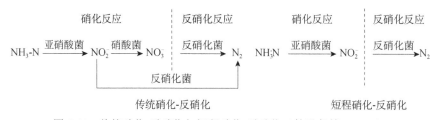

图 6-11　传统硝化-反硝化与短程硝化-反硝化（林进条等，2005）

与传统硝化-反硝化相比，短程硝化-反硝化具有如下的优点：①硝化阶段可减少 25% 左右的需氧量，降低了能耗；②反硝化阶段可减少 40% 左右的有机碳源，降低了运行费用；③反应时间缩短，反应器容积可减小 30%～40%；④具有较高的反硝化速率，$NO_2^-$ 的反硝化速率通常比 $NO_3^-$ 的高 63% 左右；⑤污泥产量降低，硝化过程可少产污泥 33%～35%，反硝化过程中可少产污泥 55% 左右；⑥减少了投碱量等。

**2. 同时硝化-反硝化**　　在同时硝化-反硝化工艺中，硝化与反硝化反应在同一个反应器中同时完成。

**3. 厌氧氨氧化**　　厌氧氨氧化是在厌氧条件下，微生物直接以 $NH_4^+$ 为电子供体，以 $NO_3^-$ 或 $NO_2^-$ 为电子受体，将 $NH_4^+$、$NO_3^-$ 或 $NO_2^-$ 转变为 $N_2$ 的生物氧化过程。

与传统的硝化-反硝化工艺或同时硝化-反硝化工艺相比，氨的厌氧氨氧化具有不少突出的优点。主要表现在：①不需要外加有机物作电子供体，既可节省费用，又可防止二次污染；②硝化反应每氧化 1mol $NH_4^+$ 耗氧 2mol，而在厌氧氨氧化反应中，每氧化 1mol $NH_4^+$ 只需要 0.75mol 氧，耗氧下降 62.5%（不考虑细胞合成时），所以可使耗氧能耗大为降低；③传统的硝化反应氧化 1mol $NH_4^+$ 可产生 2mol $H^+$，反硝化还原 1mol $NO_3^-$ 或 $NO_2^-$ 将产生 1mol $OH^-$，而氨厌氧氧化的生物产酸量大为下降，产碱量降至为零，可以节省可观的中和试剂。

**4. 其他生物脱氮新技术**

（1）反氨化（de-ammonification）工艺。一种适用于处理高浓度含氮废水的新工艺。通过控制供氧，使该工艺中氨转化为氮气的过程不需要按化学计量式来消耗电子供体。

（2）生物纤维膜反应器。把膜技术优点（从污水中截留和分离微生物）和细胞固定化技术优点（高浓度微生物、传质比表面积大）结合起来。反应器中膜不仅具有生物降解功能，还具有分离功能，如 PSB（permeable support biofilm），生物膜附着在渗透性纤维膜载体上，氧气渗透进入生物膜。生物膜中微生物自然分层，碳氧化、硝化和反硝化在生物膜的不同部位进行。微生物间无干扰，避免微生物间竞争和抑制作用。

（3）固定化催化氧化技术。将 *Nitrosomonas*、*Nitrosospira*、*Nitrosococcus* 和 *Nitrosolobus* 等亚硝化细菌混合固定在一起，选择合适的无机催化剂（如含铁化合物），废水中的 $NH_4^+$ 首先被微生物氧化成 $NO_2^-$、$NO_3^-$，再在无机催化剂下分解为 $N_2$ 和 $N_2O$。

（4）臭氧湿式氧化。一种处理含氨氮废水比较有效的技术。碱性条件下，通过 $O_3$ 的湿式氧化过程产生一些氧化能力很强的羟基自由基，氧化水中氨氮。可作为含有机物又含无机污染物废水的预处理；也可在废水深度处理后进一步降解废水中的污染物。

（5）生物电极脱氧技术。生物法和电化学结合起来的一种处理硝酸态氮污染水的生物电极法。污水中的硝酸态氮在生物和电化学双重作用下降解，而微电流又可以刺激微生物代谢活动。把脱氮菌作为生物膜固定在以炭为材料的电极上，称为固定化微生物电极。通过电极间通电产生的电解氢作为电子供体。与外部投加供氢体及用氢作为电子供体的脱氮方法相比，生物电极脱氮技术同通过低电流、低电压电解产生的电解氢以分子状态存在，在脱氮反应中更容易被高效利用，而且可以通过适当的电流密度控制进一步提高处理效率。

## 四、生物修复技术

海洋生物修复技术是指综合运用现代生物技术，利用特定的生物（植物、微生物或其他动物）吸收、转化、清除或降解环境污染物，使环境中的有害污染物通过降解或其他途径得以去除，实现环境净化、生态效应恢复的生物措施。海洋生物修复技术可以是一个受控或自发进行的过程。

海洋生物修复技术是在生物降解的基础上发展起来的一种新兴的清洁技术，它是传统的生物处理方法的发展。与传统的化学、物理处理方法相比，生物修复技术具有下列优点：①可在现场进行，污染物在原地被降解、清除，减少运输费用，消除运输隐患，就地处理，操作简便，对周围环境干扰少；②对位点的破坏最小；③修复时间较短，修复经费较少，仅为传统化学、物理修复经费的 30%～50%；④人类直接暴露在这些污染物下的机会减少；⑤永久性地消除污染，不产生二次污染，遗留问题少；⑥生物修复技术可与其他修复方法联合使用，以更有效地分解和去除污染物质。

　　尽管海洋生物修复技术已经取得较大进展，但仍然存在许多不足：①生物不能降解所有污染物，环境中的共存有毒物质如重金属等会对生物修复过程起抑制作用；②生物修复不能在极端条件下进行，pH、温度及其他环境因素等都将影响生物修复的进程；③生物修复对地点状况的前期考察及可行性分析往往费时费钱；④污染物有可能被转化成为有毒的代谢产物。

 **思考题**

　　1. 赤潮发生的原因是什么？结合所学知识，谈谈其治理技术。
　　2. 海洋生物测试技术有哪些？具体应用原则是什么？

### 📚 本章主要参考文献

鲍任兵，高廷杨，宫玲，等. 2021. 污水生物脱氮除磷工艺优化技术综述. 净水技术，40（9）：14-20.

陈倩. 2019. 海洋污染问题及防治对策. 环境与发展，5：36-38.

代婧炜，陈澳庆. 2020. 海洋污染对人体健康的影响. 河北渔业，（5）：57-59.

丁一，侯旭光，郭战胜，等. 2019. 固定化小球藻对海水养殖废水氮磷的处理. 中国环境科学，39（1）：338-344.

段作山，王向举，马小蕾，等. 2021. 反渗透除氟除氨氮技术在饮用水中的应用. 净水技术，40（3）：139-143.

付奕奕. 2020. 浅析海洋污染与海洋渔业资源保护. 科技风，（4）：133.

傅志宏. 2020. 海洋污染的来源及治理研究. 当代化工研究，22：85-86.

顾闻，高清军，贺敬怡，等. 2021. 海港水域海洋环境质量变化趋势分析. 中国港湾建设，41（2）：34-39.

韩国光. 2012. 浅谈海洋环境的监测技术. 城市建设理论研究，（6）：1-2.

韩锡锡，李琴，曹婧，等. 2018. 赤潮治理方法综述. 海洋开发与管理，4：76-80.

黄钰骄. 2021. 海盐消毒剂杀菌性能及其机理初步研究. 天津：天津工业大学硕士学位论文.

贾旭东. 2021. 海洋赤潮自动监测系统的研究与实现. 秦皇岛：河北科技师范学院硕士学位论文.

李龙飞. 2020. 中国海洋环境保护现状及其智能化趋势. 浙江海洋大学学报：人文科学版，37（6）：5.

李娜. 2009. SUFR 系统除磷效果及其影响因素的研究. 重庆：重庆大学硕士学位论文.

联合国粮食及农业组织. 2022. 2022 年世界渔业和水产养殖状况：努力实现蓝色转型.

林进条，林涛，刘丽玲. 2005. 新型生物脱氮工艺的研究和进展. 净水技术，（2）：48-50.

吕波，蒲贵兵，尹洪军. 2013. 四川某白酒厂废水处理工程设计. 安徽农业科学，41（23）：9737-9740.

潘郑妍. 2021. 新建污水处理厂低进水有机物的脱氮工艺. 化工管理，9：165-166.

曲晴. 2010. 认识海洋污染. 环境教育，（8）：80.

孙吉亭，周乐萍. 2021. 新常态下我国海洋环境治理问题的若干思考. 中国大学海洋学报，1：32-39.

孙伟. 2021. 生物法脱氮技术在污水处理厂废水处理中的作用研究. 环境科学与管理，46（4）：125-130.

王遐. 2009. 海洋生物污染对人群健康的影响及对策. 环境科技，22（4）：74-76.

王英郦，王潇然，葛峻杰. 2019. 我国海洋污染危害及防治措施. 资源节约与环保，9：244.

魏春飞. 2021. 新型污水生物脱氮除磷工艺研究进展. 辽宁化工，50（8）：1183-1185.

吴勇剑，张永，苑克磊，等. 2021. 海洋环境监测中的生物传感技术. 科技创新与应用，2：144-146.

谢丽凤，吴卫飞. 2019. 海洋环境现状及生物修复技术研究. 北方环境，31（4）：93-95.

徐永辉，黄文国，曾鸿俏. 2021. 海洋环境监测质量管理现状及解决措施探析. 广东化工，48（13）：215-219.

徐振东. 2003. 城市热岛效应成因的研究与分析. 大连：大连理工大学硕士学位论文.

俞志明，陈楠生. 2019. 国内外赤潮的发展趋势与研究热点. 海洋与湖沼，50（3）：474-486.

詹慧玲，饶小珍. 2021. 赤潮的危害、成因和防治研究进展. 生物学教学，46（7）：66-68.

张灿，陈虹，王传瑁，等. 2021. 我国海洋生态环境监测工作的发展及展望. 环境保护，40（12）：39-42.

张磊. 2007. 循环经济模式中固体废物资源化的法学思考. 杨凌：西北农林科技大学硕士学位论文.

张善举. 2019. 波浪在珊瑚礁地形上传播、破碎与增水的数学模型的研究. 广州：华南理工大学博士学位论文.

章平让. 2012. 城市污水处理集散控制系统的设计与实现. 广州：华南理工大学硕士学位论文.

赵放. 2020. 废水除磷技术的研究与发展. 2020 万知科学发展论坛论文集.

赵天河. 2021. 海洋藻类病毒与赤潮防治研究. 低碳世界，9：35-36.

赵秀玲，朱虹，耿立佳，等. 2018. 现代海洋环境监测体系和海洋管理背景下的浮游生物监测. 海洋开发与管理，10：31-38.

周缘，贺文麒，蒋燕虹，等. 2020. 海洋污染现状及其对策. 科技创新与应用，2：127-128.

Alimba CG，Faggio C. 2019. Microplastics in the marine environment：current trends in environmental pollution and mechanisms of toxicological profile. Environmental Toxicology and Pharmacology，68：61-74.

Bhambri A，Karn SK. 2020. Biotechnique for nitrogen and phosphorus removal：apossible insight. Chemistry and Ecology，36：785-809.

Chen TL，Chen LH，Lin YJ，et al. 2021. Advanced ammonia nitrogen removal and recovery technology using electrokinetic and stripping process towards a sustainable nitrogen cycle：a review. Journal of Cleaner Production，309：127369.

El-Sikaily A，Ghoniem DG，Emam MA，et al. 2021. Biological indicators for environmental quality monitoring of marine sediment in Suez Gulf，Egypt. Egyptian Journal of Aquatic Research，47：125-132.

Zohdi E，Abbaspour M. 2019. Harmful algal blooms（red tide）：a review of causes，impacts and approaches to monitoring and prediction. International Journal of Environmental Science and Technology，16：1789-1806.

# 第七章
## 海洋水产动物病害检测与防治技术

## 第一节　海洋水产动物病害防治概况

海水养殖在我国有悠久的历史，1985 年我国制订了以养为主、养捕加并举、因地制宜、各有侧重的渔业发展方向，推动了水产养殖业的快速发展，连续不断地掀起以对虾、扇贝、海水鱼类、刺参养殖为代表的几次高潮，标志着我国已跨入世界海水养殖大国的行列。然而，片面追求效益和环境的不断恶化，技术的相对滞后等因素，造成了海水动物疾病频发，损失不断加大的被动局面。目前，养殖病害已成为制约海水养殖行业发展的重要因素。

### 一、我国海水养殖病害发生的主要特点

（1）疾病发病涉及面广。海水养殖病害在全国范围内均有发生，其中以工厂化养殖和池塘养殖等高密度养殖方式发病最为严重。

（2）病害种类多。我国主要的海水养殖品种都有不同程度的病害发生，目前海水养殖疾病多达 100 多种，包括病毒病、细菌病、真菌病、寄生虫病、藻类性疾病及其他原因不明的疾病。

（3）多病原、多病种发病趋势明显。据全国海水养殖病害监测结果表明，海水动物病害已由单一病原向多病原综合演化，并与目前的养殖方式、养殖环境等因素密切相关。

### 二、海水养殖病害发生的原因

了解病因是制订预防疾病的合理措施、做出正确诊断和提出有效治疗方法的根据。水产动物疾病发生的原因虽然多种多样，但基本上可归纳为下列五类。

（1）病原的侵害。病原就是致病的生物，包括病毒、细菌、真菌等微生物，以及寄生原生动物、单殖吸虫、复殖吸虫、绦虫、线虫、棘头虫、寄生蛭类和寄生甲壳类等寄生虫。

（2）非正常的环境因素。养殖水域的温度、盐度、溶氧量、酸碱度、光照等理化因素的变动或污染物质等，超越了养殖动物所能忍受的临界限度就会致病。

（3）营养不良。投喂饲料的数量或饲料中所含的营养成分不能满足养殖动物维持生活的最低需要时，饲养动物往往生长缓慢或停止，身体瘦弱，抗病力降低，严重时就会出现明显的症状甚至死亡。营养成分中容易发生问题的是缺乏维生素、矿物质、氨基酸，其中最容易

缺乏的是维生素和必需氨基酸。腐败变质的饲料也是致病的重要因素。

（4）动物本身先天的或遗传的缺陷，如某种畸形。

（5）机械损伤。在捕捞、运输和饲养管理过程中，工具不适宜或操作不小心，往往使饲养动物身体受到摩擦或碰撞而受伤。受伤处组织损伤、功能丧失，或体液流失、渗透压紊乱，引起各种生理障碍以至死亡。除了这些直接危害以外，伤口又是各种病原微生物侵入的途径。

这些病因对养殖动物的致病作用，可以是单独一种病因的作用，也可以是几种病因混合的作用，并且这些病因往往有互相促进的作用。

## 三、海水养殖病害的防治策略

解决海水养殖病害问题要坚持预防为主、药物治疗为辅的原则，以减少疾病的发生为主要目的。目前，国内外病害防治的先进技术和前沿研究、开发领域大多集中在生态防病、免疫预防技术等方面，而对于海水动物疾病的防治包括三个重要组成部分，即疾病诊断、预防措施和治疗措施。

**1. 疾病诊断**　　只有诊断正确，才能对症下药。正确的诊断来自宿主、病原（因）和环境条件三方面的综合分析。

检查的主要内容：①观察症状和寻找病原，症状和病原是最重要的诊断依据。②了解以往的病历和防治措施，以作为诊断和治疗的参考。③观察发病池塘中养殖动物的活动情况，如游动和摄食等有无异常变化。④询问生病动物的来源，是在当地繁殖的还是从外地引进的。⑤了解投喂的饲料及水源有无污染等。

由病毒或细菌引起的疾病，对其病原的鉴定比较困难，单纯靠光学显微镜检查，病毒粒子无法看到，细菌在数量较少时也难以发现，在数量多时，比较容易发现，但要确定它是否为病原，需要用微生物学的方法，进行分离、培养、鉴定和人工感染等一系列试验。如果生病的动物呈现细菌性或病毒性疾病的症状，并且在检查时没有发现任何致病的寄生虫或其他可疑病因时，可做出初步诊断。对有些病毒性和细菌性疾病，可用免疫和核酸的方法做出较迅速的诊断，如血清中和试验、荧光抗体、酶标抗体、PCR、核酸探针等方法。由真菌或寄生虫引起的疾病，用肉眼观察时多数没有明显的特殊症状，根据显微镜观察到的病原，多数能够确诊。

如果在患病动物身上同时存在几种病原，就应按其数量的多少和危害性的大小，确定其主要病原。例如，车轮虫往往在许多种鱼类的鳃上和皮肤上与其他病原生物同时存在，数量多时可以致病，但数量少时危害性就不明显。不过有时也会发现同时由两种以上的病原引起的并发症。对于患病动物的环境条件，应实地观察养殖池塘的面积、结构、进排水系统、土质、水质及其变化等，还应了解池塘中生物的优势种类和数量、饲料的质量、投饵的方法和数量及日常饲养管理中的操作情况等。所有这些情况对于正确地诊断、制订合理的预防措施及提出有效的治疗方法都非常重要。

**2. 预防措施**　　海水养殖病害的预防技术主要有建立健全检疫制度、选育抗病力强的种苗、科学使用环境改良剂和免疫接种等技术。

建立健全检疫制度。由于水产养殖业迅速发展，地区间苗种及亲本的交流日益频繁，对国外养殖种类的引进和移殖也不断增加，如果不经过严格的疫病检测，就可能造成病原体的传播和扩散，引起疾病的流行。因此必须强化疾病检疫，严格遵守《中华人民共和国动物防疫法》，做好对养殖动物输入和输出的疾病检疫工作。

选育抗病力强的种苗。利用某些养殖品种或群体对某种疾病有先天性或获得性免疫力的原理，选择和培育抗病力强的苗种作为放养对象，可以达到防止该种疾病的目的。最简单的办法是从生病池塘中选择始终未受感染的或已被感染但很快又痊愈了的个体，进行培养并作为繁殖用的亲体，因为这些动物本身及其后代一般都具有免疫力。这同样是预防疾病的途径之一。

科学使用环境改良剂。养殖环境的恶化是水生动物疾病发生的基本条件，环境改良剂是以改良养殖水域环境为目的所使用的一类有机或无机的化学物质。它们主要通过以下几个方面发挥作用：①杀灭水体中的病原体，如含氯石灰、三氯异氰尿酸粉等。②净化水质，防止底质酸化和水体富营养化。③降低亚硝酸盐和氨氮的毒性。④补充氧气，增加鱼虾摄食力。⑤补充钙元素，促进鱼虾生长和增强对疾病的抵抗力。⑥抑制有害菌数量，减少疾病发生。常用的环境改良剂有氧化钙等。

免疫接种。对一些经常发生的危害严重的病毒性及细菌性疾病，可研制人工疫苗，用口服、浸洗或注射等方法接种，达到人工免疫的作用。免疫接种是控制水产养殖动物暴发性流行病有效的方法。近些年来，已陆续有一些疫苗、菌苗应用于预防鱼类的重要流行病，而且国内外都有相关机构在研究探索免疫接种的最佳方法和途径。

**3. 治疗措施**　　疾病的治疗是用药品消灭或抑制病原，或改善养殖动物的环境及营养条件。发生疾病以后要得到有效的治疗，必须掌握治疗时机。海水养殖动物，特别是鱼和虾，只要疾病发现得早，及时适当地进行治疗，大多数是可以治愈的。但是如果不仔细检查，在患病的初期往往不能及时发现，及至动物病情严重，大部分已停止吃食或发生大批死亡时，口服药物已不起作用，外用药也难以见效，这时已错过最佳治疗时机，即使一部分病轻者尚能治愈，也会造成严重损失。

目前水生动物疾病的治疗仍然依靠药物的使用，为避免药物的无序使用，要注意以下几个原则。

（1）国家陆续颁布了《中华人民共和国动物防疫法》《饲料和饲料添加剂管理条例》《兽药管理条例》等法律法规。

（2）使用水产养殖用药应当符合《兽药管理条例》和《无公害食品　渔药使用准则》（NY 5071—2002）。使用药物的养殖水产品在休药期内不得用于人类食品消费；禁止使用假、劣渔药，原料药不得直接用于水产养殖；水产养殖单位和个人应当按照水产养殖用药使用说明书的要求或在技术人员的指导下科学用药。

（3）使用药物时要做到对症用药，避免药物使用的盲目性，有条件的单位最好进行病原菌的初步分离培养、敏感药物筛选后再使用。

（4）药物进入鱼体内，不会立即从体内消失，一般要经过吸收、代谢、排泄等过程。药物或其代谢产物以蓄积、贮存或其他方式保留在组织、器官或可食性产品中，具有较高的浓度。在休药期间，鱼体组织中存在的具有毒理学意义的残留通过代谢，可逐渐消除，直至达到"安全浓度"，即低于"允许残留量"或完全消失。休药期随鱼的种类、药物种类、制剂形式、用药剂量、给药途径及组织中的分布情况等不同而有差异。经过休药期，暂时残留在鱼体内的药物被分解至完全消失或对人体无害的浓度。

## 第二节　病原快速检测技术

病原微生物种类繁多，多可变异，可引起海洋生物发生多种传染性疾病。与之相对应的各种病原检测技术也在不断发展以实现对病原微生物快速、准确的诊断。目前，病原微生物检测领域应用比较广泛的检测方法主要包括分子生物学检测技术和免疫学检测技术。这些检测方法均有与之相对应的优缺点、检测范围、使用领域，应根据实际条件和病原特点选择特异性强、灵敏度高、简便快速、结果容易判定的检测方法，或联合多种检测方法来提高病原检测的效率。

### 一、分子生物学检测技术

20世纪50年代，美国遗传学家Watson和英国物理学家Crick提出DNA双螺旋结构模型，标志着现代分子生物学的兴起。经过半个多世纪的发展，分子生物学已成为生命科学中最耀眼的明星，引领着21世纪生命科学的发展。分子生物学检测技术是分子生物学在检验学科中的具体应用，其采用分子生物学技术的原理和方法，解决临床检验、卫生检验等方面的实际问题，在疾病诊断、风险分析、传染病预防与控制、环境因素检测等方面发挥着越来越重要的作用。在微生物快速检测领域，PCR应用非常广泛。除传统PCR技术外，现在还有多种不同的技术类型，如实时荧光定量PCR、环介导等温扩增检测（LAMP）等。

**1. PCR技术**　　1985年，美国PE-Cetus公司的科学家Mullis等发表论文，报道其利用类似基因体内合成原理，提供DNA合成的模板、核苷酸原料、一对寡核苷酸引物、DNA聚合酶，在特定的条件下，经过多次循环后，首次在体外合成了靶基因序列。这种体外合成DNA的技术采用DNA聚合酶（DNA polymerase）催化，反应过程为多次连续的循环，被称为聚合酶链反应。PCR技术的发明对基因研究具有重要意义，Mullis因此于1993年获得诺贝尔化学奖。

PCR是在体外酶促条件下扩增特定DNA片段的技术，其基本原理与DNA在体内天然复制过程相似。首先，在高温条件下使双链模板DNA变性成为单链DNA；其次，在较低的温度下，与模板上下游互补的两条引物分别结合到两条变性的单链DNA上（该过程称为退火）；然后，在DNA聚合酶的催化下沿引物的3'端开始合成新的DNA链（该过程称为延伸），经过数十次循环后，靶基因片段得以大量扩增。在第一次循环中，原始模板变性、引物退火和延伸合成新的 DNA。在反应体系中，原始模板 DNA、新合成的 DNA（靶序列）都可以作为下一次循环中新 DNA 合成的模板，PCR 产物片段呈指数增加，在每一次循环后，量都发生倍增，经 30 次循环后，理论上，该目的片段（靶序列）的数量将达到 $2^{30}$ 倍，PCR 原理如图 7-1 所示。

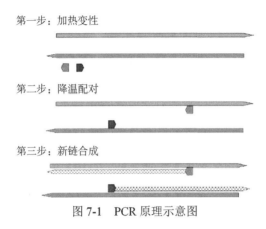

图 7-1　PCR 原理示意图

PCR 基本过程包括变性、退火和延伸，这三个步骤经过多次循环，最终实现对目的 DNA 片段的扩增。

（1）变性。DNA 合成的第一步是模板 DNA 双链间的氢键断裂形成 2 条单链，该过程称为变性（denaturation）。使 DNA 变性的方法很多，在 PCR 中，一般采用加热的方式使 DNA 变性，通常将反应体系混合物加热至 93～95℃，维持较短的时间，一般 30s，使待扩增的双链 DNA 在高温作用下受热变性，解链为两条单链 DNA。原始核酸标本中的 DNA 分子可能很大，在开始 PCR 循环前，通常需要较长的加热时间以保障 DNA 分子的完全解链，该过程称为预变性。预变性在 93～95℃下进行 3～5min。

（2）退火。变性后的 DNA 单链在变性条件消除后，可以重新复性形成双链 DNA。该过程中如果存在能与单链 DNA 互补的核苷酸片段，该片段也可与变性后的单链核苷酸互补结合形成局部双链结构。在 PCR 中，通过加热使 DNA 变性，当温度下降到一定的范围，体系中引物将与变性的 DNA 互补结合，由于该过程通过降温进行，因而也称为退火（annealing）。通常引物浓度远远高于模板浓度，因而在退火时引物互补结合到模板的概率远远大于 2 条模板单链间复性的概率。PCR 的退火温度对反应的特异性有重要影响，退火温度过高，引物不能结合到模板上；退火温度过低，引物有可能与模板中某些与目标序列相近的序列结合，引发非特异性扩增。在一定范围内，提高退火温度有助于提高特异性扩增，减少非特异性扩增。引物的解链温度（$T_m$）是确定退火温度的重要参考数据，通常退火温度设置为 $T_m$ 以下 5～10℃，最好通过优化实验确定最佳的退火温度。退火温度的维持时间也会对 PCR 结果产生影响，退火时间过长会增加非特异性结合，过短则可能导致引物不能正常退火，导致扩增失败。

（3）延伸。退火后，引物与模板互补结合，在 DNA 聚合酶的催化下，遵循碱基互补配对原则，单核苷酸不断被添加到引物的 3′端，使引物链逐渐延长，称为延伸（extension）。延伸温度应根据聚合酶的性质确定，温度过高或过低都会使聚合酶活性下降。通常，采用 $Taq$ 酶的 PCR，其延伸温度为 72℃左右，在该温度下，$Taq$ 酶有较高的催化活性。在设定的变性—退火—延伸循环结束后，常常在延伸温度下维持一段时间（通常为 3～5min），以促使所有新合成的 DNA 链延伸至设定的长度。虽然大多数 PCR 的延伸温度高于退火温度，但也有些 PCR 采用与退火相同的温度条件延伸 DNA 链。

（4）循环。理论上，反应体系中各要素足够多时，每增加 1 次循环，PCR 产物将增加 1 倍，因而循环次数决定 PCR 扩增产量。但在实际反应体系中，随着循环次数增加和引物及 dNTP 消耗、聚合酶活性降低、模板自身复性增加等，PCR 产物不可能随着循环次数的增加而无限制地呈指数增加。有研究结果表明，即使循环次数增加至 45 次，PCR 特异性产物的量相较于循环 35 次的量未见明显增加；反而是循环次数越多，非特异性产物的量也随之增多。PCR 循环次数主要取决于模板 DNA 的浓度及种类，如果模板是质粒 DNA，循环 25 次即可，其他模板的循环次数则一般在 25～35 次。

**2. 实时荧光定量 PCR 技术**　　　1996 年，美国 Applied Biosystems 公司推出实时荧光定量 PCR（real-time PCR，RT-PCR）技术。该技术由于荧光物质的应用，可以通过光电传导系统直接探测 PCR 扩增过程中荧光信号的变化以获得定量结果，克服了常规 PCR 的许多缺点，具有如下优势：能对模板定量；封闭反应，不需要 PCR 后处理，污染少，假阳性率低；观察和记录自动化，结果直观，避免人为判断带来的误差；工作效率高，利于实现高通量检测。实时荧光定量 PCR 的缺点表现在需要特殊设备及荧光探针，成本较高；不能显示 PCR 产物的片段长度；定量准确性还有待提高。

实时荧光定量 PCR 是利用荧光信号的变化，实时检测 PCR 扩增反应中每次循环扩增产物量的变化，通过循环阈值和标准曲线的分析对标本中起始模板拷贝数进行定量分析，原理如图 7-2 所示。在实时荧光定量 PCR 进程中，每次循环进行一次荧光信号的收集，以荧光强度为纵轴，循环次数为横轴，所得到的曲线称为 PCR 扩增曲线。在前面十多次循环中，虽然目标产物呈指数增加，但其引发的荧光总强度未达到仪器的检测限，所以仪器检测到的荧光强度无变化，该时间段荧光强度的平均值称为基线（baseline）。当荧光信号达到一定强度后，荧光强度的增加才能够如实地被检测仪器检测到。能够被仪器检测到的最小荧光强度称为荧光阈值（threshold）。PCR 扩增过程中，扩增产物的荧光信号达到设定的阈值时所经过的扩增循环次数称为循环阈值（threshold cycle or cycle threshold，$C_t$）。$C_t$ 值与反应管内的模板量（拷贝数）相关，与该模板的起始拷贝数的对数存在线性关系。起始拷贝数越多，$C_t$ 值越小。对于模板量未知的样品，只要在相同条件下测得其 $C_t$ 值，即可从标准曲线上查出该样品的起始拷贝数的对数值，进而换算得到样品中的模板拷贝数。

根据引入荧光标记的类型，常用的实时荧光定量 PCR 有如下几种：SYBR Green 法、水解探针法（$Taq$Man 法）、双杂交探针法等。

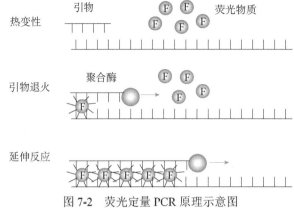

图 7-2　荧光定量 PCR 原理示意图

（1）SYBR Green 法。SYBR Green 是一种荧光染料，在 PCR 的反应体系中加入过量 SYBR Green 荧光染料，该染料特异性地掺入 DNA 双链后，发出荧光信号，而未掺入链中的 SYBR Green 染料分子不发出任何荧光信号。PCR 产物越多，荧光越强，荧光信号的增加与 PCR 产物的增加同步。由于只有退火和延伸时才形成双链 DNA，SYBR Green 染料才会结合到双链 DNA 而发出荧光信号，因此荧光信号的采集应该在这两个阶段进行。

只要最后产物是双链 DNA，SYBR Green 法可以用于各种扩增产物的定量。这既是 SYBR Green 法的主要优点，也是主要缺陷，即 SYBR Green 法不能区分扩增产物的特异性，只要是双链 DNA，或者单链核酸中存在部分双链结构，结合 SYBR Green 后都会发出荧光信号。为了克服该缺陷，可配合 PCR 产物熔解曲线进行分析：如果熔解曲线得到单一峰，一般认为无非特异性扩增，用该方法定量准确；如果熔解曲线出现杂峰，提示以此定量不准确。

（2）TaqMan 法。TaqMan 法使用 TaqMan 探针与扩增产物中的靶基因序列杂交，从而提高产物检测的特异性，即使扩增产物中存在非特异性扩增片段，只要不与探针互补结合，就不会对荧光定量产生影响。TaqMan 探针序列与扩增目的片段的一段互补，5'端标以荧光报告基团，3'端标以荧光淬灭基团。TaqMan 探针的 3'端经过磷酸化处理，可防止探针在 PCR 扩增过程中被延伸。当探针保持完整时，荧光报告基团发出的荧光被淬灭基团吸收，报告基团的荧光信号不能被检测到；当荧光报告基团与淬灭基团发生分离，荧光报告基团发出的荧光信号就能被系统检测到。

与 SYBR Green 法相比，TaqMan 法的优势在于特异性高，探针设计相对简单，重复性比较好；其缺点是一个探针只适合检测一个特定的靶序列，且由于探针在反应过程中被水解，为保证探针足够，需在体系中加入较多探针，导致成本增加，且本底荧光值较高（淬灭不彻底）。

（3）双杂交探针法。双杂交探针法（dual hybridization probe）是根据荧光共振能量转移（fluorescence resonance energy transfer，FRET）原理设计的。反应体系中有 2 条特异性探针，与靶序列互补结合后几乎首尾相连，探针 1 的 3'端与探针 2 的 5'端相隔 1～5 个核苷酸。在探针 1 的 3'端、探针 2 的 5'端分别标记荧光供体基团和荧光受体基团。在退火阶段，探针与模板杂交时，两种探针互相靠近，实现荧光共振能量转移。荧光供体基团接受激发，并将得到的能量传给荧光受体基团，使其发射特定波长的荧光，被系统检测到。只有当两条探针都与靶序列正确杂交时才可能检测到荧光受体基团的荧光信号，因此该方法本底荧光值更低，特异性更高。

**3. 环介导等温扩增检测**　　环介导等温扩增检测（loop-mediated isothermal amplification，LAMP）是利用 4 个特殊设计的引物和具有链置换活性的 *Bst* DNA 聚合酶，在恒温条件下特异、高效、快速地扩增 DNA 的新技术。LAMP 技术以其特异性强、灵敏度高、快速、准确和操作简便等优点在核酸的科学研究、疾病的诊断和转基因食品检测等领域得到了日益广泛的应用。

引物设计是 LAMP 实现扩增的关键。LAMP 引物的设计主要是针对靶基因的 6 个不同的区域，基于靶基因 3′端的 F3c、F2c 和 F1c 区以及 5′端的 B1、B2 和 B3 区 6 个不同的位点设计 4 种引物。上游内部引物（forward inner primer，FIP）由 F2 区和 F1c 区域组成。F3 引物，即上游外部引物，由 F3 区组成，并与靶基因的 F3c 区域互补。下游内部引物（backward inner primer，BIP），由 B1c 和 B2 区域组成，B2 区与靶基因 3′端的 B2c 区域互补，B1c 区与靶基因 5′端 B1c 区域序列相同。B3 引物，即下游外部引物，由 B3 区域组成，和靶基因的 B3c 区域互补。

环介导等温扩增检测分两个阶段。第 1 阶段为起始阶段，任何一个引物向双链 DNA 的互补部位进行碱基配对延伸时，另一条链就会解离，变成单链。上游内部引物的 F2 序列首先与模板 F2c 结合，在链置换型 DNA 聚合酶的作用下向前延伸启动链置换合成。上游外部引物 F3 与模板 F3c 结合并延伸，置换出完整的 FIP 连接的互补单链。FIP 上的 F1c 与此单链上的 F1 为互补结构，自我碱基配对形成环状结构。以此链为模板，下游内部引物与 B3 先后启动类似于 FIP 和 F3 的合成，形成哑铃状结构的单链。迅速以 3′端的 F1 区段为起点，以自身为模板，进行 DNA 合成延伸形成茎环状结构。该结构是 LAMP 基因扩增循环的起始结构。第 2 阶段是扩增循环阶段。以茎环状结构为模板，FIP 与茎环的 F2c 区结合。开始链置换合成，解离出的单链核酸上也会形成环状结构。迅速以 3′端的 B1 区段为起点，以自身为模板。进行 DNA 合成延伸及链置换，形成长短不一的 2 条新茎环状结构的 DNA，BIP 上的 B2 与其杂交。启动新一轮扩增，且产物 DNA 长度增加一倍。在反应体系中添加 2 条环状引物 LF 和 LB，它们也分别与茎环状结构结合启动链置换合成，周而复始。扩增的最后产物是具有不同个数茎环结构、不同长度 DNA 的混合物，且产物 DNA 为扩增靶序列的交替反向重复序列。

LAMP 与以往的核酸扩增方法相比具有如下优点：操作简单，产物检测用肉眼观察或浊度仪检测沉淀浊度即可判断，不需要特殊的试剂及仪器；快速高效，核酸扩增在 1h 内均可完成，且产物可以扩增至 $10^9$ 倍；高特异性，由于是针对靶序列 6 个区域设计的 4 种特异性引物，6 个区域中任何区域与引物不匹配均不能进行核酸扩增，故其特异性极高；高灵敏度，对于病毒扩增模板可达几个拷贝，比 PCR 高出数量级的差异。然而，由于 LAMP 扩增是链置换合成，靶序列长度最好在 300bp 以内，大于 500bp 则较难扩增，故不能进行长链 DNA 的扩增。由于灵敏度高，极易受到污染而产生假阳性结果，因此要特别注意严谨操作。另外其在产物的回收鉴定、克隆、单链分离方面稍逊色于传统的 PCR 方法。

LAMP 技术自从出现以来，以其快速、精确、高效的特性经被广泛的应用。这项技术已经发展到商业化的检测试剂盒中，包括细菌和病毒的检测；这项技术由于其成本低，能够应用于发展中国家的基层实验室中，尤其是传染病比较严重的地区。Hara-Kudo 等建立了针对沙门氏菌的 LAMP 检测方法，并且与 PCR 方法相比较，其敏感性要高于 PCR 方法；随后，他们又针对大肠杆菌的 *VT* 基因建立了商业化的 LAMP 检测试剂盒，实现了对大肠杆菌的 LAMP 检测。Imai 等建立了检测禽流感 H5 型的 RT-LAMP 检测方法；该方法第一次报道了能够从野生禽类咽拭纸样本中检测出 H5 禽流感病毒，并且不能够对人流感病毒的 RNA 进行扩增；其敏感性是普通 RT-PCR 敏感性的 100 倍。NKouawa 等根据 L 组织蛋白酶半胱氨酸肽酶基因建立绦虫的 LAMP 诊断方法，可以用于区分猪带绦虫和牛带绦虫及亚洲带绦虫。

## 二、免疫学检测技术

免疫学检测是指将免疫学方法应用于检测领域，通过抗原和抗体的反应原理，利用各种标记和示踪技术来检测和分析病原微生物。随着分子生物学的快速发展，各种科学理论和技术应用到免疫学检验中来，使免疫学快速检验技术得到了极大的发展。目前应用最广泛的免疫检测技术主要有免疫荧光技术、胶体金免疫标记技术、酶联免疫吸附测定等，它们在生物领域发挥了极其重要的作用。

**1. 免疫荧光技术**　　免疫荧光技术是将结合有荧光素的荧光抗体进行抗原抗体反应的技术。Coons（1941）最先使用异氰酸荧光素标记抗体检测小鼠肺炎球菌多糖抗原，在紫外显微镜下观察，发现了抗原在组织内的分布，并率先提出了用免疫荧光技术检查组织内抗原的方法，如图 7-3 所示。Riggs 等（1958）合成了异硫氰酸荧光素（FITC），这一新的荧光素有性质稳定（可与目标蛋白稳定结合）且不易产生毒性等优点。最初的免疫荧光技术主要用

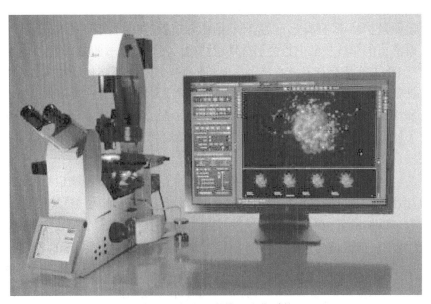

图 7-3　荧光显微镜及成像系统

于鉴定组织细胞中功能蛋白的确切位置,现在的免疫荧光技术已成为医学诊断、兽医学研究和临床快速诊断中不可缺少的重要手段。

免疫荧光技术的基本操作步骤是先制备荧光标记物(荧光抗体或抗原),即在已知的抗体或者抗原上标记上相应的荧光素,再将这种荧光标记物(荧光抗体或抗原)注入细胞内部作为探针,当它们进入细胞后即可和细胞内相应的抗原或抗体发生特异性结合,此时使用荧光显微镜来观察标本是否能发出荧光,以此来对细胞内相应的抗体或者抗原进行定位和检测。常用的荧光素有异硫氰酸荧光素(fluoresce isothiocyanate,FTO)和罗丹明(rhodamineB200,RB200)等,它们可与抗体球蛋白中赖氨酸的氨基结合,在蓝紫光激发下,可分别出现鲜明的黄绿色及玫瑰红色。

免疫荧光技术可分为直接免疫荧光技术和间接免疫荧光技术。直接免疫荧光技术是最早的免疫荧光技术,是用已标记荧光素的特异性荧光抗体直接滴在含有相应抗原的载玻片上进行孵育,在荧光显微镜下观察检查结果。由于该方法检测敏感性低,且每检查一种抗原都需要制备其特异的荧光抗体,应用并不广泛。间接免疫荧光技术是应用最广的免疫荧光技术,是用特异性的抗体与切片抗原结合后,再滴加荧光素化的第二抗体,在荧光显微镜下观察结果。由于该法所用的第二抗体较多,因而只需满足种属特异性,即可用于多种第一抗体的标记检测。

在海水病原学领域里,该技术作为一种血清学方法可用于多种海洋经济动物疾病的诊断、流行病学调查,许多海水病原均已用免疫荧光方法进行诊断。例如,付崇罗等应用免疫荧光技术对夏季养殖中后期大规模死亡高峰期的患病栉孔扇贝进行了急性病毒性坏死症检测,为解释该病毒导致栉孔扇贝大规模死亡的机制提供了直接的组织病理学依据。此外,利用荧光抗体检测技术还可以研究病原菌在宿主体内各组织器官的分布,有助于了解病原菌侵入途径,在体内的转移及其主要作用部位等。由此可见,荧光抗体检测技术在水产病害病原检测上具有广泛的用途。

**2. 胶体金免疫标记技术** 胶体金免疫标记技术是以胶体金颗粒为示踪标记物或显色剂,应用于抗原抗体反应的一种新型免疫标记技术,已广泛应用于光镜、电镜、流式细胞仪、免疫转印、体外诊断试剂的制造等领域。

胶体金是由氯金酸在还原剂如白磷、抗坏血酸、枸橼酸钠、鞣酸等作用下,聚合成一定大小的金颗粒,并由于静电作用成为一种稳定的胶体状态,形成带负的疏水胶溶液。胶体金在弱碱环境下带负电荷,可与蛋白质分子的正电荷基团形成牢固的结合,由于这种结合是静电结合,所以不影响蛋白质的生物特性。胶体金免疫标记技术主要利用了金颗粒具有高电子密度的特性,在金标蛋白结合处,在显微镜下可见黑褐色颗粒,当这些标记物在相应的配体处大量聚集时,肉眼可见红色或粉红色斑点,因而用于定性或半定量的快速免疫检测方法中。常用的胶体金免疫标记技术是胶体金免疫层析技术。

将特异性的抗原或抗体以条带状固定在 NC 膜上,胶体金标记试剂(抗体或单克隆抗体)吸附在结合垫上,当待检样本加到试纸条一端的样本垫上后,通过毛细作用向前移动,溶解结合垫上的胶体金标记试剂后相互反应,再移动至固定的抗原或抗体的区域时,待检物与金标试剂的结合物又与之发生特异性结合而被截留,聚集在检测带上,可通过肉眼观察到显色结果（图7-4）。该法现已发展成为诊断试纸条，使用十分方便。

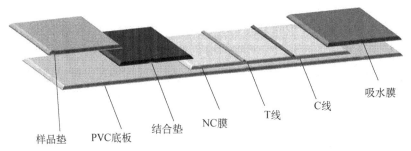

图7-4　胶体金免疫标记所用试纸条示意图

样品垫　PVC底板　结合垫　NC膜　T线　C线　吸水膜

　　胶体金免疫标记技术的优势是操作相对便捷、操作人员不需要培训、不需要特殊检测设备、所得结果直观清晰、试剂稳定、保存方便等，这些优势适合用于现场快速检测。胶体金免疫标记技术广泛应用于核酸、杀虫剂、蛋白质、激素、药物和毒素等的检测，如Cheng等建立了对虾白斑综合征病毒（WSSV）的胶体金免疫层析快速检测试纸的制备技术，结果表明，该方法的测定结果与PCR检测结果一。

　　**3. 酶联免疫吸附测定**　　酶联免疫吸附测定（enzyme-linked immunosorbent assay，ELISA）是1971年由Engvall等建立的一种生物活性物质微量测定新技术，以其灵敏度高（可达ng甚至pg水平）、特异性好等优点，在生命科学各领域得到广泛应用。ELISA是把酶的高效催化作用与抗原抗体的特异性反应有机结合起来的一种新型免疫检测技术，该方法的基本原理就是先用酶标记抗体，再进行抗原抗体反应，最后酶通过分解底物而显色，根据颜色的深浅来判断待检测的抗原和抗体的含量（图7-5）。

　　ELISA法具有操作简单、稳定性好、特异性高、可大批量检测样品等优点，因其检测成本较低，故比较适合现场检测。常规酶联免疫吸附测定法有双抗体夹心法和间接法。

　　双抗体夹心法是检测抗原最常用的方法，首先用特异性抗体包被于固相载体，利用待测抗原上的两个抗原决定簇分别与固相载体上的抗体和酶标记抗体结合，形成抗体-待测抗原-酶标抗体复合物，复合物的形成量与待测抗原含量成正比。由于加了一层抗体，因此它具有更高的灵敏性。其主要步骤有：①将特异性抗体包被固相载体；②加待检标本；③加酶标抗体；④加底物显色。

　　间接法是检测抗体最常用的方法，其原理为利用酶标记的抗抗体以检测已与固相结合的受检抗体，故称为间接法。操作步骤如下：①将特异性抗原与固相载体连接，形成固相抗原，洗涤除去未结合的抗原及杂质；②加稀释的受检血清，其中的特异抗体与抗原结合，形成固相抗原抗体复合物，经洗涤后，固相载体上只留下特异性抗体，其他免疫球蛋白及血清中的杂质由于不能与固相抗原结合，在洗涤过程中被洗去；③加酶标抗抗体，与固相复合物中的抗体结合，从而使该抗体间接地标记上酶，洗涤后，固相载体上的酶量就代表特异性抗体的量，如欲测人对某种疾病的抗体，可用酶标羊抗IgG抗体；④加底物显色，颜色深度代表标本中受检抗体的量。

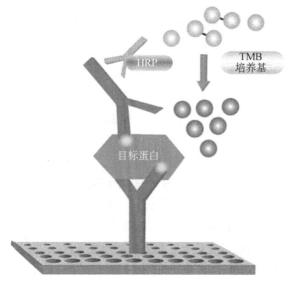

图 7-5　ELISA 示意图

在实际应用过程中，该技术得到不断改进，形成了多种分析方法，如单克隆抗体捕获 ELISA（Mac-ELISA）、斑点酶联免疫吸附试验（dot-ELISA）、亲和素-生物素的 ELISA、磁颗粒 ELISA 等，这些新型 ELISA 的不断涌现在检测的灵敏度、特异性、操作简单化及实时、高效等方面都有很大提高，使 ELISA 成为一种适于推广到基层的技术，可以预见 ELISA 将在疾病监控、诊断及防疫等各个方面发挥越来越大的作用。

**4. 其他免疫学检测技术**　　免疫印迹（immunoblotting）技术又称为蛋白质印迹或 Western blot，是一种将蛋白凝胶电泳、膜转移电泳与抗原反应相结合的新型免疫分析技术。蛋白质免疫印迹法由 Towbin 等于 1979 年引入，现在用于常规蛋白质分析。它使用抗体来识别与转印膜结合的特定蛋白质靶标，而抗体-抗原相互作用的特异性使其能够在复杂蛋白质混合物（如细胞或组织裂解液）中鉴定靶蛋白。

免疫磁珠是近年来发展起来的一项新的免疫学技术，它将固化试剂特有的优点与免疫学反应的高度特异性结合于一体。基本原理是运用核-壳的合成方法合成含有超顺磁性物质的高分子表面覆盖的复合材料、稳定性好、能进行后期标记的物质，利用这些物质表面的功能基团如氨基、羧基、巯基等进行抗体的共价或者非共价偶联，可用于结合相应的抗原或抗体，这样在外加磁场的吸引下可做定向移动，从而达到分离、检测的目的。免疫磁珠由于粒径小、比表面积大，可捕获较多的待测物，并直接在其表面进行酶显色、荧光或同位素显示，从而建立了一系列检测速度快、特异性高、灵敏度高和重复性好的免疫检测方法。

# 第三节　疫苗免疫技术

疫苗（vaccine）是利用病原体（病毒、细菌和寄生虫等）经过严格复杂的技术工艺制造的生物制品。传统的疫苗以预防传染病为主，主要用于健康人和动物。广义而言，治疗或短期用的抗血清免疫球蛋白也包括在疫苗学之中。免疫接种是一种相对健康安全的疾病预防措施，且国内外研究已证实鱼类免疫疫苗对鱼体能够产生免疫保护力。已有的水产动物疫苗概括起来可分为传统疫苗和新型疫苗两大类。

## 一、疫苗的类型

一般的疫苗根据它们是否仍然保留了原来病原的活性，可以分为活疫苗、灭活疫苗和亚单位疫苗。此外，还有新型疫苗。

**1. 活疫苗**　　水产动物的传统活疫苗也有弱毒型、异种型和强毒型 3 种。减毒的方式有从不敏感的其他水产动物分离出天然的减毒株；用不敏感的细胞将病原连续传代减毒，改变病毒复制环境使其发生变异减毒，再利用敏感动物回归反复传代不返祖或采用单克隆抗体技术进行无毒株筛选等方法。国内外已有的弱毒疫苗包括病毒性出血性败血症病毒（VHSV）的抗热株疫苗、斑点叉尾鲴病毒减毒疫苗、疖病减毒疫苗、传染性造血器官坏死病毒（HNV）减毒疫苗、草鱼出血病细胞培养弱毒疫苗等；异种型活疫苗有防治小瓜虫病的梨形四膜虫疫苗。但是由于水产动物活疫苗免疫接种后易进入水体，而水体生物种类较多，存在扩散和返祖风险，此工作必须十分谨慎。

目前应用最多的还是减毒活疫苗（live attenuated vaccine），这是将感染原经物理、化学或生物学方法处理后，成为失去致病性而保留免疫原性的弱毒株后再用来制备的疫苗。活疫苗进入体内后，通常产生高水平细胞介导的免疫反应，而且因为它们已经经过减毒，所以通常不会致病。活疫苗比非活疫苗有显著优势，尽管减毒，通常意味着减弱毒性，但在一定程度上减毒株在受者体内可以复制，这就提供了抗原持续剂量，甚至在小剂量接种后可以诱导强免疫反应。它可以提供完整的自然抗原，所引起的免疫反应与灭活疫苗相比，单次免疫经常产生长效免疫力，效果较佳。随着基因工程技术的应用，产生了新型减毒活疫苗，它是指利用基因工程技术，定向控制变异，或将保护性蛋白编码基因插入活载体制备的、能够增殖并且能诱发免疫应答的疫苗，主要有遗传重组疫苗、基因缺失活疫苗及活载体疫苗。

**2. 灭活疫苗**　　通过化学、物理或简单加热的方法使病原微生物失去在宿主体内生长复制的能力，仍然保持免疫原性，这种疫苗称为灭活疫苗（killed vaccine），简称死疫苗。在研制灭活疫苗的过程中，必须注意保留感染原表面抗原决定簇的完整性。比起减毒活疫苗，灭活疫苗的优点就在于它们的制备比较容易，而且不会引起真正的感染，所以安全上的顾虑比较小。理论上，外来的抗体应该可以中和其相应的抗原，从而影响到疫苗效力。但是实际上，因为这类疫苗都已经没有活性，注射的抗原量可以远超过一般活性疫苗的剂量。由于灭活疫苗接种后不能在动物体内繁殖，其免疫效力一般都比较低，所以常常使用接种剂量较大，需要反复注射多次，而且一般不能持续很久，需加入适当的佐剂以增强免疫效果。灭活疫苗易于保存。

常用的灭活方法有加热、化学灭活剂处理、超声振荡及紫外照射处理等，化学灭活剂有甲醛、氯仿、丙酰内酯等。在水产上，杨先乐等用甲醛处理草鱼出血病毒 17d，感染性可完全丧失，但又最大限度地保持了它的免疫原性。针对灭活疫苗免疫效果差、需多次注射的缺点，常采用一些增加免疫效果、简化或改变接种途径的方法，如在疫苗中加入佐剂制成多价苗（同种不同血清型的病原微生物制成）或联合疫苗（不同种的病原微生物制成）；通过在疫苗中加入莨菪碱等改善微循环药物或将疫苗做成微胶囊疫苗方法，使疫苗能浸浴或口服免疫。目前国际上使用了很多灭活疫苗，如病毒性出血性败血症疫苗、斑点叉尾鮰病毒病疫苗、鳗弧菌疫苗、鲤春病疫苗、大麻哈鱼传染性胰腺坏死病苗、鲑传染性造血器官坏死病疫苗、冷水性弧菌疫苗、红嘴病疫苗、肾脏病疫苗、嗜水气单胞菌疫苗、迟缓爱德华菌疫苗、疖病疫苗、类结疖症疫苗等。我国已投入应用的主要有草鱼出血病毒（CFRV）灭活疫苗，已研究报道的有鱼嗜水气单胞菌疫苗、鳖穿孔病疫苗、牙鲆鳗弧菌疫苗、鱼类细菌性败血症浸浴疫苗及草鱼出血病、细菌性烂鳃、肠炎、赤皮病三联或四联灭活疫苗。

**3. 亚单位疫苗**　　以感染原的某个或几个特异的蛋白质为主制成的疫苗称为亚单位疫苗（subunit vaccine）。目前用于亚单位疫苗的抗原包括病毒细菌蛋白及细菌荚膜多糖等。鱼用代谢产物和亚单位疫苗迄今只有少数研究报道，尚无商品化产品，这可能与亚单位疫苗的制备困难、价格昂贵等因素有关。亚单位疫苗主要是通过从病原菌或病毒的培养中分离、纯化特异性抗原而获得。亚单位疫苗不含细菌内毒素等会引起不良反应的物质，有较好的物理化学特征，比减毒或灭活微生物的副作用小，降低了接种的风险。但是这要求有大规模的生产设备和昂贵的下游处理设备，同时在生产中存在很大风险。此外，亚单位疫苗也需要多次免疫，才能使接种动物产生有效的免疫反应和免疫记忆。这类疫苗由于不含核酸，无传染性，也不含非必需成分，副作用小，性能稳定，易于保存，但免疫原性不强。例如，荚膜多糖疫苗，它们是非 T 细胞依赖性的，这意味着它们不产生免疫记忆。简单多糖的免疫原性差，可以通过共价结合含 T 细胞决定簇的载体蛋白来克服。这些辅助决定簇使它们变为 T 细胞依赖的，并能诱导强免疫反应。陈昌福等用湿酚法从柱状嗜纤维菌、嗜水气单胞菌和鳗弧菌中提取的粗脂多糖（LPS）作为免疫原，分别接种异育银鲫，均产生了较强的免疫保护力。已研制成功的亚单位疫苗有斑点叉尾鮰病毒蛋白壳亚单位疫苗、鳗弧菌苗、斑点叉尾鮰肠道败血症苗（ESC）类结疖症疫苗、鲤嗜水气单胞菌苗及草鱼烂鳃病脂多糖疫苗等。

**4. 新型疫苗**　　新型疫苗是利用生物技术制备的分子水平的疫苗，包括基因工程亚单位疫苗、合成肽疫苗、基因工程活疫苗及核酸疫苗等。

（1）基因工程亚单位疫苗。应用 DNA 重组技术将编码病原微生物保护性抗原的基因导入受体菌（如大肠杆菌）或细胞，使其在受体细胞中高效表达，分泌保护性抗原肽链[又称为融合蛋白（fusion protein）]，提取融合蛋白，加入佐剂即制成基因工程亚单位疫苗。这种方法的优点是可以利用细菌等的蛋白质特性来帮助对融合蛋白表达的鉴定和纯化，有些融合蛋白的免疫原性并不一定受到影响。这个技术的不足是当与载体蛋白合并时，决定簇可能会错误折叠，导致不相关的免疫反应。

（2）合成肽疫苗。按照病原体抗原基因中已知或预测的某段抗原决定簇（表位）的氨基酸序列，通过化学合成技术制备的疫苗称为合成肽疫苗（synthetic peptide vaccine），又称为抗原肽疫苗。多肽疫苗的化学合成，首先应该确定天然抗原的氨基酸序列，选择和确定寻找有效肽段的方法，并寻找该肽段所针对的抗原决定簇。其次应选择合适的合成方法。合成中等大小的多肽也会涉及众多反应，每加入一个氨基酸都需多次反应。此外，氨基酸的侧链基团也能与活化羧基反应，因此也必须保护起来。

（3）基因工程活疫苗。基因工程活疫苗又称为重组活疫苗，是以某种非致病性病毒（株）为载体，将病毒的保护性抗原基因片段重组到载体微生物基因组中，用表达保护性抗原的微生物作为疫苗，包括基因缺失疫苗、重组活载体疫苗及非复制性疫苗 3 类。基因缺失疫苗是利用基因工程技术将强毒株毒力相关基因切除构建的活疫苗。基因工程活疫苗安全性好，不易返祖，其免疫接种与强毒感染相似，机体可对病毒的多种抗原产生免疫应答；免疫力坚实，免疫期长，尤其是适于局部接种，诱导产生黏膜免疫力，因而是较理想的疫苗。

（4）核酸疫苗。核酸疫苗是把外源保护性抗原基因克隆到真核质粒表达载体上，然后将重组的质粒 DNA 注射到动物体内，使外源基因被宿主细胞摄取、表达、加工并递呈给免疫系统，诱导特异性体液免疫和细胞免疫。核酸疫苗包括 DNA 疫苗和 RNA 疫苗，目前研究得最多的是 DNA 疫苗，所以一般泛指的核酸疫苗就是 DNA 疫苗。由于不需要任何化学载体，故又称为裸 DNA 疫苗。核酸疫苗与其他几种疫苗相比，有以下的优点：①在机体内表达产生的抗原，与天然抗原有相同的构象和抗原性，诱导有效的免疫反应；②诱导机体产生的免疫应答是全面的，对不同的抗原亚型有交叉反应；③不存在毒力回升的危害，安全性较高；④可构建多价疫苗；⑤可用于预防，也可用于治疗。

水产动物的核酸疫苗不只是能利用病原体内的抗原相关基因，而且可以利用受免疫鱼体应答有关的细胞因子的基因。国外研究应用的有病毒性出血性败血症病毒（VHSV）、传染性造血器官坏死病毒（IHNV）等。Boudinot 等根据病毒性出血性败血症病毒和传染性造血器官坏死病毒的 G 蛋白基因，分别构建了 peDNAg VHS 质粒和 pDNAgIHN 质粒（包含 CMV 启动子），将这两种质粒分别通过肌肉接种到成年虹鳟体内，不久即发现鱼的肌肉组织中有质粒 DNA、G 蛋白的 mRNA 及 G 蛋白存在，这 3 种物质均能诱导机体产生具有中和活性的抗体。

## 二、鱼用疫苗免疫接种方法

鱼用疫苗免疫接种方法主要包括注射、浸泡、口服及后肠灌注。与哺乳动物相比，鱼类免疫接种方法比较复杂，不同免疫接种方法所需的操作条件、可操作性及对免疫对象产生的副作用各不相同。同时，不同免疫接种方法的免疫效果差异很大。因此，实际操作中，要根据免疫对象种类和数量及免疫目的来选择适当的免疫接种方法。

**1. 注射免疫**　鱼类注射免疫接种是从哺乳动物借鉴过来的经典方法，包括肌内注射和腹腔注射两种方式。注射免疫主要诱导鱼体系统免疫应答，可以使血清抗体极显著增加，免疫保护率高于其他免疫接种方法，免疫效果明显且稳定；并且疫苗剂量准确、可控，环境条件对疫苗影响小。因此，适合于免疫学研究的小样本试验免疫及小规模集约化养殖鱼类的生产免疫。但是该方法费时费力，对受体鱼造成机械损伤和很强的应激性刺激，对鱼苗和较小的鱼类不适用，也不适合于大规模养殖鱼类的生产免疫。近年来，随着连续注射法的出现和改进，以及鱼群疫苗自动注射机的成功应用，大大降低了免疫工作强度且减少了耗时，有效地克服注射接种方法本身的不足。

注射免疫接种方法适用于所有类型的鱼用疫苗，实际操作中一般将疫苗和适量佐剂一起使用。免疫佐剂是一种能非特异性地改变或增强机体对抗原的特异性免疫应答，增强相应抗原的免疫原性或改变免疫反应类型，而本身无免疫原性，发挥辅助作用的一类物质。尽管对于鱼类免疫佐剂的作用机理还处在推测阶段，诸多研究表明，佐剂可以有效地增加疫苗的免疫效果，特别与灭活疫苗联合使用时效果更明显。鱼用佐剂类型主要包括：油类及矿物质类佐剂，如弗氏完全佐剂（FCA）、弗氏不完全佐剂（FIA）、免疫刺激复合物（ISCOM）等；微生物来源佐剂，如卡介苗（BCG）、脂多糖（LPS）、海藻二霉菌酸酯（TIDM）等；动植物来源佐剂，如从人参提取的人参皂苷、人参多糖，从芦荟提取的乙酰甘露糖；生物活性分子类佐剂，主要指转移因子（TF）、免疫核糖核酸（RNA）、胸腺激素、干扰素（IFN）、白细胞介素等。

**2. 浸泡免疫**　　　浸泡免疫接种是鱼类等水生动物所特有的一种免疫接种方法，是指将免疫对象放到含有一定浓度疫苗的溶液中浸泡一段时间，以达到对鱼体进行免疫的目的。浸泡免疫既可以诱导鱼类黏膜免疫也可以诱导系统免疫，其理论基础是鱼类皮肤、鳃黏膜组织具有抗原摄入及特异性免疫应答等免疫学功能，通过皮肤、鳃摄入体内的抗原又可以扩散到外周血、头肾和脾等系统免疫组织进而产生系统免疫应答。浸泡免疫的优点主要在于对鱼体造成机械损伤及应激性刺激都较小、便于群体免疫、劳动强度小、耗时短等；浸泡免疫的缺点为对鱼体的免疫保护率低于注射免疫且不稳定，浸泡环境条件对疫苗效果影响大，以及浸泡免疫需要的疫苗量较大，对于制备方法复杂、成本高的疫苗不适用。由于鱼类黏膜免疫系统自身存在一些缺陷，以及对浸泡免疫应答的机理还不甚清楚，因此没有形成适合鱼类黏膜系统的科学系统的浸泡接种方法，现行的方法中尚存在许多薄弱环节，如浸泡疫苗种类确定、浸泡免疫助剂的选用、浸泡免疫环境条件的优化及浸泡疫苗制备工艺的研究等。

**3. 口服免疫**　　　口服免疫是指采用投喂或口灌的方法将疫苗送入鱼体消化道，以达到对鱼体免疫的目的。口服免疫的优点主要表现为对鱼体造成机械损伤及应激性刺激较小、便于群体免疫、劳动强度小等。同时，由于是体内接种，还克服了浸泡免疫需要疫苗量大及环境条件对疫苗有影响的问题。因此，实际应用也比较广泛。然而，鱼类消化道的抗原摄入功能区主要为后肠，胃和前肠对抗原的摄入能力很低，并且含有多种酶类和酸性物质。研究表明，消化道中的酶类和酸性物质对疫苗免疫原性具有一定的破坏作用，将疫苗直接添加到饵料中或黏附于饵料表面对鱼体进行口服免疫，免疫效果不稳定。因此，如果欲将高效疫苗送达后肠，就必须采用适合的材料（如饵料原料物质和脂质体等）对疫苗进行复杂包被处理，使疫苗在后肠释放，同时又要制备成适合鱼口味的口服疫苗，这已经成为口服免疫接种技术应用的关键技术，也是制约因素之一。目前，已经应用的口服疫苗多为全菌和病毒灭活疫苗，经过包被处理后进行口服免疫可以获得很好的免疫效果，免疫鱼血清特异性抗体水平明显增加，同时，肠黏液、胆汁及体表黏液抗体也呈增加趋势，并且免疫鱼可以获得明显高于对照鱼的免疫保护率。一般情况下，口服免疫后，鱼体黏膜系统免疫应答高于浸泡免疫和注射免疫，系统免疫应答低于注射免疫，鱼体获得的免疫保护率低于注射免疫而高于浸泡免疫。

**4. 后肠灌注免疫**　　　后肠灌注又叫肛门灌注，是指将疫苗通过肛门直接灌注到鱼体后肠的疫苗接种方式。肛门灌注是由消化道黏膜组织摄入抗原，可以同时诱导黏膜和系统特异性免疫应答，是免疫应答机理研究得比较清楚的免疫途径。后肠灌注免疫接种可以将未经包被的疫苗直接送到鱼肠道的疫苗主要摄入区，避免了疫苗前处理工作，同时具有对鱼体造成机械损伤轻微及环境条件对疫苗的影响小的优点，但是其类似注射免疫，需要对每个免疫对象进行操作，劳动强度大、耗时长，不适于大样本的群体免疫。后肠灌注可以获得很好的免疫效果，Gassent 等（2004）研究表明，肛门灌注灭活鳗弧菌疫苗后，鳗鱼可以获得80%以上的免疫保护率，接近注射免疫，高于浸泡免疫。

## 三、疫苗免疫效果评价技术

**1. 非特异性免疫评价指标**　　鱼类非特异性免疫系统是抵抗外来病原体入侵的第一道防线，主要通过微生物抑制、酶抑制、细胞溶解和凝集沉淀 4 种方式发挥作用。疫苗接种后，可以诱导鱼类非特异性免疫应答。

（1）溶菌酶活性。鱼类溶菌酶是机体非特异性免疫的重要参考指标之一，广泛存在于血清、黏液和组织细胞中，可以水解致病菌黏多糖，从而抵御外来细菌入侵，同时对病毒、真菌和寄生虫也有一定的抑制作用。

（2）超氧化物歧化酶活性。超氧化物歧化酶作为机体抗氧化系统的重要成员之一，广泛存在于各种需氧生物体内，它可以抑制和清除超氧阴离子自由基，以保护机体免受氧化损伤，是抗氧化防御系统的关键酶。超氧化物歧化酶活性与机体的免疫能力密切相关，它可以增强巨噬细胞的吞噬活性，并增强机体的免疫机能。刘秋风等研究结果显示，疫苗导入后，超氧化物歧化酶活性显著升高，机体免疫能力增强，所以超氧化物歧化酶活性可以作为评价疫苗免疫效果的指标之一。

（3）血清抑菌活性。血清抑菌活性是细胞和体液免疫的综合体现，反映了机体对外源病原体入侵的抵御能力，也是衡量机体免疫力的指标之一。许增辉等研究了海豚链球菌（*Streptococcus iniae*）疫苗对罗非鱼免疫功能影响，结果表明疫苗接种组鱼体血清抑菌活性显著高于对照组。黄秋石研究了溶藻弧菌疫苗对军曹鱼（*Rachycentron canadum*）血清抑菌活性的影响，结果显示鱼体接种疫苗后血清抑菌活性显著升高。

（4）外周血细胞数量变化。外周血中的白细胞是重要的免疫细胞，可以通过测定疫苗免疫后鱼体外周血中各种白细胞数量变化，来反映机体免疫能力。单红等研究了灭活疫苗免疫的南方鲇（*Silurus meridionalis*）外周血细胞免疫指标变化，结果显示，免疫组白细胞数量显著高于对照组，表现出较强的免疫能力。Kollner 等的研究也得到了相似的结果。

（5）非特异性免疫相关基因的表达量。疫苗导入可以诱导某些非特异性免疫相关基因表达量上调，从而增强鱼体免疫能力，因此可以通过测定一些免疫相关基因表达量的变化来评价疫苗免疫保护力。常用的非特异性免疫相关基因有补体系统中补体 C3、补体 C4 基因，白介素等细胞因子基因等。

**2. 特异性免疫评价指标**

（1）血清抗体效价。特异性免疫包括由 B 淋巴细胞介导的体液免疫和由 T 淋巴细胞介导的细胞免疫。鱼类属于低等脊椎动物，具有特异性免疫系统及其功能，但不够完善。目前为止，国内外关于鱼类细胞免疫的研究较少。因此，利用细胞免疫来评价鱼类疫苗免疫效果的研究较少，更多的是利用体液免疫来评价鱼类疫苗免疫效果。诸多研究结果证实了血清抗体效价具有反映机体免疫应答的能力。鱼体接种疫苗后，血清抗体效价升高，提示受免鱼类获得了较好的免疫保护效果，因此，血清抗体效价常作为疫苗免疫效果评价的指标。

（2）主要组织相容性复合体基因表达量变化。主要组织相容性复合体是获得性免疫的核心成分，其编码的蛋白质位于细胞表面，可以将抗原物质呈递给 T 淋巴细胞。主要组织相容性复合体 I 可以将内源性抗原呈递给 T 细胞抗原，主要组织相容性复合体 II 则将外源性抗原呈递给 CD4$^+$辅助性 T 细胞。斑马鱼在用弱毒的鲁氏耶尔森菌浸浴接种后，脾中主要组织相容性复合体 I 和 II 的表达量均上升，表示疫苗接种后刺激了机体主要组织相容性复合体介导的免疫应答。

**3. 相对免疫保护率** 为了检测疫苗的保护能力，通常在免疫试验后进行攻毒试验，统计免疫组和对照组的死亡率，最后计算相对免疫保护率，相对免疫保护率＝（1-免疫组死亡率/对照组死亡率）×100%。相对免疫保护率与疫苗的免疫效果紧密相关，它可以更直接地表明疫苗免疫保护效果。诸多试验均使用相对免疫保护率作为疫苗免疫效果评价指标，相对免疫保护率越高表示疫苗免疫保护效果越好。

# 第四节 免疫增强剂技术

免疫增强剂是近年来发展的一类新药，本类药物能激活一种或多种免疫活性细胞，增强机体的免疫功能。

## 一、免疫增强剂的分类

根据药物作用方式的不同可分为下述几类。

**1. 免疫佐剂** 免疫佐剂与抗原同时应用或在抗原前后应用，能增强对抗原刺激的免疫反应；无抗原存在时可增加机体的非特异免疫功能。此类药物有卡介苗、短小棒状杆菌、真菌多糖类等。

**2. 免疫恢复剂** 免疫恢复剂能使受抑制的免疫功能恢复正常，但对正常免疫反应影响较小。此类药物有左旋咪唑、真菌多糖和某些中药等。

**3. 免疫替代剂** 免疫替代剂是指可以代替某些具有免疫增强作用的生物因子的药物，如转移因子和干扰素等。

**4. 免疫调节剂** 免疫调节剂是指能在增强一种免疫功能的同时，抑制另一种免疫功能的药物，如左旋咪唑。

免疫增强剂类药物在水产上的应用并无上述明确细分，其应用几乎都是预防性的，已知对效果影响的主要因素是：①剂量，多数免疫增强剂均有其最佳剂量，高于或低于此剂量，疗效均会降低，甚至出现相反效果；②机体免疫功能，其可明显影响本类药物的疗效。免疫功能低下时，免疫增强剂的作用较明显。

## 二、免疫增强剂的作用特性

免疫增强剂也称免疫佐剂，是一类通过非特异性途径提高机体对抗原或微生物特异性反应的物质。自 1925 年法国免疫学家兼兽医 Gaston Ramon 发现在疫苗中加入某些与之无关的物质可以特异地增强机体对白喉和破伤风毒素的抵抗反应以来，在医学和兽医学领域中，许多国家都不同程度地开展了这方面的研究。尤其是在基因工程技术飞速发展，基因工程疫苗不断开发及生活水平日益提高的今天，一方面基因工程疫苗需要加入佐剂提高其保护率；另一方面公众健康意识日益增强，免疫增强剂在医疗、保健方面的作用也越来越受到重视，因而免疫增强剂再次成为当代免疫学研究的热点。

免疫增强剂本身不具免疫原性，但单独或同时与抗原使用均能增强机体免疫应答。单独应用可增强非特异性免疫功能；但与抗原合用时有的既能非特异地增强机体的免疫应答，又能增强由疫苗诱导的特异性免疫功能（称为佐剂作用）。其主要作用机制是激活中性粒细胞及吞噬细胞的吞噬作用、杀伤作用、趋化作用，激活淋巴细胞并使其分泌淋巴因子以协调体液免疫和细胞免疫，并刺激抗体产生和激活补体。不同佐剂的作用机制和方式有所不同，有的是能增强抗原的表面积或延长抗原在组织内储存的时间或增强 T 细胞和 B 细胞的协同作用，赋予抗原更强的免疫原性。有的则是对机体起作用，引起接种部位细胞浸润，促进非特异性免疫物质形成，或加强特异性免疫效应。但是动物种类不同，佐剂应用效果也有区别，如氢氧化铝、皂苷和某些油乳佐剂，对很多动物效果较好，单独应用时，对虹鳟则不起佐剂作用。二甲基亚砜浸泡免疫虹鳟可提高鱼体抗体水平。硫酸钾铝作浸浴疫苗佐剂也有一定的增效作用。佐剂对水产动物也存在副作用，对鱼肌肉注射弗氏完全佐剂疫苗，可引起局部肿胀或肌肉坏死，腹腔注射时对生长速度有轻微影响。

## 三、免疫增强剂的主要类型

**1. 微生物及其组分**　免疫增强剂常用的微生物有卡介苗、短小棒状杆菌、乳酸杆菌，常用的微生物组分有肽聚糖（PG）、脂多糖（LPS）、酵母多糖和香菇多糖等。

**2. 非微生物物质**

（1）高分子物质免疫增强剂。所用的高分子物质有核酸、多核苷酸、聚丙烯酸等。

（2）低分子物质免疫增强剂。所用的低分子物质有有机物和无机物两类，有机物有类脂和维生素 A 等，无机物有硫酸铝、磷酸铝、氢氧化铝、磷酸钙、钾明矾、铬明矾和铵明矾等。

（3）油类免疫增强剂。所用的油类有植物油、白油和液体石蜡等矿物油。

（4）表面活性剂（乳化剂）。用作免疫增强剂的表面活性剂有吐温 80、卵磷脂类似物和溴十八烷基三甲胺类似物和癸胍等。

（5）某些药物。左旋咪唑等某些药物也可用作免疫增强剂。

（6）中草药及其提取物。黄芪、天麻、苦参和杜仲提取物等可作为免疫增强剂。

## 四、水产上常用的免疫增强剂

**1. 左旋咪唑**　左旋咪唑（LMS）能够使受抑制的巨噬细胞、T 细胞功能恢复正常，这可能与激活环核磷酸二酯酶从而降低淋巴细胞和吞噬细胞内环腺苷酸含量有关。左旋咪唑可以增强嗜中性白细胞的变形能力和吞噬活性及提高血清中吞噬细胞和白细胞、溶菌酶的含量。Anderson 等把经沙门氏菌的菌体抗原浸浴的虹鳟放在左旋咪唑（浓度为 5g/mL）中浸浴 30min，可增加虹鳟体液中的抗体浓度和吞噬细胞活性。但给虹鳟注射高剂量的左旋咪唑（5mg/kg），鱼肾中的白细胞并未显示出较高的活性。研究发现，日粮中添加左旋咪唑后，鱼类白细胞的吞噬活性和呼吸爆发作用增强，巨噬细胞活化因子（MAF）的产量增加。左旋咪唑可通过口服来达到免疫增强效果，在水产动物中使用能提高抗病力，降低死亡率。但是，如给予量不适当，会出现免疫抑制。

**2. 胞壁酰二肽**　　胞壁酰二肽（muramyl dipeptide，MD）是从结核菌中提取出来的低分子肽，这种二肽作为免疫增强剂可以激活巨噬细胞、B细胞及补体，它与5-羟色胺结合于巨噬细胞的同一受体位点上，通过酪氨酸或蛋白激酶C途径触发并激活单核细胞的吞噬、合成和分泌功能。巨噬细胞正是通过内吞和分泌一系列效应分子而发挥作用。胞壁酰二肽能显著促进大鼠腹腔巨噬细胞分泌肿瘤坏死因子，而这种物质是巨噬细胞发挥作用的最主要效应分子。给虹鳟在腹腔内注射胞壁酰二肽可以增强巨噬细胞活性及肾白细胞的呼吸爆发和转移活性，同时也可增强虹鳟对杀鲑气单胞菌（Aeromonas salmonicida）的抵抗力。

**3. 葡聚糖**　　葡聚糖（glucan）的免疫增强效果已得到广泛研究，现应用于水产动物中的有酵母葡聚糖、肽聚糖几种类型。葡聚糖可增强大西洋鲑、虹鳟等的溶菌酶和补体的活性、吞噬细胞的呼吸爆发作用及其过氧化物的产量。此外，葡聚糖还能增强虹鳟抵抗传染性造血器官坏死（IHN）病毒的能力。酵母葡聚糖能提高鱼类的溶菌酶产量和巨噬细胞的杀菌活性。虹鳟在注射酵母葡聚糖后，其溶菌酶的活性、补体、吞噬细胞的杀菌作用都明显增强。同时，葡聚糖还可促进吞噬细胞产生大量超氧化物及促进血液中白细胞数量增加。注射酵母葡聚糖的大西洋鲑鱼体液中的补体和溶菌酶的含量增加。肽聚糖同样可以激活免疫系统的吞噬细胞，使其分泌多种具有重要免疫调节功能的因子及重要介质。给黄尾鱼口服肽聚糖和给鲤腹腔注射肽聚糖都能提高吞噬细胞的吞噬作用。肽聚糖作为增强剂给虹鳟注射，可以帮助虹鳟减少弧菌病的发生。将葡聚糖作为佐剂与杀鲑气单胞菌灭活菌苗联合使用，能显著提高供试虹鳟的非特异性免疫力。给大西洋鲑注射杀鲑气单胞菌疫苗和酵母聚糖后，其抗体水平提高，同时诱导了其对疖病抵抗力的显著提高，但单独注射酵母聚糖并未显示这种保护作用。用鳗弧菌疫苗浸泡免疫的大菱鲆，再口服酵母聚糖，其免疫保护力比单独用细菌免疫者有所增强。

**4. 脂多糖**　　脂多糖（LPS）存在于所有革兰氏阴性菌外膜中，是调节哺乳动物免疫功能的最为有效的一种多糖，主要作用于中性粒细胞和巨噬细胞，还能促进IgM的生成。脂多糖能刺激B细胞的分化，并能增强鱼类巨噬细胞的活性。注射了脂多糖的真鲷，巨噬细胞的吞噬活性提高。研究表明，鳗弧菌的脂多糖具有很好的免疫原性，在15～25℃能够诱导香鱼产生很高的免疫应答反应，每条香鱼腹膜注射0.05mg脂多糖能够产生足够的免疫保护作用。脂多糖还可刺激鲫淋巴细胞中巨噬细胞活性因子的产量和鲶鱼核细胞中白细胞介素的产量；可提高大西洋鲑巨噬细胞过氧化物阴离子的产量，并增强其噬菌作用。

**5. 几丁质**　　几丁质（chitin）是来源于甲壳类和昆虫外骨骼或某些真菌细胞壁的一种多糖，给虹鳟注射几丁质后激活巨噬细胞活性，增强其抗鳗弧菌（Vibrio anguillarum）的感染力。给黄尾鱼注射几丁质可增强其抗巴斯德菌（Pasteurella piscicida）的感染能力，但给鼠或猪注射几丁质却没有增强非特异免疫活性。脱乙胺几丁质（chintosan）也具有免疫刺激物的作用，给虹鳟注射或浸浴脱乙胺几丁质可增强虹鳟对杀鲑气单胞菌感染的抵抗力。注射了脱乙胺几丁质的虹鳟因体液中抗体浓度提高及吞噬细胞杀菌能力增强而提高了抗线虫的感染能力。

**6. 甘露寡聚糖**　　寡聚糖也可以刺激鱼的免疫细胞释放细胞因子，使T细胞增殖分化，并活化巨噬细胞以杀灭所包围的细菌。真菌甘露寡聚糖是通过发酵法从富含甘露寡聚糖（MOS）的酵母细胞壁中提取出来的葡甘露聚糖蛋白复合体。首先，它能选择性促进动物肠道有益菌（如双歧杆菌、乳酸杆菌等）的大量增殖而使其在胃肠道中形成微生态竞争优势，直接抑制外源菌和肠内固有腐败菌的生长繁殖，从而发挥正常肠道菌群在屏障、营养和免疫上的正常功能。其次，它能阻碍细菌表面外源凝集素与肠黏膜上皮细胞特异性的糖分子的结合，从而阻止病原菌在胃肠道的黏接和定植，使其最终随粪便排出体外。最后，它能够刺激免疫反应。最后，它也可通过刺激肝脏分泌甘露糖结合蛋白而影响免疫系统，这种蛋白质能与细菌夹膜相黏接并触发一连串的补体，从而启动免疫系统产生应答反应。

**7. 维生素 C**　　维生素 C 是动物生长和维持正常生理功能所必需的营养物质，大多数鸟类和哺乳动物能利用葡萄糖醛酸合成维生素 C，但许多水产动物则不能合成，必须从食物中获得。维生素 C 对鱼类的体液免疫和非特异性细胞免疫均具有一定的影响，因而在鱼饲料中添加维生素 C 能够增强其免疫功能，提高抗病能力存活率。维生素 C 是动物正常免疫机能所必需的，但它并不是直接起作用，而是与一些抗氧化物质（如维生素 E）和对机体有防御功能的金属元素铁、铜等的运输有协同作用。含有维生素 C（3000mg/kg）的饲料能显著提高虹鳟的溶菌酶活性。在饲料中添加维生素 C 能够明显影响鱼类补体的抗体依赖性溶血活性。对大西洋鲑的研究也有类似的结果，大西洋鲑血清补体的溶血活性随饲料维生素 C 含量的增加而明显地增高。用高维生素 C 含量的饲料投喂金头鲷，其呼吸爆发作用与血清补体活力均呈现显著提高。

**8. 维生素 E**　　维生素 E 也是鱼类重要的营养物质，其主要功能为抗氧化，保护脂溶性细胞膜和不饱和脂肪酸不被氧化。饲料中适量添加维生素 E，可以作为免疫增强物质，强化吞噬细胞的生成，加强吞噬作用。Hardie 等认为不添加维生素 E 组的大西洋鲑补体活力受到损害，死亡率显著高于添加组，巨噬细胞吞噬细菌的能力下降。随着饲料中维生素 E 水平的升高，虹鳟红细胞对过氧化氢诱导溶血的抗性增强，红细胞膜的稳定性也增强。维生素 E 和其他细胞抗氧化剂的需要依赖于内源性和外源性游离自由基的产生及细胞膜中可氧化脂肪的浓度，饲料中补充维生素 E 促进巨噬细胞的吞噬活力，增强虹鳟对细菌病原体的免疫力。饲料中添加维生素 E 可以提高大比目鱼巨噬细胞的活性，以含适量维生素 E 的饲料投喂虹鳟，可增强吞噬细胞的噬菌作用。

**9. 维生素 A**　　维生素 A 对维持鱼类免疫系统正常功能是必需的。最近研究表明，大西洋鲑和虹鳟摄入维生素 A 能影响体液免疫和细胞免疫功能。用缺乏维生素 A 的饲料饲喂虹鳟和大西洋鲑，鱼血清抗蛋白酶活力、肾脏白细胞游走活力和巨噬细胞吞噬能力降低。鱼类的抗蛋白酶在中和细菌病原体产生的胞外蛋白酶方面起着重要作用，尤其是 a2 巨球蛋白具有保护鲑科鱼类免受杀鲑气单胞细菌感染能力。饲料中高水平的维生素 A 能提高鱼体淋巴细胞吞噬能力和血清溶菌酶及补体活力，从而对鱼类免疫功能产生影响。

**10. 乳铁蛋白**　　乳铁蛋白（lactoferrin）是一种广泛分布于家畜乳液中的铁结合糖蛋白，其分子质量为 87kDa，由 1 条肽链构成，有 4 个铁结合位点，是一种抗氧化剂，有助于调节铁吸收和吞噬细胞生长。其抗病机制与它和铁的结合特性有关，因为病原菌的毒性与其从环境中所获取的铁离子有关（铁离子对细菌中生物氧化酶是必需的），而乳铁蛋白则通过竞争铁而抑制细菌生长。有实验证明，乳铁蛋白对大肠杆菌、链球菌、肺炎杆菌、枯草芽孢杆菌、葡萄球菌等均有抑制作用。它能刺激鱼的巨噬细胞产生超氧阴离子自由基和提高粒细胞、嗜中性白细胞的活性。给虹鳟口服牛的乳铁蛋白后，其巨噬细胞的吞噬作用增强，产生的超氧化物阴离子增多，抗鳗弧菌（*Vibrio anguillarum*）感染的能力提高。口服了乳铁蛋白的真鲷血小板释放的凝集素增多。

**11. 弗氏完全佐剂**　　弗氏完全佐剂（Freund's complete adjuvant）是一种矿物油佐剂，含灭活的丁酸分枝杆菌（*Mycobacterium butyricum*），能提高鱼体的免疫反应和增强鱼类疫苗的免疫效果。银大麻哈鱼注射弗氏完全佐剂后，用杀鲑气单胞菌免疫，其致死剂量（LD）提高了450倍，该效果在用嗜水气单胞杆菌免疫接种的实验中也已得到证实。注射弗氏完全佐剂的虹鳟表现出抗疖疮病（furunculosis）、弧菌病（vibriosis）和红嘴病（redmouth disease）能力的增强。注射弗氏完全佐剂后，虹鳟白细胞呼吸爆发活性、吞噬活性、自然杀伤细胞活性及抗鳗弧菌的能力均显著提高。

**12. 中草药**　　我国中草药资源丰富，研究应用的历史悠久，在水产上应用的药物种类较多，单一种类多达数十种，复方和提取物的应用研究也有报道，应用的动物涉及虾、贝、鱼、鳖等。很多中草药不仅能增强动物的免疫力，还能促进生长，为今后广泛应用积累了大量科学数据和经验。

**13. 益生菌**　　被称为益生菌的活细菌细胞已用于水产养殖场，以改善水质或预防疾病。益生菌在水产养殖池塘中的潜在益处包括增强有机物的分解，减少氮和磷的浓度，改善藻类生长的控制，增加溶解氧的利用率，减少蓝细菌（蓝藻），控制氨、亚硝酸盐和硫化氢，可降低疾病发病率，提高生存率，并提高虾和鱼的产量。

# 第五节　海洋生物制药技术

## 一、海洋生物制药的概况

中国是世界上最早研究和应用海洋生物药物的国家之一，至今已有2000多年的历史。在中国最早的医学文献《黄帝内经》中，就有以乌贼骨作丸，饮以鲍鱼汁治疗血枯的记载。《神农本草经》《本草纲目》《本草纲目拾遗》等收载的来自海洋生物的中药已达百余种。对海洋生物药物的现代研究从20世纪六七十年代开始，已成功地提取了河鲀毒素，并研制出解河鲀毒素的药物；从多种软珊瑚中分别分离到十三元环二萜内酯、去甲大环二萜内酯和一种新的C30-甾醇等生物活性物质；由刺参的体壁和内脏中获得具有显著的抗凝和抗肿瘤活性的胶性黏多糖；发现鱼肝油酸钠有促血小板聚集和止血的功能等。通过多年研究，现已知230种海藻含有多种维生素及药理作用，有246种海洋生物含有抗肿瘤物质。

海洋生物制药是指应用海洋生物中具有明确药理作用的活性物质，按制药工程进行系统的研究，研制成为海洋药物的制药工程。

## 二、海洋生物有效化学成分

海洋生物有效化学成分是指从海洋生物中分离纯化出具有生物活性的天然有机化合物，

来自海藻、海绵、腔肠动物、苔藓动物等海洋动物、植物和微生物，研究最多的海洋生物是海藻、海绵，其次是珊瑚。

**1. 多糖类**　　多糖中，最先研究的是琼脂、交叉角聚糖、海带多糖，这三种多糖的硫酸酯具有抗凝血、降血脂和止血等作用，已经在临床上广泛地应用。

**2. 聚醚类**　　来自海洋的聚醚类化合物多数是毒素，并且有强烈的生物活性，最具代表性的是岩沙海葵毒素，这是非蛋白质中最毒的毒素，有显著的抗肿瘤作用，并促使血管强烈收缩和冠状动脉痉挛。

**3. 大环内酯**　　大环内酯具有特殊的结构和强烈的生理活性，从海鞘中分离出的一种含有噻唑环的大环内酯 patellazole-B，具有较强的抗肿瘤活性，从苔藓虫分离出的苔藓虫素 bryostalinx-1 对白血病细胞株有较强的杀灭作用。

**4. 萜类**　　海藻和海绵中海洋萜类最为丰富。从海绵中分离出来的倍半萜，有抗人类免疫缺陷病毒（HIV）的活性。

**5. 生物碱**　　生物碱是生物体内一类含氮有机化合物的总称，它们有类似碱的性质。从海绵中分离出的 mycalamide-A 在体内对 RNA 病毒有抑制作用，是一种有希望的抗病毒和抗肿瘤的有机化合物。

**6. 环肽**　　海洋生物中的环肽大多数有抗肿瘤的活性，且大都来自海鞘。第一个发现的抗肿瘤环肽是 ulithiacyamide，海鞘中发现的 didemnin-B 对人的乳腺癌、卵巢癌、肾癌等癌细胞有明显的抑制作用。

**7. 甾醇**　　甾醇是生物膜的重要组成部分，也是某些激素的前体从海洋生物中分离出不同支链和多羟基甾醇，有些具有明显的抗肿瘤、降血脂、抗菌和抗病毒作用。

**8. 苷类**　　大多数苷类化合物具有抗肿瘤、抗菌、抗病毒、强心和溶血的作用，南海软珊瑚中分离的二萜化合物 lemnabourside 有一定的心血管活性。

**9. 不饱和脂肪酸**　　二十碳四烯酸（AA）、二十碳五烯酸（EPA）、二十二碳六烯酸（DHA）药用价值非常高，国外已大量用于防治心血管疾病。EPA 可以治疗动脉粥样硬化和脑血栓，并有增强免疫和抗肿瘤作用。

## 三、海洋生物活性物质分离技术

天然产物的提取方法很多，按照形成的先后和应用的普遍程度可以分为经典提取及分离方法与现代提取及分离方法。对于特定的目标产物，应根据其自身的性质及共存杂质的特性，选择适宜的分离方法，以获得最佳分离效果，即在保证目标产物的生物活性不受（或少受）损伤的同时，达到所需的纯度和对回收率的要求，并使回收过程成本最小，以适应大规模工业生产需求。

**1. 沉淀法**　　沉淀法由于其成本低、收率高、浓缩倍数高、操作简单等优点，成为生物下游加工过程中应用最广泛的纯化方法。沉淀法分离提纯的基本原理，是基于在不同条件下，性质各异的蛋白质具有溶解度的差异或热稳定性的差异而发生某些蛋白质的沉淀，从而起到分离、纯化的作用。根据加入沉淀剂的不同，沉淀法可以分为盐析法、等电点沉淀法、有机溶剂沉淀法、热处理沉淀法等。

**2. 溶剂萃取法** 溶剂萃取是溶质从一种溶剂中转移到另一种溶剂中的过程。它是利用溶质组分在两个互不混溶的液相中竞争性溶解和分配性质上的差异来进行的分离操作。目前，溶剂萃取法是生物工业中一种重要的分离提取方法，已广泛应用于抗生素、有机酸、维生素、激素等发酵产物工业规模的提取分离。

**3. 离子交换法** 离子交换法是使用离子交换剂作为吸附剂，将水溶液中的离子依靠静电引力吸附在吸附剂上，同时从吸附剂上置换出另一种离子，然后用适当的溶液将吸附物从吸附剂上置换下来，进行浓缩富集，从而达到分离的目的。离子交换法的特点是吸附剂无毒性，可重复再生使用数千次，过程中一般不用有机溶剂，具有设备简单、操作方便、劳动条件好等优点，已成为分离生化物质的主要方法之一。生化分离中约有75%的产品在生产过程中采用了离子交换法，如氨基酸、蛋白质、多肽、核酸、抗生素等的分离。

**4. 吸附法与色层分离法** 生物工程中，人们较早就开始应用选择性吸附法来分离精制各种产品，如蛋白质、核酸、酶、抗生素、氨基酸等。近年来，随着凝胶类吸附法、大网格聚合物吸附剂的发展和应用，吸附法在生物工程技术中被广泛应用。色层分离（也称色谱分离或层析分离）技术，已成为生物大分子分离和纯化技术中极其重要的组成部分。层析技术分离纯化的生物技术产品种类包括干扰素、疫苗、抗凝血因子、生长激素、单克隆抗体、凝血因子等。

**5. 电泳分离法** 带电粒子在电场中的迁移速率的不同是电泳分离的基础。电泳技术的基本原理都相同，但在实际应用中，由于研究对象及目的等的不同，电泳又可分为许多种类。例如，按展开方式可分为区带电泳、移界电泳、等速电泳、等电聚焦；按照是否使用支持物可分为支持物电泳、无支持物电泳；按照操作方式可分为一维电泳、二维电泳、交叉电泳、连续或不连续电泳。

## 四、海洋药物基因工程

由于海洋生物资源量的有限性及海洋活性物质含量低微，直接从海洋资源进行产业化开发受到一定限制。而应用基因工程等现代生物技术可大量培植新的海洋药源生物，从而获得海洋生物活性物质。海洋药物基因工程，是指利用分离自海洋生物的有药用价值的基因或以规模化养殖的海洋生物作为表达受体进行遗传操作，从而大量获得高值廉价的药物。

根据其供体基因和表达受体的不同，可以分为3类。

**1. 将海洋药物基因转入陆地生物中表达** 将药物目的基因重组入适当的载体后，借鉴微生物基因工程、植物基因工程和动物基因工程的方法，可在陆地微生物、植物或动物中表达。

**2. 将来自陆地的药物基因转入海洋生物中表达** 某些海藻的养殖，如海带，已经形成大规模的产业，在产量上相对于某些高产的陆地作物也具有很大的优势。可以将海洋生物作为来自陆地的药物基因的理想表达受体，生产人们所需要的药物。

**3. 将海洋药物基因转入海水养殖生物中表达** 将稀有昂贵的药物基因转入产业化的海水养殖生物中表达，不仅可以获得药物，还可以促进多种优良性状的优化组合，培育海水养殖新品种，带动现代海水养殖业向纵深发展。

　　目前，利用基因工程技术，将克隆的海洋药物取得了一定的进展。存在于某些藻类藻胆体中的藻胆蛋白具有显著的抗肿瘤、抗辐射及促进造血功能等多方面的生物活性，并能提高患癌生物的存活率。秦松等在克隆到别藻蓝蛋白（APC）基因后，将该基因转化到大肠杆菌，获得高效表达基因重组别藻蓝蛋白——福普克（rAPC），该药物具有明显的抑制小鼠肿肉瘤的活性，相关的药理药效研究正在进行之中。中国药科大学生物技术中心从鲨鱼肝脏中分离纯化肝刺激物质（sHSS），测定 N 端氨基酸残基序列，根据序列分析结果合成简并引物并获得 sHSS 的 cDNA 序列。在此基础上，构建了该基因的原核表达载体质粒，转化大肠杆菌BL21 后，利用半乳糖诱导获得了重组产物。中山大学生命科学学院从南海侧花海葵（*Anthopleura* sp.）触手毒腺 cDNA 文库中筛选、经基因工程技术改造后获得新型重组海葵肽类毒素 hk2a，通过建立新西兰兔慢性充血性心力衰竭（CCHF）模型，给药后可即刻增加左室射血分数（LVEF），具有起效快、作用强、持续时间长，对心率无明显影响等特点，是一种新型的潜在正性肌力药物；中国科学院上海生物化学与细胞生物学研究所克隆了芋螺毒素的 cDNA，是神经科学研究的有力工具和新药开发的来源。

## 思考题

　　1. 海水养殖病害的防治策略有哪些？
　　2. 常见的疫苗的类型有哪些？如何进行疫苗的免疫接种？
　　3. 海洋生物活性物质分离技术有哪些？
　　4. 以一种常见海洋动物病原为例，简述如何快速检测病原微生物。

## 本章主要参考文献

埃特尔，李琦涵，刘龙丁，等. 2005. DNA 疫苗. 北京：化学工业出版社.

蔡福龙. 2014. 海洋生物活性物质：潜力与开发. 北京：化学工业出版社.

陈师勇，莫照兰，徐永立，等. 2002. 水产养殖病原微生物检测技术研究进展. 海洋科学，（9）：31-35.

贾丽萍. 2020. ELISA 技术在畜牧养殖业中的应用进展. 中国动物保健，22（12）：65-66.

蒋逸雯，汪萱怡，朱为，等. 2019. 我国免疫规划疫苗现状及安全问题探讨. 微生物与感染，14（6）：375-386.

柯飞，王赟，胡兴安，等. 2014. 环介导等温扩增技术及其在水生动物病毒检测中的应用. 基因组学与应用
　　生物学，33（4）：935-941.

雷霁霖. 2006. 我国海水鱼类养殖大产业架构与前景展望. 海洋水产研究，（2）：3-11.

李天星. 2014. 现代临床医学免疫学检验技术. 北京：军事医学科学出版社.

李伟哲，刘露，张辉，等. 2019. PCR 技术在水产动物疾病检测中的应用. 水产科学，38（5）：726-733.

李雨芮，刘晓雅，张文劲，等. 2021. 免疫层析技术及应用的研究进展. 中国兽医学报，41（1）：192-198.

孟思好，孟长明，陈昌福. 2015. 鱼类的免疫及存在的问题（上）. 科学养鱼，（11）：87.

单洪超，曹宇，谭晶，等. 2021. 蛋白质印迹技术的研究进展. 广东化工，48（14）：129-130.

王艺红. 2009. 水产动物病原检测技术的发展现状. 海洋与渔业，11：49-51.

王玉堂. 2017. 鱼类免疫增强剂的种类及研究进展（一）. 中国水产，（11）：72-74.

王忠良，王蓓，鲁义善，等. 2015. 水产疫苗研究开发现状与趋势分析. 生物技术通报，6：55-59.

隗黎丽. 2012. 实时荧光定量 PCR 技术在鱼类病害研究中的应用. 生物技术，22（5）：82-85.

徐兴川，蒋火金，高光明. 2007. 水产养殖病害防治实用技术. 北京：中国农业出版社.

许丽丽，陈艳，陈征宇，等. 2021. 疫苗的发展与创新：从天花疫苗到新型冠状病毒疫苗. 医药导报，40（7）：876-881.

许实波. 2007. 海洋生物制药. 2 版. 北京：化学工业出版社.

战文斌，绳秀珍. 2010. 海水养殖鱼类疾病与防治手册. 北京：海洋出版社.

战文斌. 2004. 水产动物病害学. 北京：中国农业出版社.

张宏伟，郑玉梅. 2000. 免疫磁珠性质及其应用. 国外医学：免疫学分册，1：15-18.

周光炎. 2013. 免疫学原理. 北京：科学出版社.

Adams A. 2019. Progress，challenges and opportunities in fish vaccine development. Fish & Shellfish Immunology，90：210-214.

Wang QC，Ji W，Xu Z. 2020. Current use and development of fish vaccines in China. Fish & Shellfish Immunology，96：223-234.